전기자동차 안전관리

저자 약력

김현열 오산대학교 자동차튜닝과 교수

전기자동차 안전관리

초판 인쇄 | 2024년 9월 20일
초판 발행 | 2024년 9월 30일

저 자 | 김현열
발 행 인 | 조규백
발 행 처 | 도서출판 구민사
(07293) 서울특별시 영등포구 문래북로 116, 604호(문래동 3가 46, 트리플렉스)
전 화 | (02) 701-7421
팩 스 | (02) 3273-9642
홈페이지 | www.kuhminsa.co.kr

신고번호 | 제2012-000055호 (1980년 2월 4일)
I S B N | 979-11-6875-419-5(93550)

값 | 29,000원

Preface

자동차는 생활에 편리함을 주는 필수품이기도 하지만 도시와 같은 인구 밀집지역에서는 배기가스에 의한 공기오염, 주행 중 발생하는 소음과 같은 심각한 환경문제를 발생시키고 있다. 이로 인해 세계 각국과 자동차 회사들은 자동차와 관련된 배기가스 저감 및 지구온난화 방지를 위해 친환경자동차를 개발 및 보급하는데 중점을 두고 있다.

전기자동차가 최근 들어 각광을 받는 것은 미국과 유럽 등을 중심으로 배기가스 규제가 높아지고 있으며, 유가가 급등하고 있기 때문이다. 특히 환경에 대한 인식이 높아지면서 화석연료를 사용하는 기존 차량보다 친환경적인 전기자동차에 대한 인식이 높아지고 있다. 배터리와 구동 모터 등이 주요 부품인 전기자동차는 기계공학보다 전자공학 등 IT 비중이 높다. 그렇기 때문에 기술의 발전도 내연기관 자동차와 달리 급속도로 성장하고 있다.

이 책은 전기자동차에 대한 이해와 전기자동차 배터리 폭발 및 기타 전기자동차 안전에 관한 내용을 학생 및 일반인들이 이해하기 쉽게 구성하였다.
이 책의 구성은 다음과 같다.

1장에서는 친환경자동차의 필요성에 대해서 설명하였다.
2장에서는 전기 전자 기초에 대해서 설명하였다.
3장에서는 전기자동차에 대해서 설명하였다.
4장에서는 고전압 배터리에 대해서 설명하였다.
5장에서는 충전 시스템 및 공조 시스템에 대해서 설명하였다.
6장에서는 전기자동차 핵심부품에 대해서 설명하였다.
7장에서는 전기자동차 안전에 대해서 설명하였다.

앞으로 전기자동차 안전관리에 일조할 것을 약속드리며, 잘못된 점과 미비한 점은 독자 여러분들이 많은 지도와 조언해 주시면 수정·보완할 것을 약속드린다.
끝으로 이 책이 완성될 때까지 성심성의로 도와주신 도서출판 구민사 조규백 대표님과 직원 여러분들에게 깊은 감사를 드린다.

Contents

Contents

Contents

Contents

Contents

CHAPTER 06

전기자동차 핵심부품

CHAPTER 07

전기자동차 안전

Contents

1

친환경자동차의 필요성

1 친환경자동차의 필요성

1 대기오염 방지

인류의 삶을 풍요롭게 해준 산업화는 그 대가로 환경오염이라는 짐을 안겨주었다. 산업화의 핵심인 공업화로 인해 땅과 물이 오염되고 공기는 찌들어 건강을 위협하는 지경에 이르렀다.

특히 자동차는 생활에 편리함을 주는 필수품이기도 하지만 도시와 같은 인구 밀집지역에서는 배기가스에 의한 공기오염, 주행 중 발생하는 소음과 같은 심각한 환경문제를 발생시키고 있다. 이에 석유를 태우는 자동차는 대기오염의 주범으로 찍힌지 오래다.

그림 1 | 대기오염

01 자동차 배출가스

자동차 연료인 휘발유나 경유 등 석유계 물질은 완전 연소하면 산소와 결합하여 수증기(H_2O)와 이산화탄소(CO_2)를 생성한다.

그러나 실제로 완전 연소되지는 않는다. 불완전 연소하면 수증기나 이산화탄소가 아닌 유해물질이 형성되어 배기가스에 섞여 나온다. 중간 속도로 가솔린엔진을 운전할 때, 질소(70%), 이산화탄소(18%), 수증기(8.2%), 유해물질(1%) 정도로 배기가스가 이루어진다. 유해물질의 대부분은 일산화탄소(Carbon-Monoxide, CO), 탄화수소(Hydrocarbon, HC), 질소산화물(Nitrogen-Oxides, NOx)이고, 디젤엔진의 경우에는 매연, PM(Particulate Matters) 등이 여기에 추가된다.

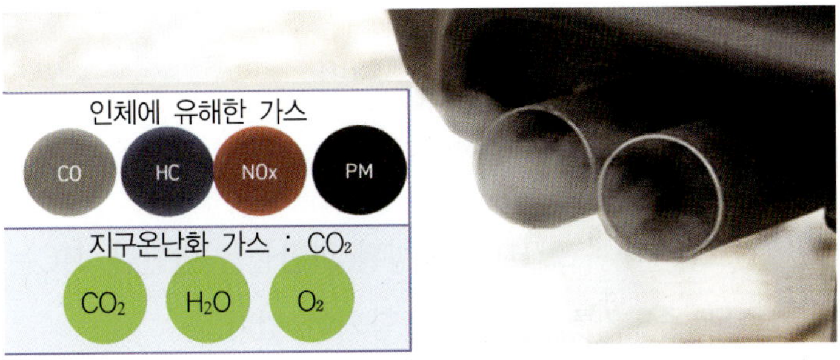

CO : 일산화탄소, HC : 탄화수소, NOx : 질소산화물, PM : 입자상물질(매연)
H_2O : 물, CO_2 : 이산화탄소, O_2 : 산소

그림 2 | 자동차 배출가스

[1] 일산화탄소[Carbon-Monoxide, CO]

무색, 무취의 유독가스인 일산화탄소(CO)는 공기 부족 상태에서 연소될 때 발생된다. 즉, 혼합비(=연료/공기)가 높을수록 CO는 증가한다. 그러나 공기 과잉일지라도 공기와 연료가 잘 혼합되지 않으면 CO가 생성된다.

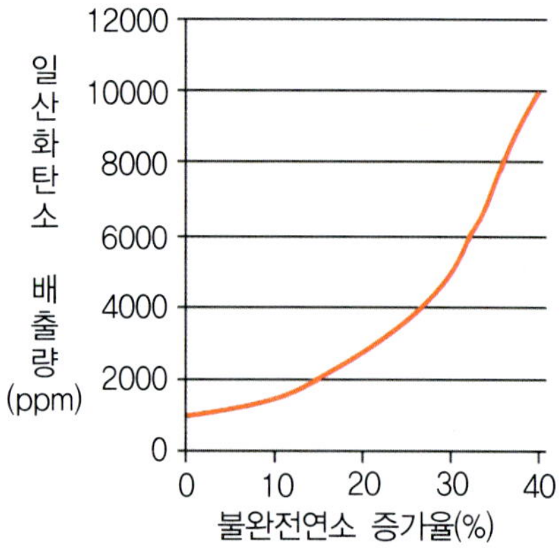

CO 농도와 호흡시간	증상
1600ppm	30분 내에 사망
3200ppm	20분 내에 사망
6400ppm	10분 내에 사망
12800ppm	3분 내에 사망

그림 3 | 일산화탄소가 인체에 미치는 영향

CO는 인체 흡입 시 혈액 중의 헤모글로빈(Hb)과 결합하여 혈액의 산소운반 작용을 방해한다. CO가 0.3%(체적비) 이상 함유된 공기를 30분 이상 호흡하면 목숨도 잃을 수 있다.

[2] 탄화수소[Hydrocarbon, HC]

탄화수소(HC)란 탄소(C)와 수소(H)로 조성된 화합물을 말한다. HC는 배기가스뿐만 아니라 블로바이가스나 증발가스 중에도 포함되어 있다.

불완전 연소로 형성된 배기가스 중 탄화수소는 그 형태가 다양하다. 불완전 연소로 인한 HC는 CO와 마찬가지로 공기가 부족한 상태이거나 희박한 상태에서 연소가 진행될 때 주로 발생한다. 또 연소실 표면 근처와 같이 충분히 고온인 화염이 전달되지 않는 구석진 곳에서도 발생한다. HC는 호흡기 계통과 눈을 심하게 자극하고, 암을 유발하거나 악취의 원인이 되기도 한다.

[3] 질소산화물[Nitrogen-Oxides, NOx]

일산화질소(NO), 이산화질소(NO_2), 일산화이질소(N_2O) 등 여러 가지 질소산화물을 말하며, NOx로 표기한다. NOx는 연소실의 온도와 압력이 높고, 동시에 공기가 과잉 상태일 때 주로 생성된다. 그중 90~98%를 차지하는 NO는 무색, 무미, 무취인 물질로서, 대기 중에서 서서히 산화되어 대부분 NO_2로 변환된다.

NO_2는 적갈색이며, 독성이 있고 자극적인 냄새가 난다. 특히 호흡을 통해 점막 분비물에 흡착되면, 산화성이 강한 질산으로 바뀐다. 이렇게 생성된 질산은 호흡기 질환(기관지염, 폐기종 등)을 유발하고 폐에 수종이나 염증을 유발할 수도 있으며, 눈에 자극을 주는 물질이다. 이외에도 오존의 생성, 광화학 스모그 발생, 수목의 고사에 영향을 미치는 것으로 알려져 있다.

질소산화물의 형태인 질산기(N_3)는 어두운 곳에서 형성되는데, 이것이 대기에서 일어나는 화학반응을 조절하게 된다. 1차 오염에 의한 문제 외에 대기 중에서 반응하여 2차 오염원 생성에 기여하는 문제가 발생하게 되는 것이다. 물과 반응하여 질산(NHO_3)을 만들어 산성비의 주요 원인이 되며, 이로 인해 피부염이나 탈모 등을 유발하기도 한다.

그림 4 | 산성비 생성

[4] 입자상 고형물질[Particulate Matters, PM]

가솔린엔진은 디젤엔진에 비해 입자상 고형물질(PM)이 무시해도 좋을 만큼 적게 생성된다(디젤엔진의 1/20~1/200 수준). 자동차용 디젤연료는 공기가 부족한 상태에서 연소되면 순식간에 고형의 탄소핵이 생성된다.

이 탄소핵은 수소/탄소의 원자수 비가 약 0.1 정도로서, 직경 0.02~0.03㎛의 입자 수백 개가 뭉쳐진 고형 미립자(평균 입경 0.1~0.3㎛)이다. 이는 머리카락 지름(100㎛)의 1/300~1/1000 크기이다.

02 자동차 배출가스 2차 오염물질

자동차 배출가스에 들어 있는 1차 오염물질은 대기 중에서 화학반응에 의해 2차 오염물질을 생성하며, 그 대표적인 것이 미세먼지와 오존이다.

[1] 미세먼지

미세먼지는 머리카락 굵기의 1/5 가량인 10㎛ 이하의 지름을 가지는 작은 입자다. 크기에 따라 지름이 10㎛인 미세먼지는 PM10이라고 하고, 2.5마이크로미터인 미세먼지는 PM2.5라고 한다. 여기서 PM은 Particulate matter, 즉 미세먼지를 뜻한다.

이렇게 작고 미세한 입자는 이름과 반대로 우리 몸에 나쁜 영향을 미친다. 2002년에 발표된 한 연구 결과에 따르면 PM2.5가 10㎛ 증가할 때마다 원인에 관계없이 모든 사망이 6% 증가하는데, 심폐질환에 의한 사망은 9%, 폐암에 의한 사망률은 14% 증가한다는 것이다. 이후 미세먼지가 천식과 만성폐쇄성폐질환, 기관지 확장증, 폐암, 특발성 폐섬유증 등의 발생과 악화에 미치는 영향에 대한 많은 연구가 시행되고 있다.

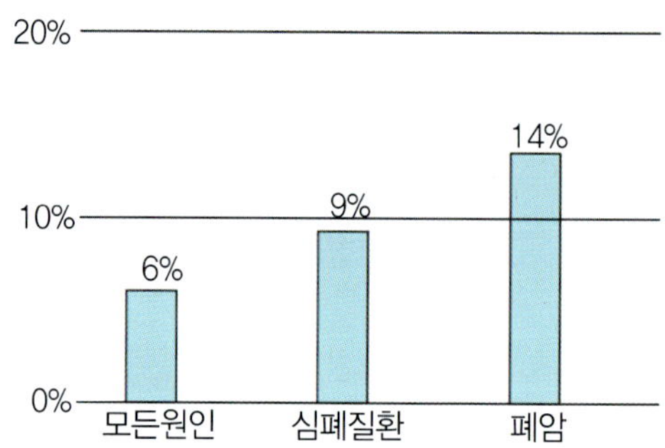

그림 5 | PM2.5 10㎛ 증가 시 사망률

상당량의 미세먼지(PM2.5)는 질소산화물(NOx), 휘발성유기화합물(VOCs), 암모니아(NH_3) 등의 가스상 전구물질이 특정 조건에서 화학반응을 일으켜 2차적으로 생성된다.

자동차 배기가스는 반응성이 강한 물질과 화학 반응으로 2차 유기물 입자(Secondary Organic Particles)가 되기도 한다.

각종 불완전 연소과정에서 발생한 질소산화물(NO, NO_2)은 O_3와 반응해 NO_3가 되고,

NO_3는 물과 반응하여 HNO_3를 생성한다. HNO_3는 대기 중에 NH_3 등과 반응하여 질산암모늄(NH_4NO_3, Ammonium Nitrate) 등 미세먼지를 구성하는 물질이 된다.

자동차 배기가스 이외에 화석연료의 연소과정에서 발생하는 황산화물(SO_2)은 물과 직접 반응하여 아황산(H_2SO_3)을 생성하고, 아황산은 급격히 산화하여 황산(H_2SO_4)이 된다. 황산(H_2SO_4)은 암모니아와 복합적인 반응을 거쳐 황산암모늄((NH_4)2SO_4, Ammonium Sulfates)과 같은 미세먼지 입자를 생성한다.

[2] 오존

전체 오존(O_3)의 약 90%는 지상 20~40km 사이의 성층권에 존재하면서 태양광선 중 생명체에 해로운 자외선을 흡수하여 지상의 생물들을 보호하는 이로운 오존이다. 반면, 나머지 10%는 지상 10km 이내의 대류권에 존재하여 지표 오존이라고도 하는데, 호흡기나 눈을 자극하는 해로운 오존이라 할 수 있다.

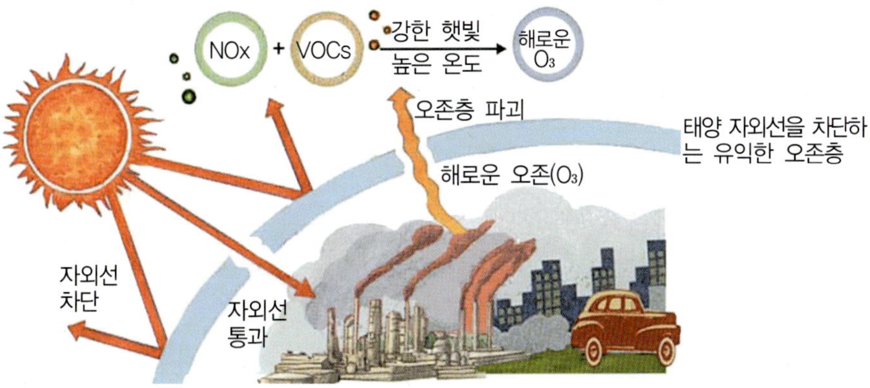

그림 6 | 오존

지표 오존은 가정, 자동차, 사업장 등에서 대기 중으로 직접 배출되는 오염물질이 아니라, 질소산화물(NOx), 탄화수소(HC), 메탄(CH_4), 일산화탄소(CO) 등과 같은 대기 오염물질들이 햇빛에 의해 광화학 반응을 일으켜 생성되는 2차 오염물질이다. 특히 질소산화물(NO, NO_2)과 휘발성유기화합물(VOCs)이 오존의 주요한 원인물질이다.

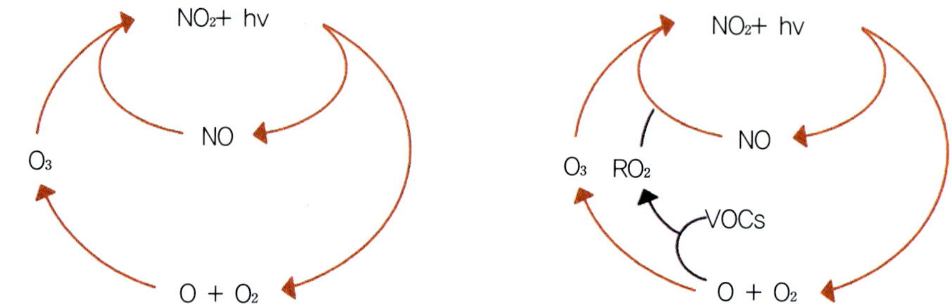

(a) VOCs 없을 때(일정 오존농도 유지)　　(b) VOCs 있을 때(오존농도 증가)

그림 7 | 광화학반응에 의한 오존 생성반응

대기 중에 벤젠(C_6H_6), 톨루엔($C_6H_5CH_3$) 등 휘발성유기화합물 없이 질소산화물만 존재하는 경우라면 먼저 일산화질소(NO)가 이산화질소(NO_2)로 산화되고, 이산화질소가 햇빛(자외선 중의 장파와 가시광선 중의 단파에너지, hv)에 의해 산소원자(O)와 NO로 광분해된다. 그리고 산소원자는 대기 중의 산소분자(O_2)와 반응하여 오존(O_3)을 만들며, 이 오존은 다시 NO를 NO_2로 산화시키는데 소비된다. 따라서 휘발성유기화합물이 없는 대기 중에서는 오존의 생성과 소멸이 균형을 이루어 오존농도가 증가 없이 일정하게 유지된다.

03 대기오염에 따른 건강 피해

생활 속에서 접하게 되는 먼지들은 호흡과정에서 코털, 기관지섬모 등에서 걸러지는 것들이 많다. 그러나 자동차에서 배출된 미세먼지(특히 PM2.5)는 입자가 매우 작아서 폐를 거쳐 혈관 또는 혈액까지 침투하기도 한다.

미세먼지는 기도 점막을 자극하고 염증을 유발한다. 정상인에게도 기침・가래 등의 호흡기 증상을 유발하지만, 특히 호흡기질환, 천식 등 알레르기질환이나 심혈관질환의 증상을 악화시키는 것으로 알려져 있다.

세계보건기구(WHO) 산하 국제암연구소(IARC)는 2012년 6월 12일 디젤 배기가스를 2A등급에서 1등급 발암물질로 지정하였다. IARC는 발암물질을 5개 등급으로 나눠 암 발생에 충분한 증거가 있는 물질을 1등급, 발암 개연성이 있는 물질을 2A등급, 발암 가능성이 있는 물질을 2B등급으로 분류하고 있는데, 1등급에는 석면, 비소, 담배, 알코올,

카드뮴, 수은 등 100여 종이 있으며, 가솔린(휘발유)엔진 배기가스는 2B등급으로 분류되어 있다.

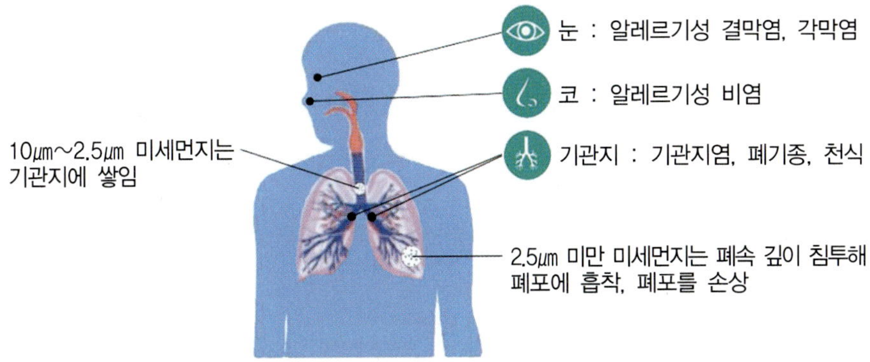

그림 8 | 대기오염이 인체에 미치는 영향

[1] 호흡기질환

장기간 미세먼지에 노출되면 면역력이 급격히 저하되어 감기, 기관지염 등의 호흡기질환을 악화시킨다. 성인의 경우 미세먼지에 노출되면 폐 기능의 감소 속도가 빨라진다.

[2] 심혈관질환

미세먼지에 단기적으로 심하게 노출되면 폐, 혈액, 심혈관계 등 전신 순환계에 미세먼지가 순차적으로 침투하여 심근경색, 심부전 등 심혈관질환의 발생 위험을 높이게 된다.

이외에도 미세먼지는 혈압을 높이거나 교감 신경계를 활성화시켜 심박수 변동성, 부정맥을 증가시킬 수 있다. 이러한 영향은 건강한 정상인보다 고령인 사람(75세 이상), 기존 심혈관질환을 가지고 있는 환자, 당뇨, 비만 등 감수성이 높은 환자에게서 더 크게 나타난다. 미세먼지로 인한 심혈관질환 영향에 관한 질병관리본부의 연구결과는 다음과 같다.

① 초미세먼지(PM2.5)에 장기간 노출되면 심근경색과 같은 허혈성 심질환의 사망률은 30~80% 증가

② 부정맥, 심부전, 급성 심장사에 의한 사망과도 상당한 관련이 있는 것으로 보고되었고, 특히 초미세먼지(PM2.5)가 10㎍/m^3 증가 시 심부전에 의한 입원률 30% 증가

③ 뇌혈관질환 관련 사망률이 미세먼지(PM10) 농도 10㎍/m^3 증가 시 10% 증가, 초미세먼지(PM2.5) 농도 10㎍/m^3 증가 시 80% 증가

[3] 천식

미세먼지는 천식의 발생이나 악화와 관련하여 여러 단계에 걸쳐 관여하는 것으로 추정된다.

① 미세먼지는 체내에서 활성 산소의 농도를 높여 산화스트레스를 증가시키고, 증가된 산화스트레스는 기도 내 염증성 손상을 일으켜서 천식을 일으킨다.
② 미세먼지 구성 성분의 독성에 의해 소기도와 폐에 손상을 일으켜서 천식을 일으키기도 한다.
③ 미세먼지는 자체적으로 염증반응 매개물질의 발현을 유도함으로써 체내의 면역 기능을 저하시켜 천식을 일으키기도 한다.

질병관리본부에 의하면, 미세먼지는 단기적으로 알레르기나 천식 악화와 연관이 있으며, 장기간 노출될 경우 폐 기능을 감소시키고 천식 조절에 부정적인 영향을 미치며 심한 경우에는 천식 발작을 일으키는 것으로 나타났다.

2 지구온난화 방지

자동차 관련 환경규제는 미국, EU, 일본 등 선진국을 중심으로 규제가 강화되고 있으며 한국, 중국 등 주요 자동차 생산국들도 기술변화에 뒤처지지 않기 위해 규제강화에 동참하고 있다. 자동차 시장이 성숙한 나라에서는 여러 가지 의미로 자동차 배출가스 규제를 갖고 있다. 이른바 잘사는 선진국일수록 환경보호에 관심이 많기 때문에 규제가 엄격할 수도 있다.

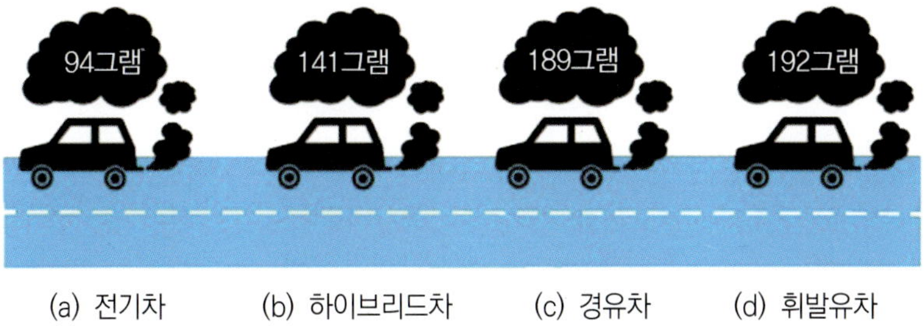

그림 9 | 자동차별 온실가스 배출량 비교(1km당)

하지만 그 뒤에 숨겨져 있는 것은 이러한 배출가스 규제가 환경을 보호한다는 명목 하에 기술적 장벽으로 작용하여 자국의 자동차산업을 보호하는 수단이 될 수도 있는 것이다.

기존에는 HC, CO, NOx 등 인체에 해로운 3가지 배출가스에 대하여 규제를 했었지만, 최근에는 온실가스에 관심이 높아지면서 유럽을 시작으로 CO_2 배출량 또한 규제가 되고 있다. 이산화탄소 배출량은 북미, 중국, 러시아, 일본, 인도 등이 전 세계 발생량의 50% 이상 차지하고 있다. 이산화탄소는 그 자체를 연소시키거나 후처리 기술로 절감할 수 있는 방안은 제시되지 않고 있다. 따라서 연료소비율을 줄이고 CO_2 생성량을 줄이는 것이 가장 현실적인 대책이다.

실제 우리나라에서도 그 흐름에 맞춰 자동차에 붙는 에너지 소비 효율 등급 스티커에 CO_2 배출량도 표시하고 있다.

그림 10 | 에너지 소비 효율 등급 스티커

아무리 연료가 완전연소가 된다고 해도 배출되는 가스에는 CO_2와 H_2O가 포함되어 있기 마련이다. 그러므로 CO_2를 규제한다는 것은 최소한의 연료를 태우는 방법밖에 없으며, 이것은 결국 연비와 직결되는 문제이다. CO_2를 규제한다는 것은 연비, 결국 엔진의 총체적인 기술에 대한 기술적 장벽이 하나 생기는 것이다.

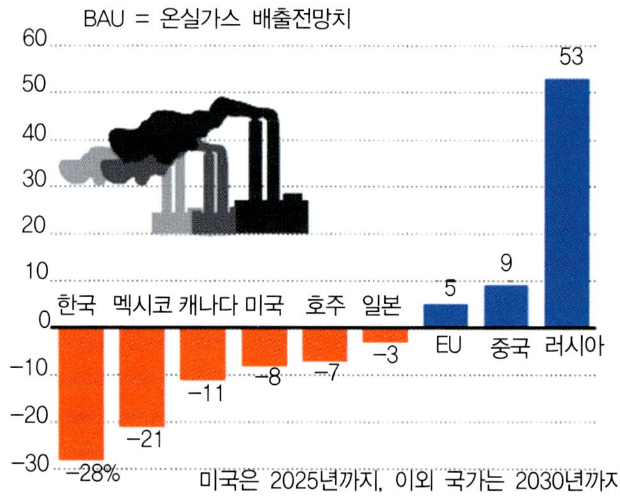

그림 11 | 2030년 BAU 대비 온실가스 감축률

한국은 친환경・저탄소차 기술개발 촉진을 위해 온실가스 97g/km, 연비 24.3km/L의 선진국 수준으로 강화하고, 자동차 제작사는 온실가스 또는 연비 기준 중 하나를 선택하여 준수해야 하며, 기준을 달성하지 못하는 경우에는 과징금이 부과된다.

유럽에서는 CO_2 규제가 가장 강력하며, 2020년에는 95g/km까지 배출량을 강화했다. 이러한 배출가스 규제는 산업화에 따른 환경오염과 온난화 현상을 줄일 수 있는 대체에너지 개발과 자동차의 연비, CO_2 발생량 규제 및 자동차 제작사의 친환경자동차 생산 실적 등은 미래 자동차 산업에 직접적인 영향을 주고 있다.

[평균 연비 및 온실가스 배출 기준 현황]

시기		기준
2012년~2015년	연비	17km/ℓ 이상
	온실가스 배출	140g/km 이하
2016년~2020년	연비	24.3km/ℓ 이상
	온실가스 배출	97g/km 이하
2021년~2030년	연비	24.3~33.1km/ℓ로 단계적 상승
	온실가스 배출	97~70g/km로 단계적 하락

자료 : 환경부 보도자료(2020.08.31.)

3 화석연료의 고갈

현대의 인간생활은 대부분 화석연료, 즉 석탄·석유·천연가스 등에 의존하여 풍요로운 생활을 할 수 있었다. 이러한 화석연료는 다른 자원과 달리 사용하면 할수록 언젠가는 대량소비로 인하여 고갈될 수밖에 없는 자원이다. 석유는 분포가 편중되어 있기 때문에 석유를 둘러싼 국제정치의 불안과 수급에 따라 가격 불안정의 문제가 발생되고 있다.

석유자원 고갈의 논리적 토대는 1956년 미국 지질학자 킹 허버트 박사의 피크오일(Peak Oil) 이론이 유명한데, 석유 생산량이 기하급수적으로 확대되었다가 특정 시점을 정점으로 급격히 줄어드는 현상을 말한다.

피크오일은 석유소비의 급증에 비해 새로운 유전 발견이 부진하거나, 정유시설의 미흡한 투자, 전쟁 등으로 석유 생산이 한계에 부딪혔을 때 나타난다. 즉, 석유의 부족보다는 공급량이 정해져 있기 때문에 발생한다고 보고 있다. 허버트 박사는 1995년 피크오일을 예측하였으나 1, 2차 석유파동에 의한 석유 절감 효과로 빗나갔다.

그러나 국제에너지기구는 그 이후에도 중국, 인도의 경제성장으로 에너지 수요가 증가하는 반면, 석유공급량은 한정되어 있어 심각한 석유 수급 불균형을 겪을 것으로 내다보았다. 수요량 대비 석유공급량이 2010년 85%에서 2020년 66% 수준으로 낮아질 것으로 전망한 바 있다. 석유자원의 부족 여부, 피크오일의 시기 예측이 중요하다기보다는 더 이상 석유가격이 싸지 않은 시점이 도래했다는 것이며, 이로 인해 대체연료와 연료저감이 중요해진 이유라는 점을 간과해서는 안 될 것이다.

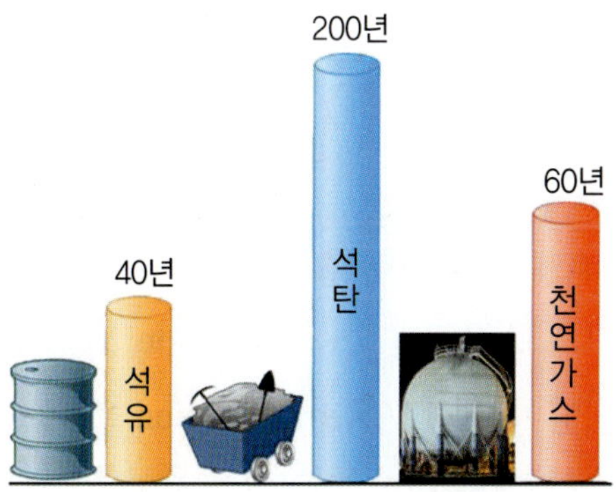

그림 12 | 자원 가능 채년수

4 시장의 성장 요인

01 친환경자동차 시장 변화

자동차 시장의 패러다임이 급변하여 고효율 친환경자동차 시장이 연평균 11.3% 성장하고 있다. 그리고 친환경자동차는 2010년도에 1,071만 대, 2020년도는 3,132만 대, 가솔린차는 2010년도에 5,966만 대, 2020년도는 6,605만 대로 전기차를 포함한 친환경자동차가 내연기관차를 대체해 나가고 있다.

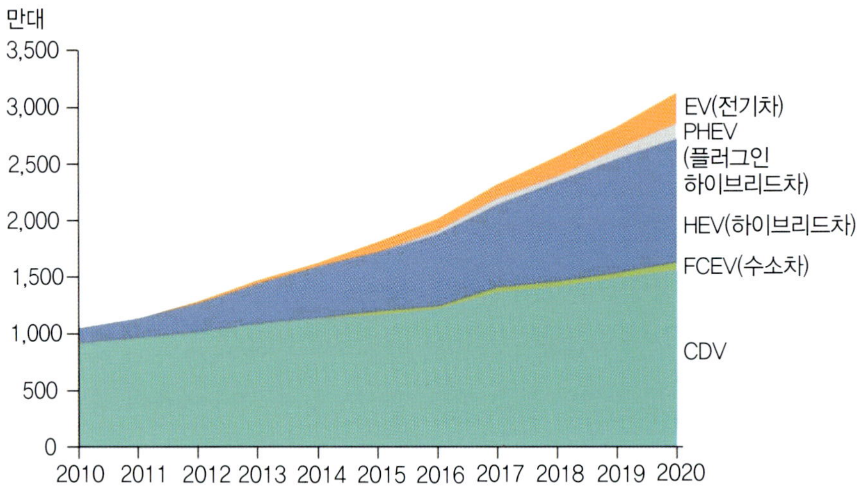

그림 13 | 세계 친환경자동차 신규차량

02 친환경자동차 시장 전망

EU는 환경문제 대응을 위해 EURO-6 배출가스 저감기준을 제시하고 있으며, 미국은 캘리포니아주를 중심으로 ULEV(Ultra Low Emission Vehicle), SULEV(Super Ultra Low Emission Vehicle)을 넘어서 ZEV(Zero Emission Vehicle) 프로젝트를 실행 중이다. 앞으로 자동차 산업은 빠르게 고연비, 친환경자동차 중심으로 재편될 것으로 예상되며, 하이브리드차, 전기차, 수소차로 대변되는 친환경자동차가 큰 비중을 차지하게 될 것으로 전망된다.

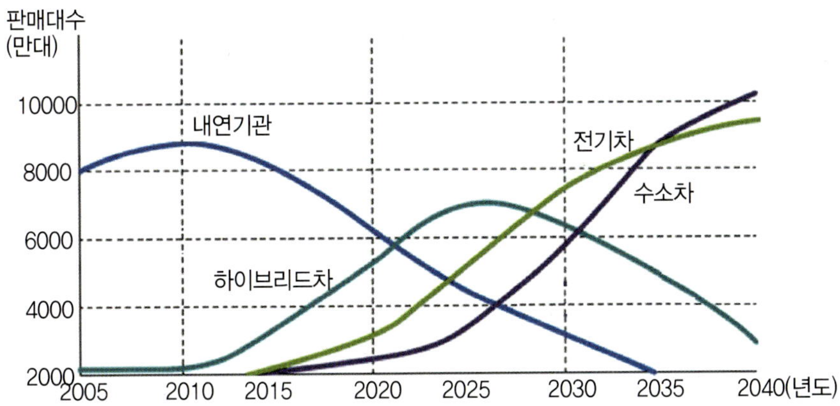

그림 14 | 친환경자동차의 시장 전망

03 한국 친환경자동차 지원 현황

[1] 전기차 보조금 현황

환경부가 2024년 전기차 보급사업 보조금 업무처리지침을 확정한 전기차 차종별 국비 지원 금액을 보면 아이오닉 5와 6모델에 대한 보조금이 최대 690만 원으로 결정되었다.

(1) 개편의 주요 목표

① 성능 좋고 안전한 전기차 보급 촉진으로 배터리 기술혁신 유도로 전기차 친환경성 제고

② 전기차 사후관리 및 충전 여건 개선을 위한 제작사 노력 유도

③ 경제적 취약계층, 청년 및 소상공인 전기차 진입 장벽 완화

(2) 보조금 지급 대상 차종별 보조금

① 전기차 : 5500만 원 이하 신차 구매자(최대 1500만 원 지원)

② 수소차 : 신차 구매자(최대 1500만 원 지원)

③ LPG차 : 신차 구매자(일부 제한 차량 제외, 최대 1500만 원 지원)

④ 장거리 주행 전기차 : 추가 400만 원 지원

[2] 전기차 보조금 지자체

시도	전기자동차	수소자동차
서울특별시	150만 원	1,000만 원
부산광역시	250만 원	1,100만 원
대구광역시	300만 원	1,000만 원
인천광역시	300만 원	1,000만 원
광주광역시	370만 원	1,000만 원
대전광역시	300만 원	1,000만 원
울산광역시	325만 원	1,150만 원
세종특별자치시	250만 원	1,000만 원
경기도	200~400만 원	1,000~1,250만 원
강원특별자치도	251~288만 원	1,200만 원
충청북도	650만 원	1,100만 원
충청남도	700만 원	1,000~1,300만 원
전라북도	700만 원	1,200만 원
전라남도	600~850만 원	1200~1,500만 원
경상북도	600~1,100만 원	1,000만 원
경상남도	566~1,140만 원	1,060만 원
제주특별자치도	400만 원	-

[3] 전기차 보조금 신청방법

① 지방자치단체 공고 확인 : 먼저 지방자치단체에서 보급사업 공고를 확인하여 보조금 지급 금액을 확인하고 공지사항을 찾아봐야 한다.

② 전기차 구매 계약 : 구매자는 자동차 제조/수입사로부터 전기자동차 구매계약을 맺는다.

③ 지방자치단체에 신청서 제출 : 자동차 제조/수입사는 지방자치단체에 전기자동차

구매 지원신청서를 접수한다.

④ 대상자 선정 및 통보 : 지방자치단체에서는 전기자동차 구매 지원대상자를 선정하고 통보한다.

⑤ 차량 출고 및 등록 : 자동차 제조/수입사는 구매자에게 차량을 출고하고 등록한다(2개월 이내 원칙).

⑥ 보조금 신청 접수 : 자동차 제조/수입사는 지방자치단체에 구매보조금 신청을 접수한다(출고/등록 10일 이내).

⑦ 보조금 지급 : 지방자치단체는 자동차 제조/수입사에게 보조금을 지급한다(14일 이내 원칙).

04 친환경자동차(전기차, 수소차, 하이브리드 등) 관련 혜택

[1] 친환경차 개별소비세 및 취득세 감면

친환경차의 개별소비세 감면 제도는 2024년까지 유지된다. 자동차별 감면 한도는 하이브리드차 100만 원, 전기차 300만 원, 수소차 400만 원이다. 하이브리드차량 취득세를 최대 40만 원가량 감면해주는 혜택 역시 2024년까지 지속된다.

[2] 전기, 수소차 고속도로 통행료 할인

전기, 수소차 고속도로 통행료 감면 혜택 역시 2024년까지 유지된다. 전기, 수소차는 하이패스를 이용하면 통행요금의 50%를 감면받을 수 있다.

05 한국 전기자동차 충전소 설치 현황

2023년 기준 전국의 충전기 보급 대수는 30만 5309대로 집계되었다. 2018년부터 충전기 1대당 2대 정도의 수치를 보이다가 2022년 1.90대에 이어 지난해 1.78대를 기록했다. 완속은 27만 923대, 급속은 3만 4386대가 설치됐다. 충전기 보급 대수는 2022년

20만 5205대와 비교하면 2023년에는 48.8% 늘어났다. 다만 충전기 증가율은 전년도 92.3%에서 43.5%포인트 줄어들었다.

2017년부터 2023년까지 전기차 누적 등록 대수는 54만 3900대로, 2022년 38만 9855대와 비교해 39.5% 증가했다.

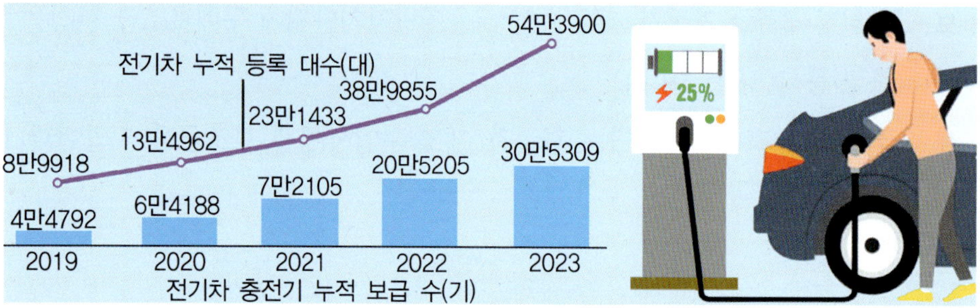

그림 15 | 전기차 누적 등록 대수와 충전기 현황

5 세계 전기자동차 산업 현황과 전망

01 환경 변화

유럽연합(EU)의회에서는 가스 배출은 1990년대 대비 2030년까지 40% 감축하고, 최종 에너지 소비 중 재생에너지 비중을 32%로 높이며, 에너지 효율을 2007년 대비 32.5%로 높이는 정책으로 환경규제를 강화하고 있다.

또한 2030년까지 트럭의 가스 배출을 파리기후협정에서 협의한 2030년까지는 2005년 대비 30% 감축을 달성하고, 2025년까지 20% 감축 그리고 2030년에는 트럭의 가스 배출을 35% 감축에 합의했다. 이 기준에 미달되는 경우 수천억의 벌금을 부과하기 때문에 완성차 업체 및 부품업체의 고민이 크다고 할 수 있다.

02 전기자동차 산업 현황

최근 유럽연합(EU)은 2030년까지 판매되는 승용차의 이산화탄소 평균 배출량을 2021년 목표치, 즉 주행거리 1km당 95g보다 37.5% 줄여야 한다고 발표했다. 각국의 환경규제가 강화되기 때문에 자동차 생산업체들은 탈(脫)내연기관을 선언하고 친환경자동차 전환정책에 속도를 내고 있다.

03 전기자동차의 배터리 산업 현황

제2의 반도체라고 불리는 전기자동차 배터리의 생산능력은 선발주자인 일본과 한국에 이어 중국, 미국, EU가 증설 및 신규 설비를 구축하고 있으며, 중국의 공세적 투자로 중국의 비중이 크게 증가할 전망이다.

한국의 전기자동차 배터리 기술은 3세대(2021년)에서 4세대(2025년)로 이동 중에 있으며, 1회 충전으로 500km 주행이 가능하도록 용량은 커지고 무게는 감소시키며, 가격을 낮추는 기술개발에 총력을 다 하고 있다.

2

전기 전자 기초

2 전기 전자 기초

1 전기 기초 이론

01 물질의 구성

물질에 대한 일반적인 정의는 질량과 부피를 갖는 존재이다. 물질은 한 가지 물질(분자)로 이루어진 물질인 순물질(Pure Substance)과 섞어놓은 물질인 혼합물(Mixture)로 분류된다. 물질을 구성하고 있는 작은 단위로 나누어보면 분자, 원자, 원자핵, 양성자・중성자, 소립자로, 소립자에는 다시 매개입자와 렙톤, 쿼크 등이 있는데, 이렇게 해서 "모든 물질은 쿼크와 렙톤으로 이루어졌다"고까지 말할 수 있다.

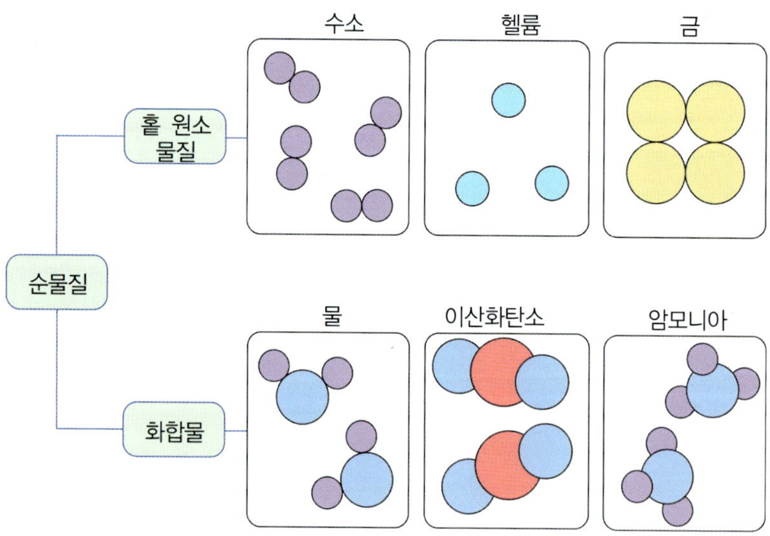

(a) 순물질

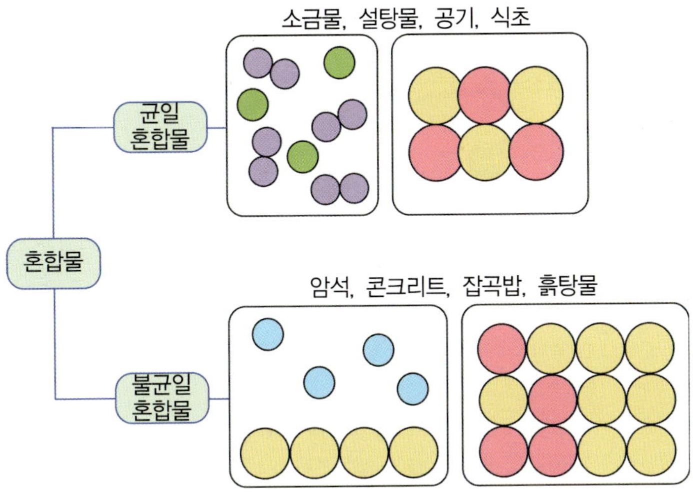

(b) 혼합물

그림 1 | 물질의 분류

[1] 분자[Molecule]

원자나 이온이 화학결합에 의하여 몇 개가 모여 그 물질의 특성을 가진 최소 단위로서 미립자를 만드는 일이 있다. 이 경우에 그 미립자를 분자라고 한다. 분자는 일정한 질량·구조·원자 조성을 가지며, 분자는 순수한 화합물에서 그 특징적인 조성과 화학적 성질을 유지시키는 가장 작은 입자이다. 분자는 수나 종류의 변화 없이 물이 고체·액체·기체로 상태 변화하는 것처럼 물리적 변화를 할 수도 있으나, 화학반응을 통해 변형될 수도 있다. 분자의 크기는 보통 10^{-6}m 정도이다.

[2] 원자[Atom]

화학원소로서의 특성을 잃지 않는 범위에서 도달할 수 있는 물질의 기본적인 최소 입자로 원자핵과 그 주위를 도는 전자로 이루어지며, 원자의 화학적 성질은 주로 전자수에 따라 정해진다. 크기와 무게는 원자번호 순으로 증대한다. 원자의 크기는 보통 10^{-10}m 정도이다.

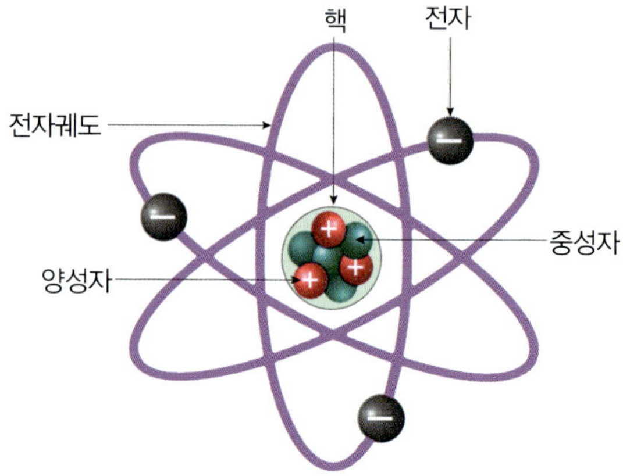

그림 2 | 원자의 구조

[3] 원자핵[Atomic Nucleus]

원자핵은 원자 중심의 핵자(양성자와 중성자)와 중간자로 이루어진 작고 밀도가 높은 부분을 말한다. 원자핵의 크기는 보통 10^{-15}m이다.

(1) 양성자(Proton)

중성자(Neutron)와 함께 원자핵을 구성하는 요소로 양자는 정의 전하를 가지기 때문에 원자핵은 정의 전기를 가지며, 부의 전기를 가진 궤도전자와의 사이에 인력이 작용해서 이것을 주위로 당겨서 원자를 구성하고 있다. 질량은 원자질량단위 amu로 1.007825amu로 전자의 약 1,840배이다. 양성자의 크기는 보통 10^{-18}m이다.

(2) 중성자(Neutron)

원자를 구성하는 입자 중 하나로 원자의 구성을 원자핵과 전자로 나누었을 때 양성자와 함께 원자핵을 형성하는 입자이다. 전기적으로 중성이며 질량은 양성자의 질량과 거의 유사하지만 정밀하게 본다면 조금 더 크고(양성자 질량 : 1.67262×10^{-27}kg vs 중성자 질량 : 1.67492×10^{-27}kg) 전자의 약 1,840배이다. 중성자의 크기는 보통 10^{-18}m이다.

[4] 전자[Electron]

음전하를 가지는 질량이 아주 작은 입자로 모든 물질의 구성요소이다. 일반적으로

e^-로 표시한다. 전자의 전하량은 기본전하량으로 모든 물질은 이 전하량의 정수배만큼의 전하량(1.6×10^{-19})을 갖는다. 원자핵의 주위를 원형 또는 타원형 궤도를 따라 빛의 1/10 정도의 속도로 운동한다.

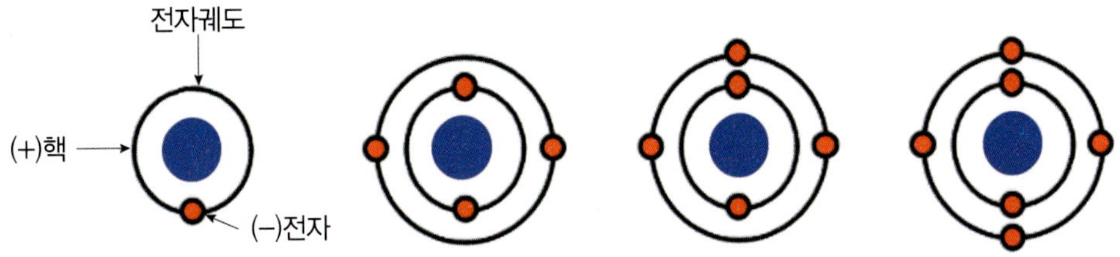

그림 3 | 전자궤도와 전자수

[5] 소립자[素粒子]

소립자의 소(素)는 소자, 형태소, 화소 등의 용례에서와 같이 단위 요소라는 것을 나타내기 위해 쓰인 것이다. 물질의 가장 기본적인 구성 요소로 물질을 세분해 가면 분자 → 원자 → 원자핵 → … 이라는 계열을 지나 소립자에 이른다. 기본 입자는 총 30종이다. 쿼크, 렙톤, 보손으로 구성된다.

(1) 쿼크(Quark)

현재 6종(種) 3류(類)가 있다고 가정되어 있다. 6종의 쿼크는 업(Up)・다운(Down)・스트레인지(Strange)・참(Charm)・보텀(Bottom)・톱(Top)으로, 쿼크의 종은 향(Flavor)으로, 유는 색(Color)으로 각각 부르고 있다. 즉, 한 향은 3색을 가지고 있다. 양성자나 중성자는 3개의 쿼크로 이루어진다. 쿼크의 종류 중에서 가장 일반적인 것으로는 업 쿼크(Up : 업 쿼크의 전하는 +2/3이다)와 다운 쿼크(Down : 다운 쿼크의 전하는 −1/3이다)가 있다. 양성자는 업 쿼크 2개와 다운 쿼크 1개(전하 +1)의 결합으로 구성되며, 중성자는 다운 쿼크 2개와 업 쿼크 1개(전하 0)의 결합으로 구성된다고 보고 있다.

(2) 렙톤(Lepton, 또는 경입자)

렙톤은 핵자(양성자와 중성자)보다 질량이 작아 경입자라고 하지만 τ입자는 그 질량이 핵자의 2배 정도 되며, 경입자의 특징은 가볍다는 것이 아니라 강한 상호작용을 하지 않는다는 점에 있다. 경입자라는 명칭보다는 약입자(弱粒子)라고 하는 편이 적절하다는 의견도 있다. 강한 상호작용을 하지 않는 소립자를 말하며, 그 특징은 전자기적 상호작용과 약한 상호작용만을 지니고 있다는 것이다.

렙톤에는 전자(Electron), 전자중성미자(Electron Neutrino), 뮤(μ)-중간자(Muon), 뮤(μ)-중성미자(Muon Neutrino) 및 타우(τ) 렙톤(Tau), 타우(τ)-중성미자(Tau Neutrino) 등 여섯 종류가 있다.

(3) 보손(Boson)

① 게이지 보손(Gauge Boson) : 자연계의 4가지 기본 상호작용의 매개가 되는 입자로 광자, W입자, Z입자, 글루온 등이 있다. 광자는 전자기력, W입자와 Z입자는 약한 상호작용, 글루온은 강한 상호작용을 매개한다. 중력자라는 것도 있는데, 이름에서 알 수 있듯이 중력을 매개하는 입자이지만 아직 발견되지 않았다.

② 스칼라 보손(Scalar Boson) : 2013년 노벨 물리학상을 받은 연구의 주제로 유명한 힉스 보손만이 존재한다. 1964년 영국의 이론 물리학자인 피터 힉스가 주장하고 2013년 실제로 발견된 입자로, 이 우주 전체에 가득 들어 차 있다는 입자이다. 이 입자들과 관련된 힉스 매커니즘이 바로 우리들이 잘 알고 있는 질량과 관성을 만들어내는 것이다.

02 전기의 성질

일반적으로 원자궤도의 가장 바깥쪽 궤도에 있는 전자를 가전자라고 하며, 가전자의 수를 전자가라 하여 물질의 특성을 나타낸다. 바깥쪽 궤도의 전자는 원자핵으로부터 인력이 약하게 작용하므로 쉽게 궤도를 이탈하여 자유롭게 돌아다닐 수 있다. 이렇게 궤도를 이탈하는 전자를 자유전자라고 하며, 물질의 전기적 성질을 결정하게 된다.

원자들은 최외각 궤도에 있던 전자가 이탈하게 되면 전자가 빠져나간 자리는 정공(Hole)이 되고, 근처를 이동하는 다른 자유전자를 끌어당겨 채우게 되며, 이러한 현상을 전기의 흐름이라 한다.

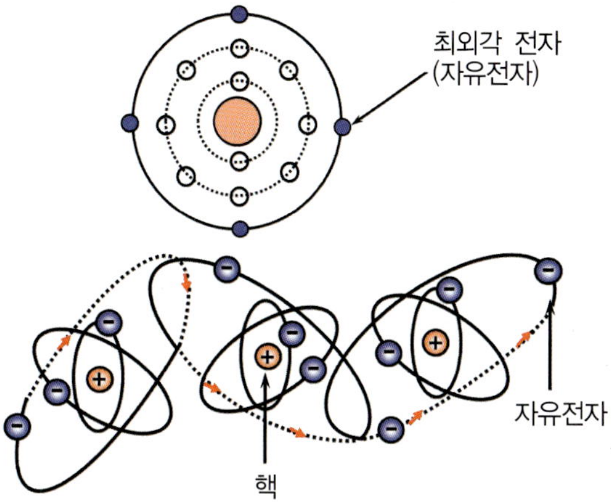

그림 4 | 자유전자의 이동

03 전하(Electric Charge)

전하(Electric Charge)는 전자기장 내에서 전기현상을 일으키는 주체적인 원인으로, 어떤 물질이 갖고 있는 전기의 양이다. 특히 공간에 있는 가상의 점이 갖는 전하를 점전하라 하고, 전하의 단위는 쿨롱이며, 기호는 C이다. 전하의 크기를 전기량이라 하는데, 항상 기본 전하량 "e", 즉 1C(쿨롱)는 전자나 양성자 등과 같은 자연 단위의 전하 1.6021 × 10^{-19}C(쿨롱)의 정수배가 된다. 전하의 양을 전하량이라고 한다.

전하량은 일정한 시간 동안 전선의 한 단면을 통과한 전하의 양이며, 전류의 세기 단위는 암페어(A) 또는 쿨롱/초(C/s)로 나타낸다.

1쿨롱은 1A(암페어)의 전류가 흐르는 도체의 단면을 1초 동안에 전선의 한 단면을 통과하는 전하의 총량과 동일한 양이다. 1C는 전자나 양성자 등과 같은 자연 단위의 전하 약 6.24 × 10^{-18}개로 전자나 양성자들의 전하의 양이다. 전하는 음전하와 양전하가 있다. 이는 질량과 같이 양의 값만 있는 다른 물리량과 다르다. 통상적으로 양성자나 양전자 따위의 전하를 양으로, 전자 등의 전하를 음으로 놓는다. 이렇게 전하를 띠는 물체는 대전체(帶電體)로 부른다.

04 전자와 전류

물질에 존재하는 (+)와 (−)성질을 띠는 입자들을 전하라고 한다. 전하는 물질이 전기적 성질을 나타내는데 기본적인 역할을 한다. (+)전하를 띠는 것은 원자핵, (−)전하를 띠는 것은 전자이며, 같은 전하끼리는 서로 밀어내고, 다른 전하끼리는 서로를 끌어당기는 성질을 가진다.

전자는 작은 입자 중에서 음(−)전하를 지니는 질량이 매우 작은 입자로 정지 질량은 9.107×10^{-28}g이고, 전하는 1.6021×10^{-19}C이며, 축전지에 전구를 연결했을 때 (+)극과 (−)극 사이에 인력(引力)이 작용하여 전자는 (+)극 쪽으로 당겨지게 된다. 전자가 (+)극 쪽으로 이동하는 상태를 전류가 (+)극에서 (−)극으로 흐른다고 말하는 것이다.

전류는 도선을 통하여 전자가 이동하는 것을 전류라 하며, 전류의 단위는 A, 기호는 I이다. 전류의 세기는 도체의 임의의 단면적을 1초 동안 1C(쿨롱)의 전하가 통과할 때의 전하의 양으로 나타내며, 1A(암페어)라 하고, 전하의 이동방향을 전류의 (+)방향으로 정한다.

전류의 세기에 대한 공식은 다음과 같다.

$$\text{전류의 세기} = \frac{\text{전하량}}{\text{시간}}$$

즉, 전류의 세기는 전하량과 비례하고, 전하가 흘러간 시간에 반비례한다.

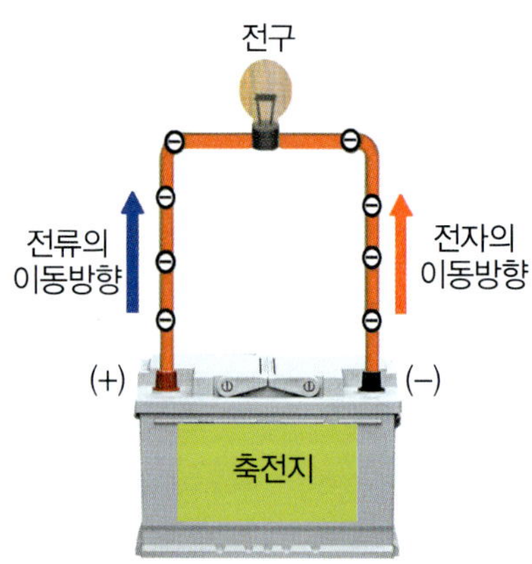

그림 5 | 전자와 전류의 흐름

도체 내에서는 전류와 반대방향으로 자유전자가 이동한다. 즉, 1A의 전류가 흐르는 도선에는 1초마다 약 6.25×10^{-18}개의 자유전자가 이동한다. 전류는 전원에서 공급받은 위치에너지를 부하로 전달해 주는 작용을 하는데, 이 과정에서 발열작용, 자기작용 및 화학작용의 3가지 작용을 한다.

전류의 발열작용은 전류가 지나는 도체 내에서 자유전자가 도체 내의 원자 또는 전자와 충돌하여 열(줄열)을 발생하는 현상을 말한다. 이 열을 이용한 것으로는 전구(Lamp), 담배 라이터, 예열플러그(Glow Plug), 각종 전열기기, 디프로스터(Defroster) 등이 있으며, 일반 전기기기에서는 이 열의 발생으로 전력손실을 가져오며, 전열기기 내의 절연성이 떨어지는 원인이 되기도 한다. 따라서 각종 배선에서는 이로 인한 사고의 방지를 위해 전선의 지름 및 피복 종류에 따른 안전한 상태를 나타내는 안전전류 또는 허용전류를 규정하고 있다.

전류의 자기작용은 전류 주위에 자기장이 발생하는 현상으로, 전동기, 발전기, 솔레노이드 기구, 전류계 등에서 사용되고 있다. 전류의 화학작용은 전해질 용액에 전류를 공급하였을 때 용액이 화학분해를 일으키는 현상을 말한다. 예를 들면, 물에 전류를 흐르게 하면 음극에 수소, 양극에 산소가 발생하는데, 이 경우의 분해를 전기분해라 하며, 반대로 축전지 등과 같이 화학분해작용을 이용하여 전기에너지를 발생시켜 전류를 발생시키는 작용도 있다.

05 도체, 절연체, 유전체, 반도체

[1] 도체[Conductor]

자유전자(Free Electron)가 많아 금속과 같이 전기가 잘 통한다. 도체에 전압을 가하면 전기장이 형성되고 그러면 자유롭게 움직이고 있던 자유전자들이 전기장 때문에 힘을 받아 양이온과 충돌을 반복하게 되면 전기력선의 반대방향으로 이동하게 되어 전류가 흐른다. 전자의 이동방향과 전류의 방향은 반대이다. 전류는 300,000km/sec의 속도로 흐르는 것으로 알려져 있다.

전기가 잘 통하는 물질을 전기적 도체라 하고, 고체로는 금속, 액체로는 산, 알칼리염의 수용액이 이에 해당한다. 열을 잘 전달하는 물질은 열의 도체라고 하는데 금속이 대다수이며 보통 전기가 잘 통하는 금속일수록 열도 잘 전달한다.

[2] 절연체[Insulator]

자유전자의 이동이 특히 적어 전기나 열을 전달하기 어려운 성질을 가지는 물질의 총칭으로 부도체라고도 한다. 전자가 속박되어 자유전자가 거의 없는 상태로 인해 상당히 높은 전압을 인가하지 않으면 자유전자가 발생하지 않는다. 플라스틱, 나무, 기름 등도 절연체이다.

[3] 유전체[Dielectric Material]

종이, 유리, 공기, 진공, 다이아몬드 등과 같이 전기장 안에서 극성을 지니게 되는 절연체이다. 도체와 달리 유전체는 절연체이므로 전하가 통과하지 않지만 양전하에 대해서는 유전체의 음전하가, 음전하에 대해서는 유전체의 양전하가 늘어서게 되어 극성을 지니게 된다. 축전기에 유전체를 사용하면 전기용량을 크게 늘릴 수 있고, 최대 동작 전압 역시 증가하게 된다.

[4] 반도체[Semiconductor]

전류가 잘 흐르는 정도가 도체와 절연체의 중간 정도인 물질이며 반도체는 10^{12}개의 원자 중 1개 정도의 불순물을 포함하는 정도로 높은 화학적 순도를 가지고 있다. 반도체로는 규소(Si), 게르마늄(Ge), 비소화갈륨(GaAs) 등이 있으며, 절연체처럼 온도가 높아질수록 비저항이 감소한다.

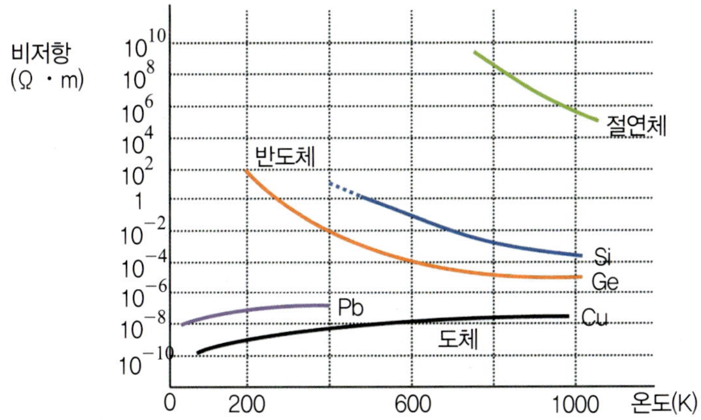

그림 6 | 도체와 절연체 및 반도체 고유저항

06 축전기(Condenser)

축전기(커패시터, Capacitor)는 콘덴서(Condenser)라고도 하며, 전기 회로에서 전기 용량을 전기적 퍼텐셜 에너지로 저장하는 장치이다. 두 개의 단자가 있는 수동소자이다. 축전기 내부는 두 도체판이 떨어져 있는 구조로 되어 있고, 사이에는 보통 절연체가 들어간다.

[1] 축전기의 작동과 구조

축전기 내부는 2장의 얇고 평평한 금속판이 떨어져 있는 구조로 되어 있고, 사이에는 보통 절연체가 들어간다. 각 판의 표면과 절연체의 경계 부분에 전하가 비축되고, 양 표면에 모이는 전하량의 크기는 같지만 부호는 반대이다.

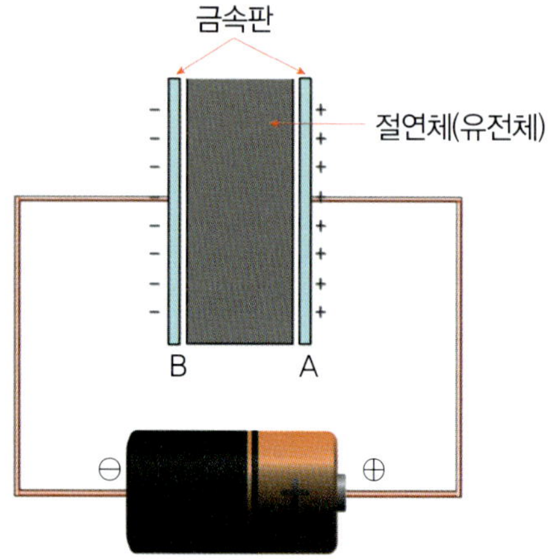

그림 7 | 축전기의 작동과 구조

즉, 두 도체판 사이에 전압을 걸면 음극에는 (–)전하가, 양극에는 (+)전하가 유도되는데, 이로 인해 전기적 인력이 발생하게 된다. 이 인력에 의하여 전하들이 모여 있게 되므로 에너지가 저장된다.

[2] 축전기의 특성

축전기가 설치된 회로에 직류(DC)전압을 공급하면 축전기에는 짧은 시간 동안 충전이 되며, 충전이 완료된 후에 직류전류는 더 이상 흐르지 못하고 차단이 된다. 이때 축전기의 저항은 무한대에 가깝다.

충전할 때 전원은 축전기의 한쪽 금속판으로부터 전자를 흡인하여 반대쪽 금속판으로 보낸다. 즉, 2장의 금속판 중 하나는 전자 과잉상태가 되고 반대쪽은 전자부족 상태로 되어 2장의 금속판 사이에 전압이 저장된다. 이 상태에서 전원을 제거하여도 2장의 금속판에는 전압이 그대로 유지된다. 다음에 회로를 단락회로(Short Circuit)로 하면 축전기에 충전되어 있던 전하가 방전된다. 그리고 축전기의 2장의 금속판에 가하는 전압을 점차 증가시켜 일정 수준 이상이 되면 절연체가 손상되고 축전기는 통전된다. 이것을 절연파괴라 한다.

[3] 축전기의 종류

용량, 크기, 온도, 주파수 등의 특성을 위해 유전체를 사용하며, 유전체의 종류에 따라 여러 종류의 콘덴서로 나누어진다. 하나의 극으로 이루어진 단극성 콘덴서와 양극으로 이루어진 양극성 콘덴서가 존재하는데, 극성이 있는 콘덴서는 긴 리드선이 +극, 짧은 리드선이 −극이다.

① 전해 콘덴서(Eletrolytic Condenser) : 유전체를 얇게 할 수 있어 작은 크기에도 큰 용량을 얻을 수 있다는 장점이 있다. 양극(긴 선이 +)성 콘덴서가 있으며, 극, 전압, 용량 등이 콘덴서 표면에 적혀있다. 이 콘덴서는 주로 전원의 안정화, 저주파 바이패스 등에 활용된다.

② 탄탈 콘덴서(Tantalum Condenser) : 전극에 탄탈륨이라는 재질을 사용한 콘덴서로, 용도는 전해 콘덴서와 비슷하지만 오차, 특성, 주파수 특성 등이 전해 콘덴서보다 우수하다.

③ 세라믹 콘덴서(Ceramic Condenser) : 유전율이 큰 세라믹 박막, 티탄산바륨 등의 유전체를 재질로 한 콘덴서이다. 박막형이나 원판형의 모양을 가지며, 용량이 비교적 작고, 고주파 특성이 양호하여 고주파 바이패스에 흔히 사용된다.

④ 칩 세라믹 콘덴서(Chip Ceramic Condenser) : 칩 모양의 콘덴서로 소형화를 위해 탄탈륨을 유전체로 하는 콘덴서이다. 일반적으로 집적회로에 부착하여 사용할 수 있다.

⑤ 적층 세라믹 콘덴서(MLCC : Multi Layer Ceramic Capacitor) : 유전체로 고유전율계 세라믹을 다층구조로 사용하는 콘덴서로, 회로에 일정량의 전류가 흐르도록 제어해주는 소자이다. 회로에 전류가 일정하지 않게 공급되면 반도체 부품에 이상이 생기기 때문에 MLCC를 활용해 일정량의 전류를 흐르게 만든다. MLCC는 수동소자로 반도체와 같은 능동부품의 작동을 원활하게 만드는 역할을 한다.

⑥ 슈퍼 콘덴서(Super Condenser) : 전기용량이 큰 콘덴서를 말한다. 용량이 크며 비교적 크기가 작기 때문에 전지로 사용된다.

⑦ 필름 콘덴서(Film Condenser) : 필름 양면에 금속박을 대고 원통형으로 감은 콘덴서이다.

⑧ 마일러 콘덴서(Mylar Condenser, 폴리에스테르 필름 콘덴서) : 폴리에스테르 필름의 양면에 금속박을 대고 원통형으로 감은 콘덴서이다. 극성이 없고, 용량이 작은 편에 속한다. 고주파 특성이 양호하기 때문에 바이패스용, 저주파, 고주파 결합용으

로 사용된다.

⑨ 스티롤 콘덴서(Styrol Condenser) : 폴리스티렌 필름을 유전체로 사용하는 콘덴서이다. 필름을 감은 구조이기 때문에 고주파에는 사용할 수 없으며, 필터회로나 타이밍 회로 등에 주로 사용된다.

⑩ 폴리프로필렌 콘덴서(Polypropylene Condenser) : 폴리프로필렌 필름을 유전체로 사용하는 콘덴서로 높은 정밀도가 요구되는 곳에 주로 사용한다.

⑪ 마이카 콘덴서(Mica Condenser) : 운모(Mica)를 유전체로 하는 콘덴서로 주파수 특성이 양호하며, 안정성, 내압이 우수하다는 장점이 있다. 주로 고주파에서의 공진회로나 필터회로 등을 구성할 때, 고압회로를 구성할 때 사용한다.

⑫ 가변용량 콘덴서(Variable Condenser) : 용량을 변화시킬 수 있는 콘덴서를 말한다. 주파수 조정에 사용하며 트리머, 바리콘이 있다.

⑬ 트리머(Trimmer) : 세라믹을 유전체로 사용한 가변용량 콘덴서로 주로 이동통신 및 방송 시스템에 필요한 주파수에 따라 용량값을 필요한 만큼 조정하는데 사용된다.

⑭ 바리콘(Varicon) : 공기를 유전체로 사용한 가변용량 콘덴서로, 라디오 방송을 선택하는 튜너 등에 사용된다.

(a) 전해 콘덴서

(b) 탄탈 콘덴서

(c) 세라믹 콘덴서

(d) 칩 세라믹 콘덴서

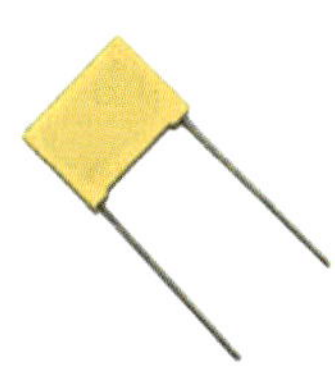

(e) 적층 세라믹 콘덴서

(f) 슈퍼 콘덴서

(g) 마일러 콘덴서

(h) 스티롤 콘덴서

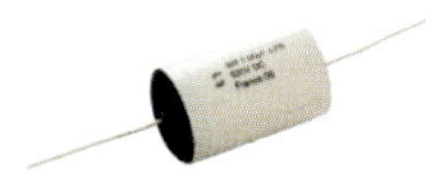

(i) 폴리프로필렌 콘덴서

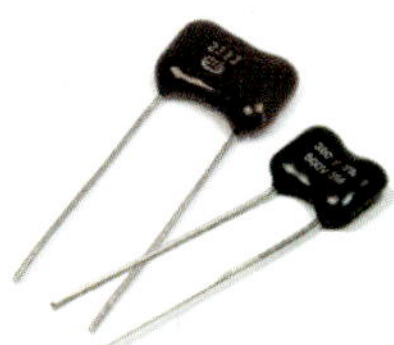

(j) 마이카 콘덴서

(k) 트리머

(l) 바리콘

그림 8 | 축전기의 종류

[4] 축전기의 정전용량

축전기에 저장되는 전기량을 쿨롱(Coulomb)이라 하며, Q로 표시하고 쿨롱 Q는 가해지는 전압 E에 비례한다. 즉, 전압이 높을수록 많은 양의 전기를 저장할 수 있고, 이들 사이에 다음과 같은 관계가 있다.

$$Q = CE$$

Q : 축전기에 저장되는 전기량(Coulomb)
C : 정전용량
E : 축전기에 가해지는 전압

따라서 축전기의 정전용량 C(패럿)은 $C = \frac{Q}{E}$가 된다. 정전용량은 금속판의 면적, 가해지는 전압, 금속판 사이의 절연체의 절연도에 비례하며, 금속판 사이의 거리에는 반비례한다.

용량 단위는 마이클 패러데이에서 이름을 따온 패럿(Farad, F)이다. 1F는 1V 전압이 걸렸을 때 1C(Coulomb)의 전하를 잡아 둘 수 있는 능력으로 정의되는데, 이는 전자회로에서는 굉장히 큰 단위이므로 일상생활에 쓸 만한 적은 양을 잴 때는 SI 접두어를 붙여서 사용한다.

축전기 정전용량(패럿)의 단위는 다음과 같다.

① 1밀리패럿 = 1mF = 10^{-3}F

② 1마이크로패럿 = 1㎌ = 10^{-6}F

③ 1나노패럿 = 1㎋ = 10^{-9}F

④ 1피코패럿 = 10㎊ = 10^{-12}F

[5] 축전기의 연결방법

(1) 축전기의 직렬연결

여러 개의 축전기를 직렬연결하면 각각의 정전용량과 관계없이 일정한 양의 전하가 축전기에 충전되며 정전용량을 감소시키는 결과가 된다. 그리고 합성용량은 각각의 정전용량 중 가장 작은 것보다도 더 작다. 축전기를 직렬연결하면 전체 전압의 일부만 인가되므로 전압에 대한 내구성이 높아진다.

축전기 직렬연결에서 전압은 다음과 같다.

$$E = E_1 + E_2 + E_3 + \cdots\cdots + E_n$$

$$\frac{Q}{C} = \frac{Q}{C_1} + \frac{Q}{C_2} + \frac{Q}{C_3} + \cdots\cdots + \frac{Q}{C_n}$$

여기서 각 항을 Q로 나누면

$$\frac{1}{C} = \frac{1}{C_1} + \frac{1}{C_2} + \frac{1}{C_3} + \cdots\cdots + \frac{1}{C_n}$$

이 된다. 또 몇 개의 축전기를 직렬로 연결한 경우 전체의 정전용량은 1개일 때보다 작아진다. 이것을 공식으로 나타내면 다음과 같다.

$$C = \frac{1}{\frac{1}{C_1} + \frac{1}{C_2} + \frac{1}{C_3}} [F]$$

이것은 (+)의 전하와 (−)의 전하를 상쇄된다고 생각하면 된다.

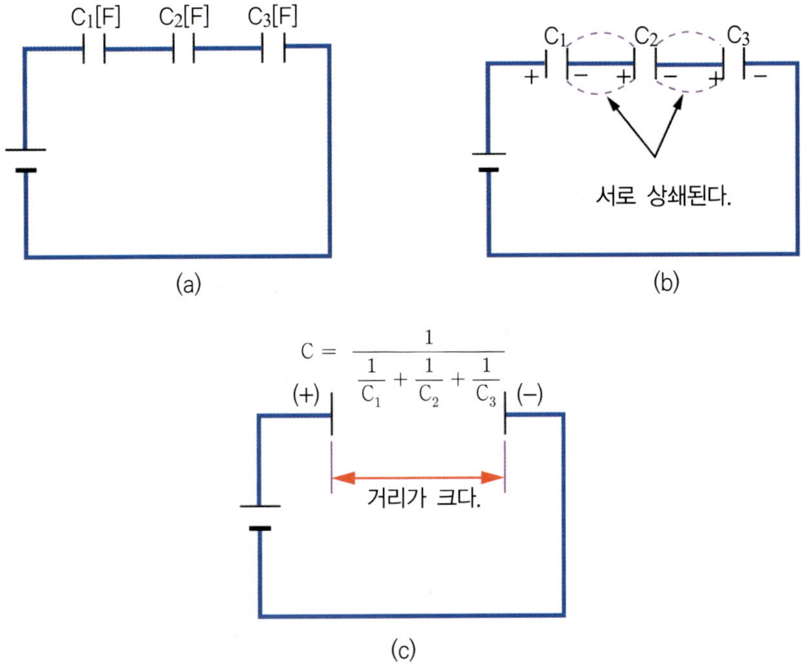

그림 9 | 축전기의 직렬연결

이에 따라 두 금속판 사이에 거리가 멀어지는 효과가 발생하며, 정전용량이 같은 2개의 축전기를 직렬로 연결하면 전체의 정전용량은 $\frac{1}{2}$이 되고, 3개를 연결하면 전체 정전용량은 $\frac{1}{3}$, 4개를 연결하면 $\frac{1}{4}$이 된다.

(2) 축전기의 병렬연결

여러 개의 축전기를 병렬로 연결하면 전극판의 면적을 증가시키는 것과 같은 효과를 얻을 수 있다. 따라서 합성 정전용량 C는 각각의 축전기 용량의 합과 같게 된다. 병렬연결에서의 전압은 다음과 같다.

$$E = E_1 \times E_2 \times E_3 \times \cdots\cdots \times E_n$$

그리고 합성 정전용량은 각각의 전하의 합과 같다.

$$Q = Q_1 + Q_2 + Q_3 + \cdots\cdots + Q_n$$

$$Q = C_1E + C_2E + C_3E + \cdots\cdots + C_nE$$

여기서 양변을 E로 나누면

$$C = C_1 + C_2 + C_3 + \cdots\cdots + C_n$$

이 된다.

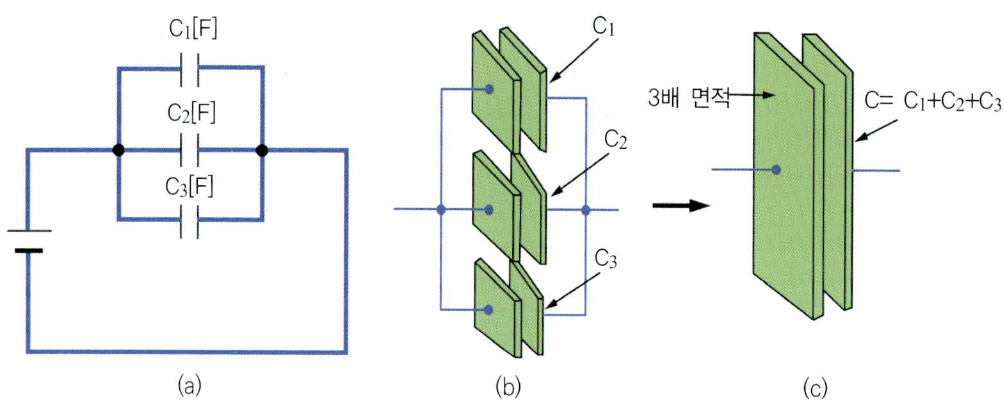

그림 10 | 축전기의 병렬연결

만약 3개의 축전기를 병렬로 연결했을 때 전체 정전용량은 1개의 용량보다 3배가 커진다. 이것을 공식으로 표시하면 $C = C_1+C_2+C_3$[F]이다. 이것은 두 판의 면적이 증가한 것으로 생각하면 된다.

[6] 축전기의 충 · 방전

축전기는 직류(DC)는 통하지 않으나 교류(AC)는 통한다. 축전기에 전지를 접속하면 축전기에 충전이 시작되어 축전기의 양쪽 전극의 전압이 전지의 전압과 같게 될 때까지 전류가 들어가며, 충전이 완료되면 전류가 흐르지 않는다. 축전기가 충전된 상태에서 전지를 분리하면 전하가 축적된 상태로 있으나 축전기를 접속(Short)하면 방전되어 축적되었던 전하가 없어진다.

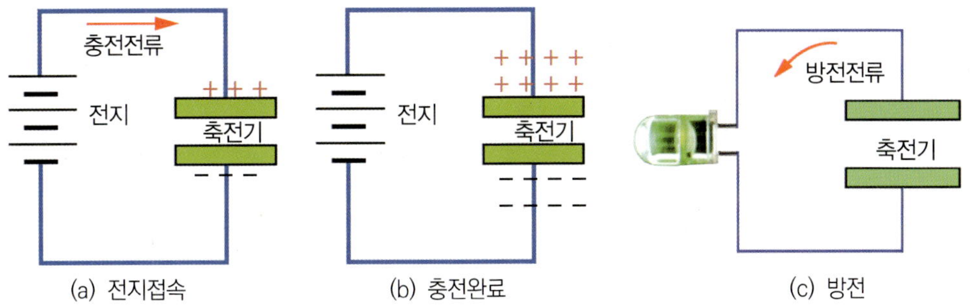

그림 11 | 축전기의 충 · 방전

이와 같이 충 · 방전은 순간적으로 이루어지며, 교류에서는 (+), (−)가 차례로 흐르기 때문에 충 · 방전이 반복되고 있는 것과 같은 상태를 이루어 전류가 흐른다. 그러나 축전기의 용량이 적은 경우에는 적은 전류가 흘러도 곧바로 전압이 상승하여 더 이상 전류가 흐르지 않게 된다. 따라서 축전기도 교류에 대하여 일종의 저항의 성질을 나타낸다. 이 축전기의 교류적 저항을 용량 리액턴스(Capacitive Reactance)라 한다.

07 전압 또는 전위차

물이 담긴 A, B의 용기에 파이프를 연결하면 물은 수위가 높은 A쪽에서 수위가 낮은 B쪽으로 흐르게 된다. 이때 물이 흐르는 세기는 용기 A와 B의 수위 차이, 즉 수위 차이가 없으면 물은 흐르지 않으므로 수압에 의하여 결정이 된다.

따라서 (+)전하 A와 (−)전하 B를 전선 C로 연결하면 (+)전하는 전선 C를 통하여

(−)전하를 향하여 전류가 흐른다. 이때 A에서 B를 향하여 수위 차이만큼의 전기적 압력이 가해졌다고 가정할 수 있는데, 이와 같은 전기적인 압력을 전압(電壓)이라 한다. 즉, 전압이란 도체 안에 있는 두 점 사이의 전기적인 위치에너지의 차이이다. 전류는 전압차가 클수록 많이 흐른다.

전압의 단위는 볼트(Volt, 기호는 V)로 표시하고 기호는 E로 표시한다. 1V란 「1옴(Ω)의 도체에 1A의 전류를 흐르게 할 수 있는 전기적인 압력」을 말하며, 단위는 1kV = 1,000V, 1V = 1,000mV로 표시한다.

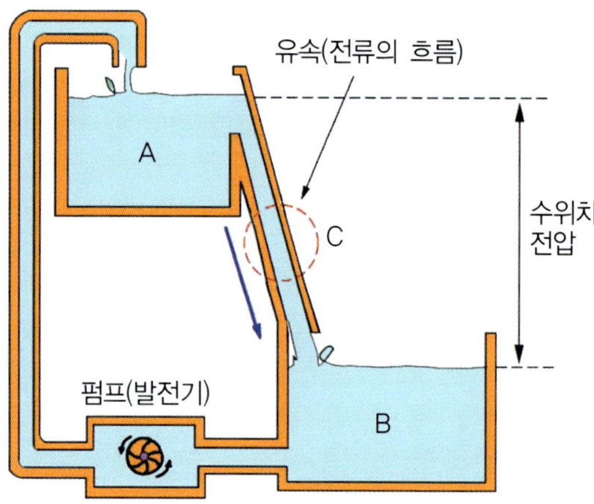

그림 12 | 수압과 전압

[1] 직렬연결과 병렬연결

(1) 전지의 직렬연결

2개 이상의 전지를 서로 다른 극끼리 연결한다. 즉, 전지의 (−)극에 다른 전지의 (+)극을 연결한다. 전지를 직렬로 연결했을 때 전체 전압(V)의 크기는 각 전지의 전압을 합한 것과 같고, 전류는 일정하다. 높은 전압을 얻을 수 있지만 전지를 오래 사용할 수 없다.

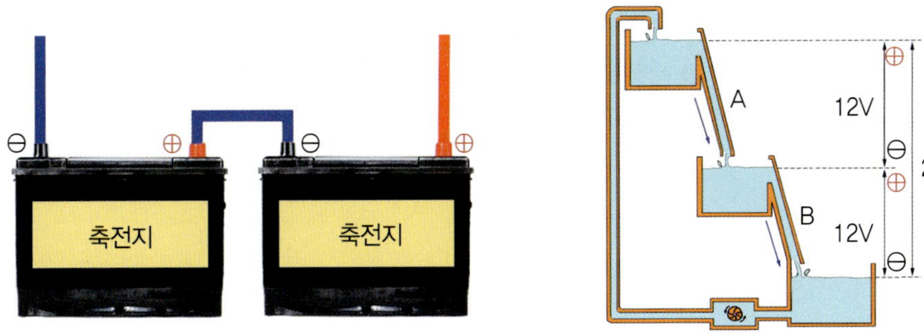

(a) 축전지의 직렬연결　　(b) 수위와 전압

그림 13 | 직렬연결과 전위차

(2) 전지의 병렬연결

2개 이상의 전지를 서로 같은 극끼리 연결한다. 즉, 전지의 (+)극은 (+)극끼리, (−)극은 (−)극끼리 연결한다. 전지를 병렬로 연결했을 때 전체 전압(V)의 크기는 전지 한 개의 전압과 같고 각 전지의 전류를 합한 것과 같다.

병렬연결하는 전지의 개수가 많아질수록 전지를 오랫동안 사용할 수 있으나 높은 전압을 얻을 수 없다.

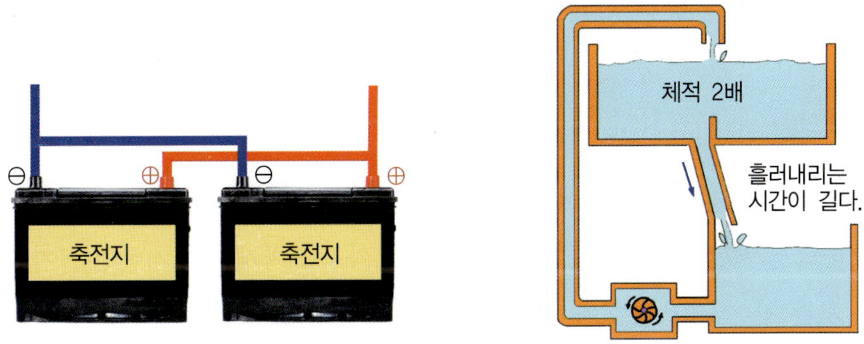

(a) 축전지의 병렬연결　　(b) 물의 체적과 흐르는 시간

그림 14 | 병렬연결과 전류

[2] 기전력[Electromotive Force]

전기의 경우에도 전류를 계속 흐르게 하려면 전압을 발생시켜야 하는데, 기전력(起電力)은 역학적 에너지(또는 화학변화의 에너지)에 의해서 끊임없이 발생되는 전기적인

압력으로 전류원(電流源)이 되는 것을 전원이라 한다. 기전력의 크기는 전압으로 표시되므로 단위도 볼트(V)로 표시한다.

08 저항(Resistance)

전류가 물질 속을 흐를 때 도체에서 전류의 흐름을 방해하는 정도를 표시하는 물리량으로, 전기저항(Electric Resistance)이라 한다. 저항의 종류에는 전선의 전기저항도 있으나 전구나 전동기 등의 부하에도 저항을 지니고 있다. 저항은 전류의 흐름을 방해하는 요소이므로 전선의 저항이 크면 부하에 흐르는 전류가 감소하여 충분한 전기를 공급하지 못하므로 전선의 저항은 작아야 한다. 반대로 전기를 얼마나 잘 흐르게 하는지를 나타내는 물리량은 전기 전도도(Electrical Conductance)라고 한다.

전기는 저항이 같더라도 전선의 단면적이 적으면 전류가 잘 흐르지 못하고 전선의 단면적이 크면 전류가 잘 흐르게 되는데, 이것은 전선의 저항에 의하여 발생되는 것이다. 저항의 단위는 옴(Ohm)이며, 기호는 (Ω)을 사용한다. 1Ω이란 도체에 1A의 전류를 흐르게 할 때 1V의 전압을 필요로 하는 도체의 저항을 말한다.

[1] 고유저항

물질의 저항은 재질, 형상, 온도에 따라서 변화하며, 형상과 온도를 일정하게 하면 재질에 따라서 저항값이 변화한다. 따라서 여러 가지 도체재료의 저항의 크기를 비교할 때에는 모든 같은 크기의 도체에 대한 저항을 비교한다. 즉, 길이 1m, 단면적 $1m^2$인 도체의 두 면 사이의 저항값으로 비교하며, 그 재료의 고유저항 또는 비저항이라 한다.

고유저항의 기호는 로(ρ)로 표시하며, 단위는 Ω · m이다. 실제로 $1m^2$는 그 크기가 너무 크므로 $1cm^2$의 고유저항의 단위로 일반적으로 Ω · cm를 사용한다.

[도체의 고유저항]

도체의 명칭	고유저항 ($\mu\Omega \cdot cm$) 20℃	도체의 명칭	고유저항 ($\mu\Omega \cdot cm$) 20℃
은(Ag)	1.62	니켈(Ni)	6.9
구리(Cu)	1.69	철(Fe)	10.0
금(Au)	2.40	강	20.6
알루미늄(Al)	2.62	주철	57~114
황동(Cu+Zn)	5.7	니켈-크롬(Ni-Cr)	100~140

[2] 도체의 형상에 의한 저항

도체의 저항은 단면적과 길이에 따라 다르며, 같은 재질의 전선이라도 전류가 흐르는 방향과 수직되는 방향의 단면적이 커지면 저항이 감소하고, 전류가 흐르는 거리가 증가하면 그만큼 원자 사이를 뚫고 나가야 하므로 저항이 커진다. 즉, 도체의 저항은 길이에 비례하고 단면적에 반비례한다.

도체의 단면 고유저항을 $\rho(\Omega \cdot \text{cm})$, 단면적을 $A(\text{cm}^2)$, 도체의 길이를 $\ell(\text{cm})$인 도체의 저항을 $R(\Omega)$이라 하면

$$R = \rho\frac{\ell}{A}(\Omega)$$

의 관계가 있으며, 도체와 그 형상이 정해지면 저항값을 계산할 수 있다. 그리고 도체의 길이가 2배로 증가하면 저항도 2배로 증가하지만, 단면적이 2배로 증가하면 저항은 1/2로 감소된다.

[3] 온도와 저항의 관계

온도의 변화는 물질이 고유하게 가진 전기적 특성인 비저항을 변화시킨다. 일반적으로 도체의 경우 온도가 높아질수록 비저항이 커지는 경향을 보인다. 이것은 온도가 높아지면 분자 운동이 활발해지는 것과 같은 것이다. 탄소, 반도체 같은 반도체와 부도체는 온도가

높아질수록 비저항이 낮아지는 경향을 보인다. 이것은 온도가 높아질수록 원자에 들어 있는 전자가 에너지를 얻기 때문이다. 에너지를 얻은 전자는 원자에게서 벗어나 자유롭게 움직이며 전자의 흐름에 참여하게 된다. 따라서 온도가 높아지면 반도체와 부도체의 비저항이 작아진다.

금속의 저항은 온도상승에 비례하여 직선적으로 증가한다. 그리고 온도가 1℃ 상승하였을 때 저항값이 어느 정도 크게 되었는가의 비율을 표시하는 것을 저항의 온도계수라 한다. 정류기를 실리콘 다이오드로 사용하는 교류발전기에서는 온도가 상승하면 저항이 적어져 과대전류가 흘러 파손되므로, 온도가 낮아지도록 냉각팬이나 방열판을 사용하여 과대전류의 흐름을 방지하고 있다. 이 회로를 온도 보상회로라 한다.

[4] 접촉저항

도체와 도체가 1개의 접촉면에 접했을 때 접촉면의 전기저항값으로 도체의 접촉 부분에서 다른 부분보다 큰 저항이 존재하고, 그 때문에 전류의 흐름을 방해하며 열이 발생한다. 접촉저항에는 도체와 도체를 접속할 때 헐겁게 연결하거나 마모되어 전류의 통로가 접촉 면적보다 작아져 생기는 집중 저항과 녹이나 페인트를 떼어내지 않고 전선을 연결하여 접촉면에 형성되는 절연 박막 때문에 생기는 경계저항이 있다.

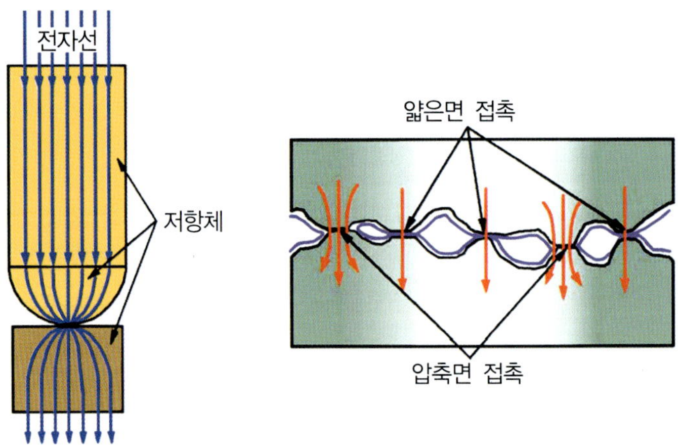

그림 15 | 접촉저항

[5] 저항기[Resistor]

저항 성질을 띠는 회로소자이다. 저항기는 크게 저항의 크기가 정해져 있는 저항인 고정저항(Fixed Resistor)과 반대로 저항의 크기가 변해 저항값을 조절할 수 있는 가변저항(Variable Resistor)이 있다. 저항기의 종류는 다음과 같다.

① 탄소 피막 저항기(카본 저항기) : 저항체로 탄소계 재료를 사용한다. 높은 정밀도가 필요하지 않은 아날로그 회로나 디지털 회로에 가장 널리 사용되고 있다.

② 금속 피막 저항기(금피 저항기) : 저항체로 Ni · Cr(니켈 크롬) 등을 사용한다. 겉모양은 탄소 피막 저항기와 비슷하다. 정밀도가 높고 고주파 특성이 좋고 온도 변화에 대해서도 안정되어 있다.

③ 산화 금속 피막 저항기(산금 저항기) : 저항체로 산화 금속 피막을 사용하고, 내열성이 우수하고 중간 전력용으로 사용한다.

④ 솔리드 저항기 : 탄소 분말과 수지를 굳혀서 성형한 저항기로 기생 인덕턴스 성분이 높고 고주파용으로 사용하며, 저항값의 제어가 어렵고 정밀도가 비교적 좋지 않다.

⑤ 법랑 저항기 : 가느다란 금속선을 절연체에 감은 권선 저항기를 법랑으로 감싼 저항기로 내열성이 매우 높고, 대 전력용으로 사용되며 인덕턴스 성분이 크므로 고주파 용도로는 적합하지 않다.

⑥ 시멘트 저항기 : 가느다란 금속선을 절연체에 감은 권선 저항기를 시멘트로 굳힌 저항기이다. 시멘트는 방열성이 좋기 때문에 대 전력용으로 사용되며 인덕턴스 성분이 크므로 고주파 용도로는 적합하지 않다.

⑦ 후막칩 저항기 : 회로가 점점 소형화되고 부품의 대부분이 SMT(Surface Mount Technology) 공법에 의해 장착되면서 개발된 새로운 형태의 저항기이다. 이러한 칩 형태의 저항기는 세라믹 기판 위에 저항체를 후막 형태로 얹어서 제조하며 지속적으로 소형화가 이루어지고 있다. 특히 고주파 특성이 우수하고 소형이므로 최신 전자기기들에는 대부분 이러한 칩 형태의 저항기가 사용된다.

⑧ 네트워크 저항기(어레이 저항기) : 부품의 집적도를 더욱 높이기 위해 여러 개의 저항기를 하나의 패키지 안에 넣고 저항 네트워크를 구성하여 IC와 같은 형태를 갖는 부품도 있다.

⑨ 박막형 칩 저항기 : 박막형 칩 저항기는 후막형 칩 저항기와 거의 같은 모양을 가지고 있지만, 저항체 막의 두께가 훨씬 얇고 저항체 금속으로 Ni-Cr계, TiN, TaN 등이 주로 사용된다. 박막형 칩 저항기는 후막 저항기보다 저항값 허용차와 저항 온도계수 특성이 정밀하고, 전류 노이즈 특성, 고주파 특성이 우수하여 정밀 기기 등에 주로 사용된다.

⑩ 가변 저항기 : 가변 저항기는 저항값을 바꿀 수 있는 형태의 저항의 총칭이다. 흔히 볼륨(Volume)이라고 부르는 단어는 신호의 양을 조절한다는 의미이지만, 일반적으로 손잡이를 돌려서 저항값을 가감하는 가변저항을 가리킨다.

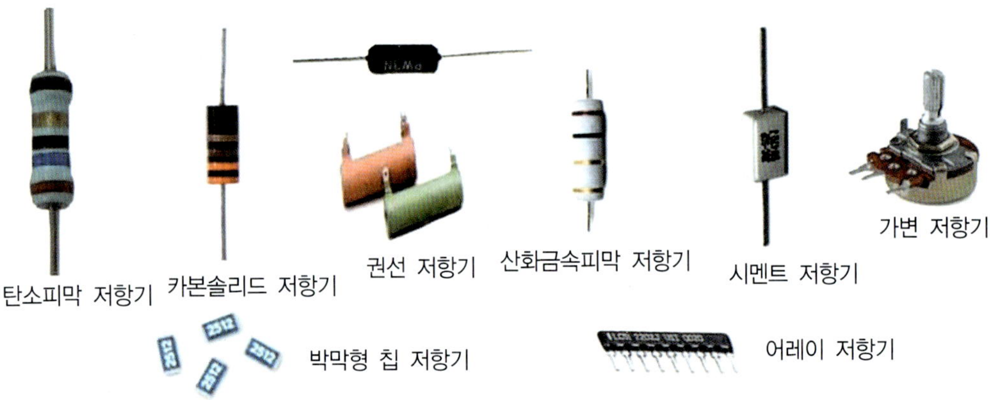

그림 16 | 저항기의 종류

2 전기의 기본법칙

01 옴의 법칙(Ohm′s Law)

옴의 법칙은 도체의 두 지점 사이에 나타나는 전위차(전압)에 의해 흐르는 전류가 일정한 법칙에 따르는 것을 말한다. 전기회로에서는 흐르는 전압, 전류, 저항 사이에는 다음과 같은 일정한 관계가 있다. 즉, 도체를 흐르는 전류는 도체에 가해진 전압에 비례하고, 그 도체의 저항에 반비례한다.

$$I = \frac{E}{R}, \quad R = \frac{E}{I}, \quad E = IR$$

I : 도체를 흐르는 전류(A), E : 도체에 가해진 전압(V), R : 도체의 저항(Ω)

02 저항연결 방법

저항을 연결하는 방법에는 직렬연결과 병렬연결 그리고 직・병렬연결이 있다. 어느 접속이든지 전체의 저항(R)은 전압(E)을 전류(I)로 나눈 $R = \frac{E}{I}[\Omega]$이 되며, 회로의 저항 전체를 합성하는 경우에는 이를 합성저항 또는 전체저항이라 한다.

[1] 저항의 직렬연결[Series Connection]

저항을 한 줄로 접속하는 것을 직렬연결이라고 한다. 직렬연결의 특징은 다음과 같다.

① 합성저항은 각 저항의 합과 같다.
② 어느 저항에서나 똑같은 전류가 흐른다.
③ 각 저항에 걸리는 전압의 합은 전원전압과 같다.
④ 동일한 전원을 연결하면 전압은 개수의 배가 되고, 용량은 1개일 때와 같다.
⑤ 서로 다른 전원을 연결하면 전압은 각 전압의 합과 같고 용량은 평균값으로 된다.
⑥ 큰 저항과 매우 작은 저항을 연결하면 매우 작은 저항은 무시된다.

직렬연결에서는 어느 저항에서나 항상 똑같은 전류가 흐른다. 즉, R_1에 흐르는 전류와 R_2에 흐르는 전류는 같다.

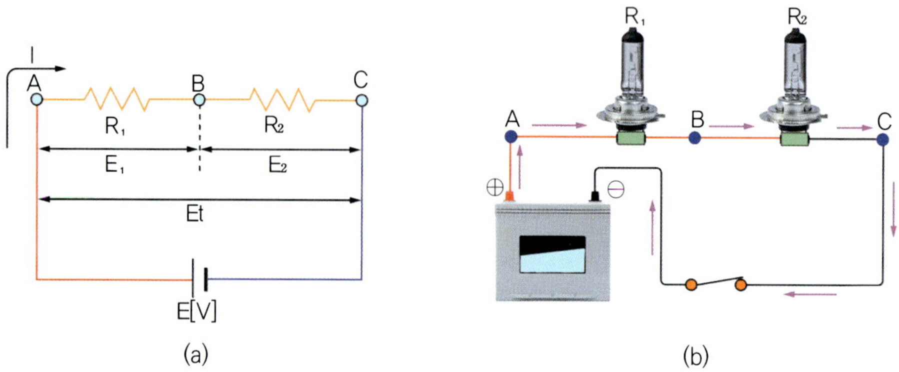

그림 17 | 저항의 직렬연결

각 저항의 양끝의 전압을 E_1, E_2라 하면 옴의 법칙에 따라

$$E_1 = IR_1,\ E_2 = IR_2$$

가 된다. 따라서

$$E = E_1 + E_2 = IR_1 + IR_2 = I(R_1 + R_2)$$

이 되므로 A와 C 사이의 합성저항을 R이라 하면 $E = IR$이 되어 $IR = I(R_1 + R_2)$이므로

$$R = R_1 + R_2$$

가 된다. 따라서 n개의 저항 R_1, R_2, R_3 ……, R_n을 직렬로 연결하였을 때 합성저항(R)은 각 저항의 합과 같게 되므로

$$R = R_1 + R_2 + R_3 + \cdots\cdots + R_n$$

으로 되어 직렬연결의 합성저항은 각 저항의 어느 하나보다 크게 된다.

[2] 저항의 병렬연결[Parallel Connection]

저항을 병렬로 접속하는 것을 병렬연결이라 한다. 병렬연결의 특징은 다음과 같다.

① 어느 저항에서나 똑같은 전압이 가해진다.

② 합성저항은 각 저항의 어느 것보다도 작다.

③ 저항이 감소하는 것은 전류가 나누어져 저항 속을 흐르기 때문이다.

④ 각 회로에 흐르는 전류는 다른 회로의 저항에 영향을 받지 않으므로 양끝에 걸리는 전류는 상승한다.

⑤ 동일한 전원을 연결할 경우 전압은 1개일 때와 같으나 용량은 개수의 배가 된다.

⑥ 매우 큰 저항과 적은 저항을 연결하면 그중에서 큰 저항은 무시된다.

⑦ 합성저항의 역수는 각 저항의 역수의 합과 같다.

그림 18과 같이 A, B 사이에 전압 E를 가하면 각 저항 R_1, R_2에는 똑같은 전압이 가해지므로 각 회로의 전류는 옴의 법칙에 따라 다음과 같이 구할 수 있다. 그리고 A점에 유입된 전류를 I라 하면, 전류 I는 A점에서 나누어져 I_1, I_2가 되어 각 저항을 흐르므로 전류 I는 I_1과 I_2의 합과 같다. 즉,

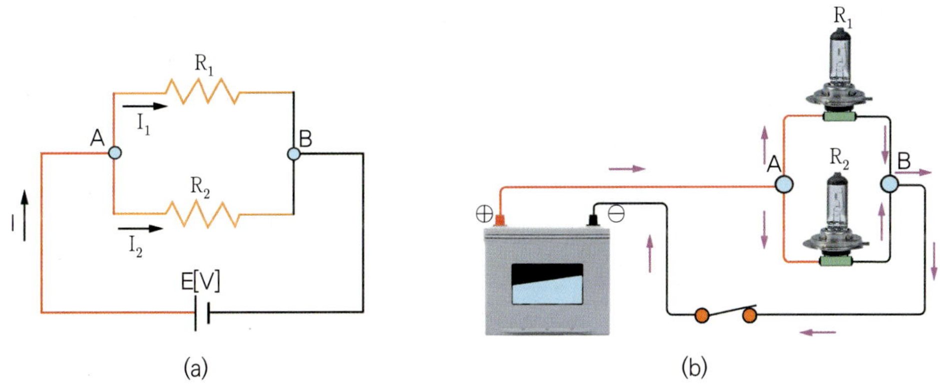

그림 18 | 병렬연결

$$I = I_1 + I_2, \quad I = \frac{E}{R_1} + \frac{E}{R_2} = E\left(\frac{1}{R_1} + \frac{1}{R_2}\right)$$

이 된다. 그리고 A, B의 사이의 합성저항을 R이라 하면

$I = \frac{E}{R}$가 되며, $\frac{E}{R} = E\left(\frac{1}{R_1} + \frac{1}{R_2}\right)$이므로

$\frac{1}{R} = \frac{1}{R_1} + \frac{1}{R_2}$이 된다.

따라서 n개의 저항 R_1, R_2, R_3 ……, R_n을 병렬로 접속하였을 경우 그 합성저항을 R이라 하면

$\frac{1}{R} = \frac{1}{R_1} + \frac{1}{R_2} + \frac{1}{R_3} + \dots\dots + \frac{1}{R_n}$가 된다.

[3] 직 · 병렬연결

직 · 병렬연결이란 직렬과 병렬연결을 혼합한 것이다. 합성저항은 직렬 합성저항과 병렬 합성저항을 더한 값이 되며 회로에 흐르는 전류와 전압이 상승한다.

그림 19에서 합성저항은 $R = \frac{1}{\frac{1}{R_1} + \frac{1}{R_2}} + R_3 + R_4$로 나타낼 수 있다.

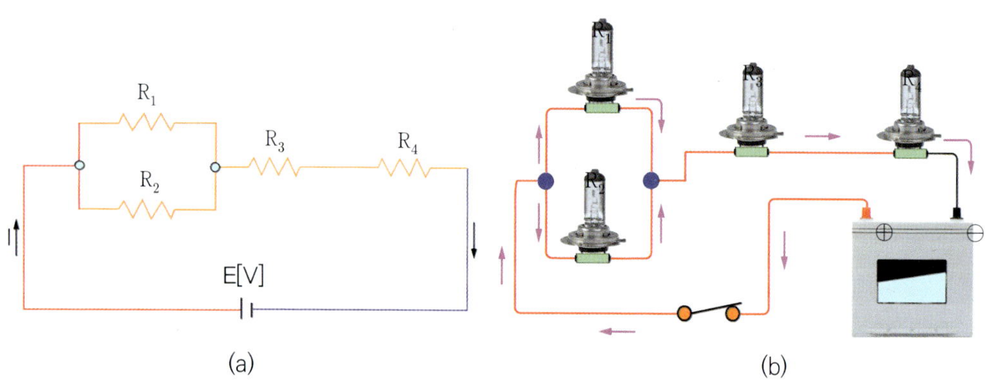

그림 19 | 저항의 직 · 병렬연결

[4] 전압강하[Voltage Drop]

전원에서 전기에너지를 소비하는 부하에 전류가 흐를 때에는 도중의 전선저항(R) 때문에 전압이 소비되며, 전기회로에서 사용하고 있는 전선의 저항이나 회로 접속 부분의 접촉저항 등으로 소비되는 전압을 그 저항에 의한 전압강하(Voltage Drop)라 한다. 전압강하는 직렬연결에서 많이 발생하며, 전압강하가 커지면 전장부품의 기능이 저하하므로 배선에 사용하는 전선의 굵기는 알맞은 것을 사용하여야 한다. 전압강하의 특징은 다음과 같다.

① 저항을 통하여 전류가 흐르면 전압강하가 발생한다.
② 전류가 크고 저항이 클수록 전압강하도 커진다.
③ 회로에서 전압강하의 총합은 회로의 공급전압과 같다.
④ 축전지 단자, 스위치, 배선, 접속부 등에서 불완전한 접속 또는 저항이 증가한 경우, 전장부품에 인가되는 전압이 낮아지므로 작동불량을 유발한다.
⑤ 각 전장품의 성능을 유지하기 위해 배선의 길이와 굵기가 알맞은 것을 사용해야 한다.

$I = \frac{E}{R}$에서 I = 일정, $E \propto R$

$$I_T = I_1 = I_2 = I_3$$
$$E_T = E_1 + E_2 + E_3$$
$$R_T = R_1 + R_2 + R_3$$

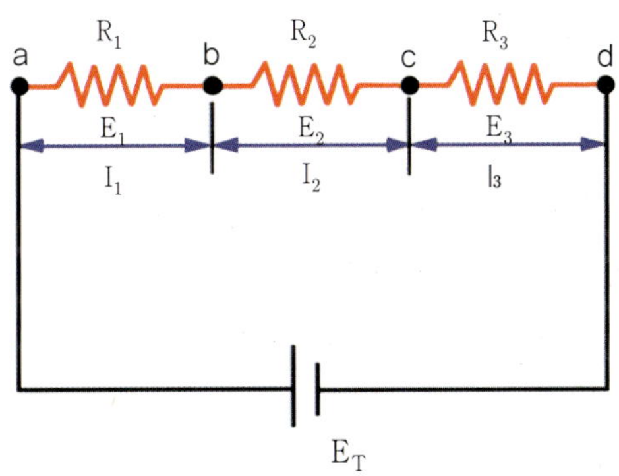

그림 20 | 저항에 의한 전압 강하

03 전력과 전력량

[1] 전력[Electric Power]

전력은 단위 시간당 전류가 할 수 있는 일의 양을 말한다. 전구(Lamp)에 전압을 인가하여 전류를 흐르게 하면 빛이나 열이 발생한다. 또, 냉각팬에서 모터는 날개를 돌리기 위해 기계적인 운동을 한다. 이와 같이 전기기구나 장치는 전기에너지를 소비하여 일을 한다. 이때 전기에너지가 소비되는 비율(Rate)을 전력(Electric Power)이라 한다. 다시 말하면 시간 t초 동안 W[J]의 에너지가 소비되었다면,

$$\text{전력} = \frac{\text{에너지}}{\text{시간}} \quad \text{또는} \quad P = \frac{W}{t}$$

로 정의된다. 전력의 단위는 와트(W : Watt)로 표시한다. 전력의 정의에 의하면 1W란 1줄(J)의 에너지가 1초 동안 소비되었을 때 전력의 크기이다.

$$1\text{와트(W)} = \frac{1\text{줄(J)}}{1\text{초(s)}}$$

전력이 큰 경우에는 단위로서 1kW = 1,000W를 사용한다. 또, 전동기의 힘을 표시하는 것으로 마력(PS)이라는 단위를 사용하는데, 마력과 와트의 관계는 다음과 같다.

$$1\text{마력} = 1\text{PS} = 735.5[\text{W}]$$

전압이나 전류가 증가하면 전력도 증가한다. 즉, 전압 E를 인가하여 전류 I가 흐를 때 전력 P = EI[W]로 표시된다. 만약 저항 R에 전류 I가 흐른다면 E = IR의 관계로부터 저항에서 소비되는 전력은 다음 공식으로 된다.

$$P = EI = IR \times I = I^2R = E \times \frac{E}{R} = \frac{E^2}{R}[\text{W}]$$

이와 같이 전력은 모두 저항에서 소비된다.

[2] 전력량[Watt Hour]

단위 시간당 전류가 할 수 있는 일의 양을 전력(Watt)이라 정의하였다. 그러나 전기기기는 일정 시간 동안 사용하여 일을 한다. 예를 들면, 선풍기를 오래 켜 놓을 경우 사용되는 전기에너지가 증가한다. 전류가 1시간 동안 생산 또는 소비된 전력의 양을 전력량(Watt Hour)이라 하며, 전력과 그 전력을 사용한 시간과의 곱으로 나타낸다.

따라서 P[W]의 전력을 t초 동안 사용할 때, 전력량 W는

$$W = P \times t[Wh]$$

로 표시된다. 에너지의 단위는 줄(J)이지만, 전력량의 단위로는 Ws(Watt-Second), Wh(Watt Hour), kWh(Kilo Watt Hour)를 사용한다.

만약 전류 [I]가 저항 [R]에 t초 동안 흐르는 경우 전력량은

$$W = P \times t = I^2Rt[kWh]$$

이다. 이 전력량에 의해 생기는 열량 H는 전류의 세기 I의 제곱(I^2)과 도체의 전기저항 R과 전류를 통한 시간 t에 비례하는 것을 의미하며, 이것을 줄의 법칙(Joule's Low)이라 한다. 전류의 단위를 A(암페어), 전기저항의 단위를 Ω(옴)으로 사용하면, 이 전류를 t초 동안 통했을 때 발생하는 열량을 H 칼로리(Calorie)라 하면

$$H = 0.24P = 0.24EI = 0.24I^2Rt[cal]$$

의 관계 공식이 성립한다. 이와 같이 줄열은 전기 히터, 전구 등에서 이용된다. 또 스위치나 플러그에서 접점의 접촉저항에서는 이 줄열 때문에 스위치가 발열, 산화되므로 점차로 접촉 불량의 원인이 되기도 한다.

[3] 와트와 마력[Horse Power]

마력은 기계적인 힘을 나타낸 것으로 일의 양을 시간으로 나눈 값으로 1초간에 75kgf · m의 일을 할 때 1마력이라 한다.

① 1PS = 75kgf · m/s = 0.7355kW = 632.3kcal/h

② 1HP = 76kgf · m/s = 0.7457kW = 641.6kcal/h

③ 1kW = 102kgf · m/s = 860kcal/h

04 키르히호프의 법칙(Kirchhoff′s Law)

전기회로에서 전압과 전류를 구하는 해결 법칙의 하나로 전하량 보존 및 에너지 보존에 기초하여 유도된다. 전원이 2개 이상인 복잡한 회로에서 합성전력, 전류의 분포, 저항 등을 다룰 때에는 옴의 법칙을 발전시킨 키르히호프의 법칙을 사용한다.

[1] 제1법칙[전류법칙]

키르히호프의 전류법칙(Kirchhoff's Current Law, KCL)이라고도 한다. “회로 내의 어떤 한 점에 유입된 전류의 총합과 유출한 전류의 총합은 똑같다”는 이론으로 전하보존의 법칙이다. 이러한 관계를 「키르히호프의 제1법칙」이라 한다.

그림 21에서 다음 공식이 성립된다.

$$I_1 + I_3 + I_4 = I_2 + I_5$$

$$(I_1 + I_3 + I_4) - (I_2 + I_5) = 0$$

$$\therefore \Sigma I = 0$$

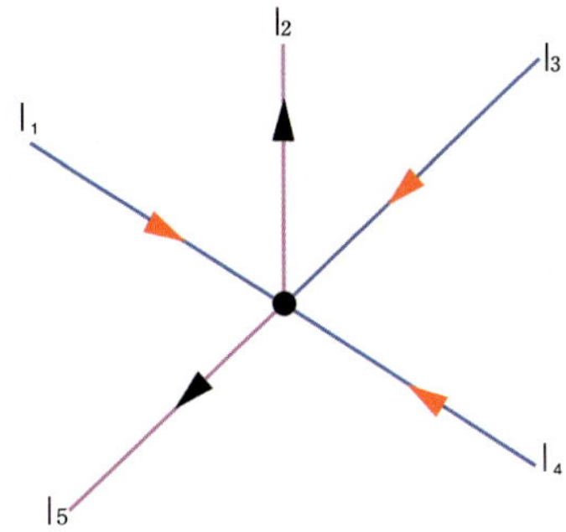

그림 21 | 키르히호프의 제1법칙

[2] 제2법칙[전압법칙]

키르히호프의 전압법칙(Kirchhoff's Voltage Law, KVL)이라고도 하고, 고리규칙이라고도 한다. 한 전자(전하운반자)의 입장에서 볼 때, 전자는 전원을 거치면서 에너지를 받고, 회로 소자를 지나면서 일을 한다. 이때 에너지의 출입은 전자의 전하량과 전위의 변화의 곱으로 나타난다. 전자가 제자리로 돌아올 때 같은 퍼텐셜 준위로 돌아오므로, 들어온 에너지와 나간 에너지는 동일해야 한다. 이는 전원이 일한 만큼 에너지가 회로 소자로 전달된다는 뜻이 된다.

그림 22에서 기전력 E(V)에 의하여 R(Ω)의 저항에 I(A)의 전류가 흐르는 회로에서 옴의 법칙에 따라 E = IR이 된다.

이것을 문자로 표시하면,

기전력 = 전압강하에 의한 전압의 합계

가 되어 A → B → C → D의 방향에서는 기전력과 전압강하가 같다는 것을 의미한다. 이상의 설명은 간단한 회로의 경우이나 전원이 2개 이상 있는 복잡한 회로에서도 적용된다. 즉, "임의의 폐회로에 있어 기전력의 총합과 저항에 의한 전압강하의 총합은 같다."

따라서 키르히호프의 제2법칙은 에너지 보존법칙으로 임의의 한 폐회로에서 소비된 전압강하의 총합과 기전력의 총합과 같다. 즉, 전압강하의 총합은 기전력의 총합이다.

$$V_T = V_1 + V_2 + V_3 = 0$$

$$V_T - (V_1 + V_2 + V_3) = 0$$

$$V_T - V_1 - V_2 - V_3 = 0$$

$$\therefore \sum V = 0$$

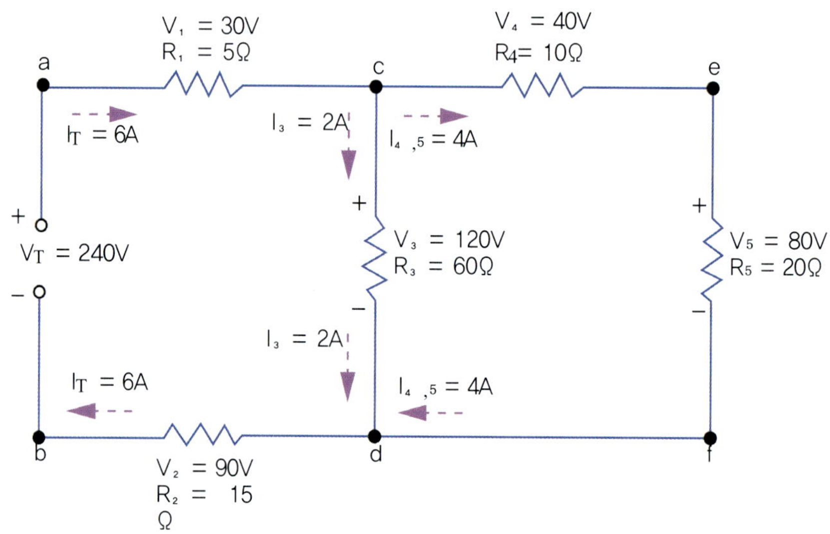

그림 22 | 키르히호프의 제2법칙의 예

3 전기회로

01 직류와 교류 및 정류

[1] 직류[Direct Current]

직류란 흐르는 방향과 전압이 일정한 전류로 약칭으로 DC라 하며, 전류 가운데 방향과 크기가 일정한 것을 가리키는 경우가 많으며, 방향은 일정하나 크기가 달라지는 경우는 직류와 구별하여 맥동전류(脈動電流)라 한다. 전지의 전압처럼 극성(+ · −)이 일정한 전압을 직류전압이라 한다.

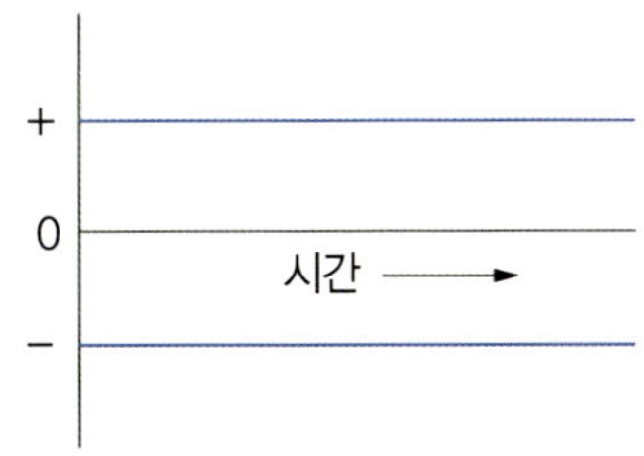

그림 23 | 직류

[2] 교류[Alternating Current]

시간이 경과함에 따라 크기와 방향이 주기적으로 변하는 전류 또는 전압으로 약칭으로 AC라 하고, 주기적인 파형을 가지며 평균값은 0이 된다. 대표적인 교류는 사인파의 파형을 하고 있으며, 이것을 사인파 교류라 하고, 그렇지 않은 교류를 비사인파 교류라 한다.

1개의 파형이 반복되는 시간간격을 주기라 하며, 1초 동안에 반복하는 수를 주파수(Hz)라 한다. 일반적인 전력은 50Hz 또는 60Hz이며 이것을 상용주파수라 하고, 상용주파수보다 낮은 것을 저주파, 높은 것을 고주파라 한다. 상(相)의 수에 따른 분류에서는 3상 교류, 단상교류 등이 있다. 일반적으로 사인파 교류에서 전류는 $I = I_0 \sin(\omega t+\varphi)$로 주어진다. 이때 I는 전류의 순시값(Instantaneous Value), ω는 각주파수(角周波數), φ는 초기위상, I_0는 전류의 최대값, t는 시간이다. 전류의 세기는 실효값으로 표시하며, 사인파 교류의 실효값은 전류의 최대값 I_0의 $\frac{1}{\sqrt{2}}$(0.707)배이다. 교류전류계・교류전압계 등의 눈금은 이 실효값을 나타낸다.

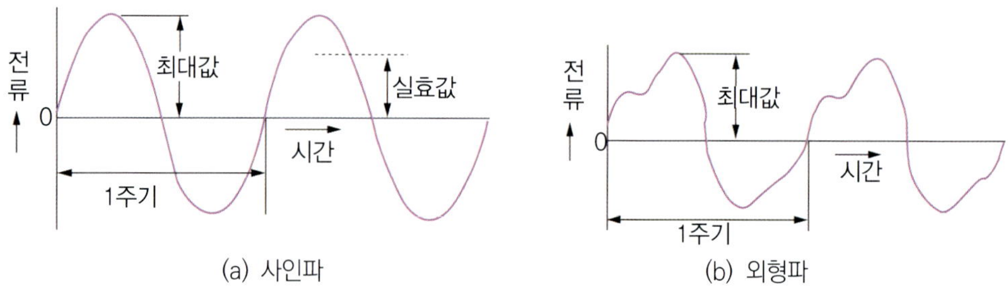

그림 24 | 교류

따라서 1A의 전류 100V의 전압일 때의 전류 및 전압의 최대값은 실효값 × 1.414이므로 약 1.41A 및 약 141V이다. 교류회로에 교류기전력 $e = E_0 \sin\omega t$를 걸 때, 회로에 흐르는 전류는 $I = I_0 \sin(\omega t + \varphi)$로 표시되며, 전압과 전류 사이에는 위상차 φ가 있다. 이것이 교류회로의 특징이며, I_0와 φ는 회로의 임피던스에 의해 결정된다.

예를 들어, 인덕턴스 L헨리인 코일, 커패시턴스 C패럿인 축전기, 저항 RΩ이 직렬로 연결되어 있는 LCR의 직렬회로의 전류의 최대값 I_0는 $I_0 = \frac{E_0}{Z}$, $Z = \sqrt{R^2 \left(\omega L - \frac{1}{\omega C}\right)^2}$ 으로 주어진다. 이때 Z는 회로의 임피던스의 크기이다. 또 φ는 $\tan\phi = \frac{\omega L - \frac{1}{\omega C}}{R}$로 주어진다.

[3] 정류[Commutation]

정류기는 주기적으로 방향이 바뀌는 교류를 한 방향으로만 흐르는 직류로 변환하는 전기장치이다.

(1) 반파정류 회로

교류의 +또는 −의 사이클만 전류를 흘려서 부하에 직류가 흐르도록 한 회로로, 다이오드 1개를 사용하여 여기에 교류전원을 접속하면 반 사이클만 전류가 흐르게 할 수 있다. 이러한 회로를 반파정류 회로라 한다. 이 반파정류 회로는 파형의 절반밖에 사용하지 못하므로 별로 사용하지 않는다.

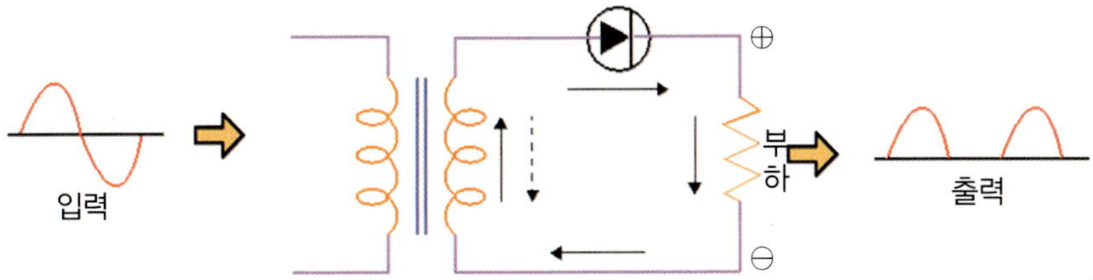

그림 25 | 반파정류 회로

(2) 전파정류 회로

다이오드를 사용하여 교류의 +, − 어느 반 사이클에 대해서도 정류를 하고, 부하에 직류전류를 흘릴 수 있도록 한 회로이다.

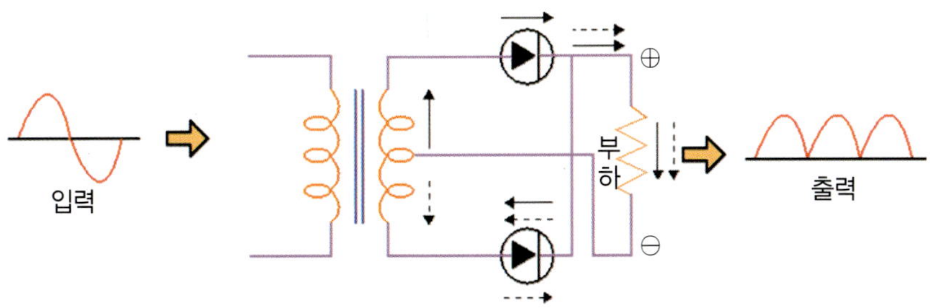

그림 26 | 전파정류 회로

(3) 브리지 전파정류 회로

브리지 전파정류 회로는 전파정류 회로의 일종으로, 다이오드 4개를 브리지 모양으로 접속하여 정류하는 회로이다. 전파정류 회로는 다이오드 4개를 사용하여 +쪽과 −쪽을 모두 정류하는 형식의 회로이다.

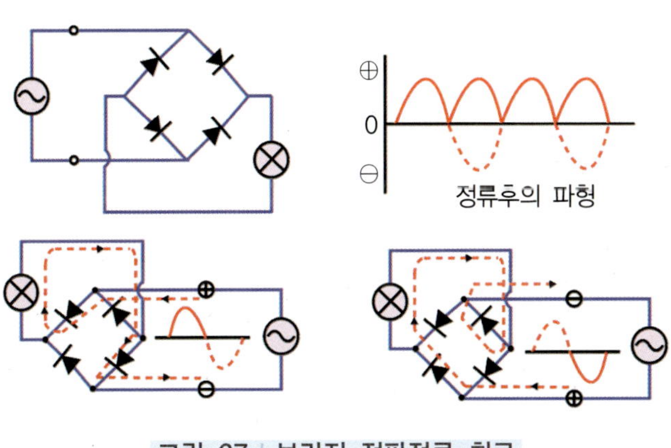

그림 27 | 브리지 전파정류 회로

(4) 3상 전파정류 회로

3상 전파정류 회로는 자동차에 사용되는 발전기에 적용되는 회로로 120도 위상마다 전파정류하여 교류전원을 최대한 직류에 근접되도록 하고 있다.

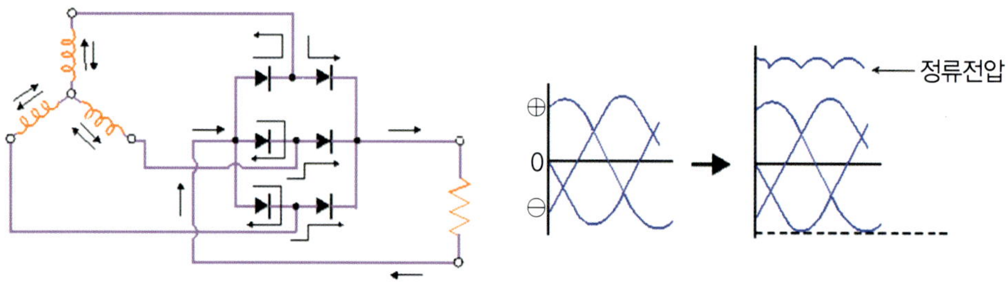

그림 28 | 3상 전파정류 회로

02 전기적인 고장

[1] 단선[Open, 접촉 불량]

단선회로(斷線, Open Circuit)란 와이어(Wire)가 절단되어 커넥터(Connector)의 결합이 해제되어 구성회로가 끊어져 전기가 흐를 수 없는 상태가 되는 경우이며, 이 경우 전체 회로의 저항은 무한대가 된다.

예를 들면, 퓨즈 용단(鎔斷, Fusing), 필라멘트 용단, 커플러(Coupler)의 빠짐 등이며 회로가 개방될 때는 전류가 흐르지 않는다. 자동차의 전기회로에서 일부분을 단선시키고 측정 장비를 사용하여 단선 부위를 체크하고 단선 시 각 부위별로 발생하는 현상을 체크한다.

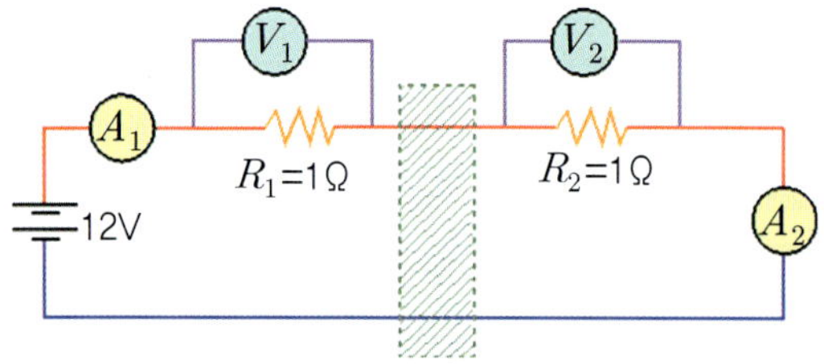

항목	이론치
A_1	6A
A_2	6A
V_1	6V
V_2	6V

그림 29 | 정상회로

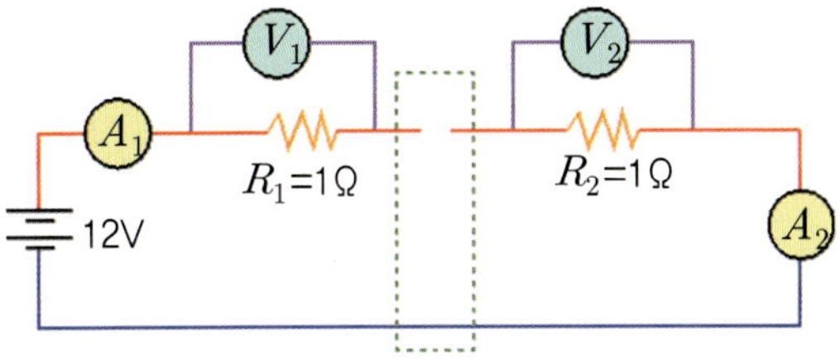

항목	이론치
A_1	0A
A_2	0A
V_1	0V
V_2	6V

그림 30 | 단선회로

[2] 단락[Short, 합선]

전류가 목적된 회로가 아닌 다른 곳을 통하여 흐르는 경우로, 예를 들면 목적된 도체의 절연이 파괴되거나 의도되지 않은 도체 표면에 접촉된 경우에 단락회로(短絡, Short Circuit)가 형성될 수 있다. 이로 인해서 과도한 전류가 흐를 때 결국 퓨즈가 용단된다. 단락은 내부저항 없이 선이 이어져 있어 도통하는 경우이며, 저항측정기로 저항을 측정할 경우 저항이 거의 없는 "0"의 값을 가지게 된다. 즉, 전류는 무한대로 흐르게 된다.

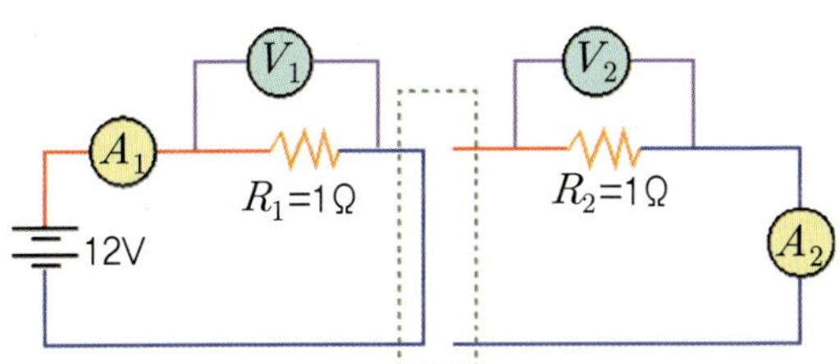

항목	이론치
A_1	0A
A_2	0A
V_1	0V
V_2	6V

그림 31 | 단락회로

단락이나 합선을 Short(쇼트)라고 하는 이유는 원래 전선에서 어느 부분이 합선되면 합선된 부분을 통하여 전기가 흐르게 되고, 나머지 부분은 전기를 흐르지 않게 된다. 즉, 합선이 되면 전기적으로는 흐르는 길이가 짧아져서 이것을 Short가 되었다고 한다.

[3] 누전[절연불량]

절연물의 균열, 물, 오물 등에 의해 절연이 파괴되는 현상을 누전(漏電)이라 하며,

이때 전류가 누설된다. 스파크플러그 케이블의 절연 파손 등을 예로 들 수 있다.

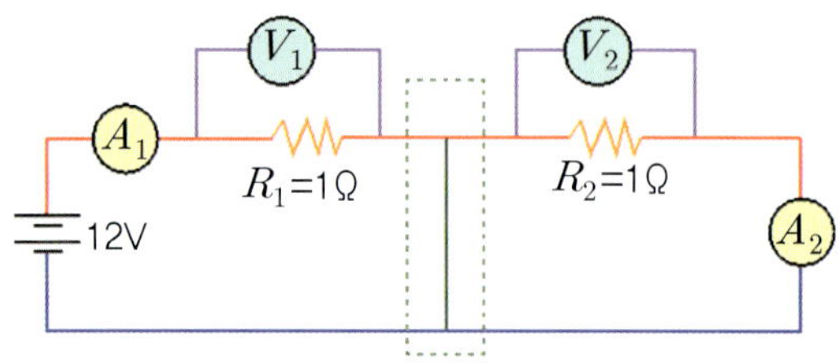

항목	이론치
A_1	12A
A_2	0A
V_1	12V
V_2	6V

그림 32 | 누전회로

[전기적인 고장]

구분	전류	전압	전체저항	동일용어
단선	없음	없음	무한대	개회로
단락	증가	증가	감소	합선, Short
누전	증가	증가	감소	절연불량
접촉 불량	감소	감소	증가	

※ 전기적 고장 발생 앞부분의 저항을 기준으로 표시함

03 전원과 접지

[1] 전원

자동차에서 시동 전 에너지 공급원은 배터리가 된다. 이로 인하여 배터리의 화학에너지는 지속적인 방전이 이루어지며 시동 모터와 같은 큰 부하 작동 시 많은 에너지가 방전된다. 하지만 시동이 이루어지면 자동차의 에너지원은 배터리 전압보다 높은 발전기가 에너지원이 되고, 발전기에서 보면 배터리는 부하로 작용하게 된다.

자동차 키 박스에는 Off, Acc, On, St가 표시되어 있다. 이는 여러 가지 전장 시스템의 작동을 종류에 따라 달리 하기 위함이다.

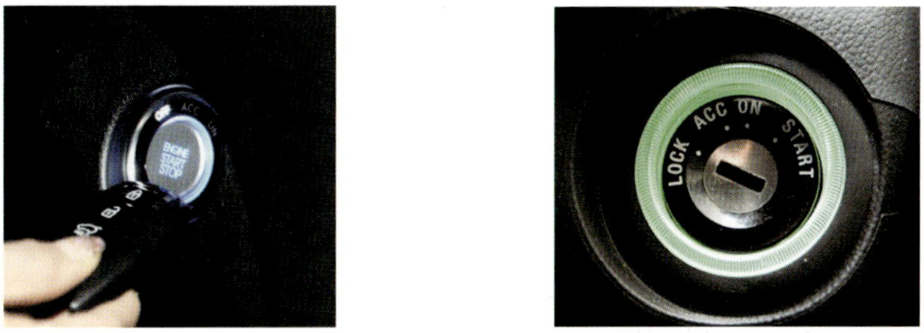

그림 33 | 자동차 키 박스

키 박스 회로에서 B1과 B2는 자동차의 전장품 증가에 따른 부하를 분할할 목적으로 2개의 접점이 사용된다. IG1, IG2의 차이점은 두 단자 모두 키 On(IG) 상태에서는 전원이 공급되지만 IG2의 경우 스타팅 시(크랭킹)에는 전원이 차단된다. IG1은 스타팅 시 시동성과 관련된 시스템에 전원을 공급한다. 이는 시동 시 배터리가 시동과 관련 없는 시스템에 의해 불필요하게 소모되어 시동성에 악영향을 미칠 수 있으므로 이를 방지하기 위함이다.

	B1	B2	ACC	IG2	IG1	ST
ACC	●	●	●			
IG2	●	●	●	●		
IG1	●	●			●	●
ST	●	●			●	●

그림 34 | 키 박스 회로

[2] 접지

자동차의 전기회로는 특별한 경우가 아니면 (+)선 하나만 배선한다. (−)주 배선은 차체를 이용한다. 차체는 쇠로 되어 있어 전류가 잘 통하고 어떤 전선보다도 도전용량도 많아 전선보다 좋다. (−)선을 별도로 쓰지 않음에 따라 배선비용이 절감되고 고장개소도 줄어든다.

배터리 (−)단자를 보면 차체로 접지한 검은색 선이 있다. 차내에서 가장 많은 전류가 흐르는 선이기 때문에 가장 굵다. 전기회로도에는 반드시 접지가 필요한데 실 차량에서는 배선과 바디(차체)를 접지 볼트를 이용하여 체결하며, 각종 전장품의 작동에 매우 중요한 요소이다.

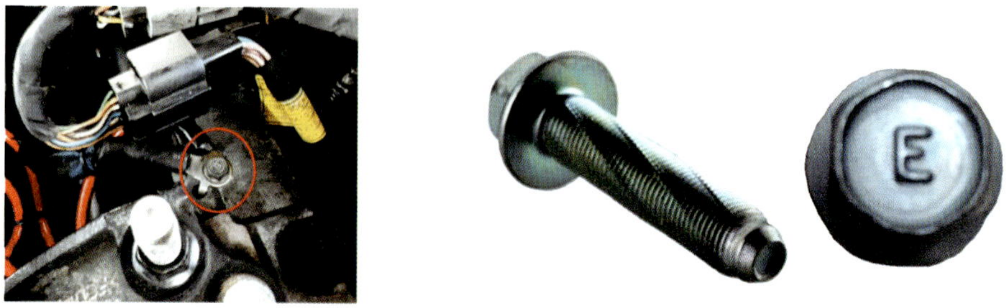

그림 35 | 접지 볼트

접지 볼트는 일반 볼트와는 다른 특수한 볼트를 사용하게 된다. 따라서 실무정비 시 반드시 접지부에는 전용 접지 볼트를 사용하여야 한다. 접지 볼트는 볼트 조임 시 차체 도장면을 깎아 볼트와 차체와의 금속 간 접촉이 가능하게 볼트로 나사산을 일반 볼트와 다르게 가공한 볼트이다. 그러므로 볼트 체결 시 스스로가 암나사를 성형하면서 나사 체결을 진행하기 때문에 미리 탭 작업에 의한 암나사 내기 작업은 필요하지 않으며, 칩이 없이 소성변형에 의해서 암나사를 성형한다.

04 퓨즈 및 차단기

[1] 퓨즈[Fuse]

전류에 의해 발생하는 열로 그 자체가 녹아 전선로를 끊어지게 하는 것으로, 저압용 퓨즈에는 개방형과 포장형이 있으며, 전기설비기술기준에 적용을 받는다. 예를 들면, 정격전류 30A 저압퓨즈는 정격의 1.1배 전류에서는 장시간 흘러도 용단(溶斷)되지 않아야 하고, 1.6배에서는 60분 이내에, 2배에서는 2분 이내에 용단되지 않으면 안 된다.

퓨즈의 종류는 다음과 같다.

① 실 퓨즈 : 정격전류 5A 이하에서 사용한다.
② 판 퓨즈 : 경금속제로 그 양 끝에 고리 모양의 훅이 달려 있다.
③ 통형 퓨즈 : 퓨즈가 통 속에 들어 있다.
④ 플러그 퓨즈 : 플러그처럼 생긴 내부에 퓨즈가 들어 있다.

퓨즈는 납과 주석 또는 아연과 주석의 합금으로 만든다.

[2] 퓨저블링크

① 자동차의 전압 배선 일부에 그 회로의 전선보다 가는 단면적의 전선을 직렬로 연결한 것
② 과부하 발생 시, 사고로 인한 회로에 쇼트 발생 시 와이어링 하니스에서 화재 발생을 방지하는 것

[3] 각종 차단기

(1) 자동 차단기

옥내에 들어오는 전기회로를 여닫을 수 있는 배선기구, 옥내에서 단락사고(합선), 누전사고가 발생할 경우 차단기가 자동으로 작동하여 전기사고를 방지해 준다.

(2) 커버 나이프 스위치

두 선을 동시에 차단하는 스위치로 안에 퓨즈가 있어 가정에서 합선이 일어나면 과전류가 흘러 회로가 차단된다. 퓨즈는 열에 약한 금속으로 만들어 규정 이상의 열이 발생하면 끊어진다. 퓨즈가 끊어지면 정격의 퓨즈로 갈아 끼워야 한다.

(3) 자동차단기

전류의 단락, 과부하 등으로 인하여 전류가 비정상적으로 흐를 때 자동적으로 회로가 끊어진다. 동작원리는 바이메탈이라는 열팽창 계수가 다른 두 금속을 맞붙여 온도가 높아지면 열팽창 계수가 낮은 쪽으로 휘어져 회로가 차단된다.

(4) 누전차단기

옥내배선 선로에 손상이 있어 전기가 누전될 때 자동적으로 차단된다. 누전차단기 작동원리는 전원에서 부하측으로 통하는 전로를 영상변류기(ZCT)에 관통시켜 놓으면 회로가 정상인 경우에는 영상변류기에 발생한 자속은 서로 상쇄되어 전류는 발생하지 않는다. 회로에 전류의 누전이 발생하면 영상변류기의 철심에는 누전전류에 의해 자속이 발생되어 2차 권선에 전압이 유기된다. 그것을 증폭부(AMP)에 증폭하여 Trip Coil로서 전로의 개폐 기구를 동작시켜 전기를 차단하는 것이 누전차단기이다.

4 전기와 자기

01 자석의 성질

자철광은 철이나 니켈 등을 잡아당기는 성질을 지니고 있는데, 이 성질을 자성(磁性)이라 하며, 잡아당기는 작용을 자기라고 한다. 그리고 자성을 지니고 있는 물체를 자석(磁石)이라 한다. 자석에는 자철광과 같은 천연자석 이외에 영구자석(永久磁石)과 코일에 전류를 흐르게 하면 자석이 되는 인공자석 등이 있다.

자석의 성질은 같은 종류의 자극은 서로 밀고, 다른 종류의 자극은 서로 잡아당기며, N(North)극과 S(South)극이 있다. 다른 자석이나 쇠붙이 등이 자석에 붙을 수 있는 영역에서 자력은 활성화 상태이다. 이 자력이 미치는 범위가 자계(Magnetic Field)이다. 자력선의 성질은 다음과 같다.

① 자력선은 N극에서 방사되어 S극으로 들어간다.
② 자계의 방향은 자력선의 방향에 의해서 결정된다.
③ 자력선의 밀도(자속밀도 : Magnetic Flux Density)는 자계의 강도에 의한다.
④ 각각의 자력선은 서로 반발하거나 혼입되지 않는다.

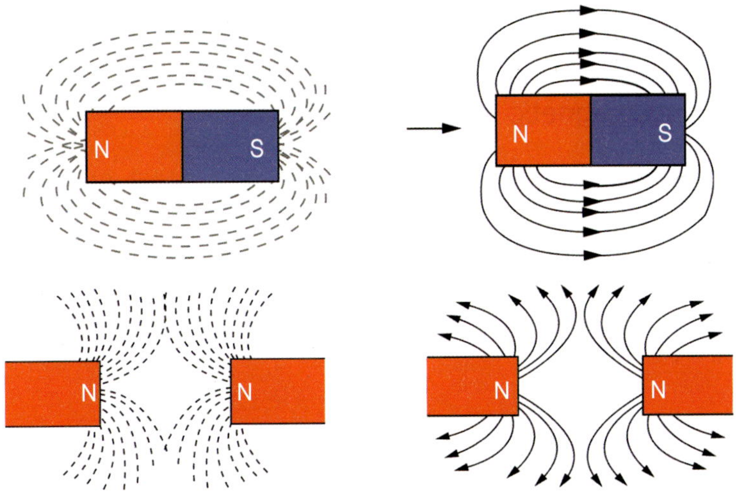

그림 36 | 자석의 성질

02 자석과 자기

[1] 자성체의 종류

(1) 자성체(Magnetic Material)

자기유도에 의해 자화되거나 자성을 가지게 되는 물체로 자극의 가까운 쪽에는 다른 종류의 극성이 형성되고, 자극의 먼 쪽에는 같은 극성이 형성되는 철, 니켈, 코발트, 크롬 등이 여기에 속한다.

(2) 반자성체(Diamagnetic Material)

자계를 작용시키면 자기유도에 의해서 자극이 가까운 쪽에는 같은 종류의 극성이 형성되고, 자극의 먼 쪽에는 다른 종류의 극성이 형성되는 물체로 수소, 탄소, 인, 구리, 안티몬 등이 이에 속한다.

(3) 상자성체(Para Magnetism)

상자성이란 외부 자장이 없을 때에는 자화되지 않고, 자장을 인가하면 그 방향에 약하게 자화하는 자성을 띤다.

(4) 비자성체(Nonmagnetic Material)

자계 중에 놓인 상태에서도 거의 자기를 느끼지 않는 물체로 알루미늄, 황동, 백금, 베이클라이트 등이 여기에 속한다.

[2] 자기장과 자력선, 자속

(1) 자기장(자계, Magnetic Field)

자기장이란 자석이나 전류에 의해 자기력이 작용하는 공간으로 자기력을 매개하는 벡터장이다. 자장(磁場), 즉 자성 물체 주위에 자기력이 작용하는 공간으로 자극의 N극에서 발생하여 S극에 이르는 자속선이다.

자기장의 방향은 자기장 안에 있는 나침반이 가리키는 방향과 같다. 또한 자기장의 방향을 연속적으로 이은 선의 간격이 촘촘할수록 자기장의 세기가 세다. 자석 위에 종이를 1장 얹어 놓고 그 위에 철분을 뿌리면 철분이 자력선을 따라서 배열되는데, 이것으로 자계를 눈으로 볼 수 있다.

어떤 장소의 자계 방향과 세기는 그곳에 둔 1wb(웨버)의 정자극(正磁極)에 작용하는 힘으로 표시하고, 그 힘의 크기가 1N(뉴턴)일 때를 자계의 세기 단위로 해서 1A/m로 정한다.

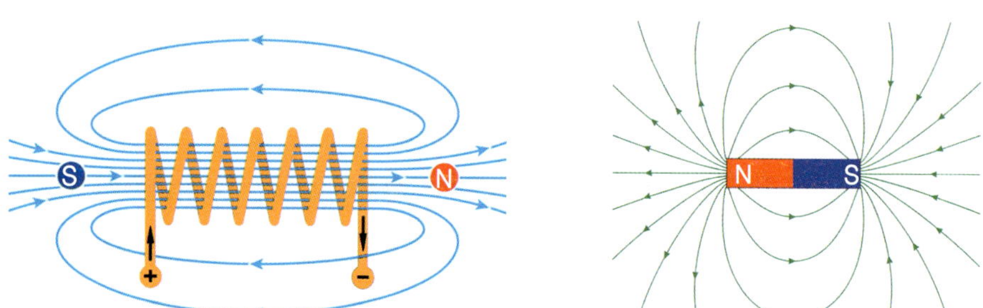

(a) 자계의 형성 (b) 자력선의 형성

그림 37 | 자계와 자력선의 형성

(2) 자력선(Magnetic Line of Force)

자계의 분포 상태를 나타내기 위해 편의상 가상한 곡선군으로 그 선상의 임의의 점에서 접선이 자계방향을 나타내도록 한 선이 자력선인데, 닫혀진 선의 각 점을 지나는 자력선에 둘러싸인 공간 부분을 자력선관이라고 한다.

(3) 자속(Magnetic Flux)

자속(磁束)은 자장 안에 유한한 면적을 지나는 자기력선의 수직성분의 합을 나타내는 물리량이다. 자속의 양 기호는 F, 단위는 웨버(Wb)를 쓴다. 1Wb의 자극에서 나오는 자속은 한 줄이며 자극의 수와 일치한다. 자속밀도의 단위는 Wb/m^2를 사용한다. 이 자력선의 방향과 직각되는 단위면적($1cm^2$)을 통과하는 전체의 자력선을 자속이라 한다.

[3] 쿨롱의 법칙[Coulomb's Law]

프랑스의 물리학자 쿨롱에 의해 발견된 전기력 및 자기력에 관한 법칙이다. 쿨롱 법칙 또는 쿨롱 힘 법칙은 자석의 자극 세기는 그 부근에 다른 자석을 놓았을 때 양쪽 자극 사이에 작용하는 흡입력 또는 반발력의 크기를 표시한다. 즉, 2개의 자극의 세기를 각각 M_1, M_2라 하고, 자극 사이의 거리를 r이라 하면 양쪽 자극 사이에 작용하는 힘 F는 다음의 관계 공식으로 표시된다.

$$F \propto \frac{M_1 \times M_2}{r^2}$$

2개의 자극 사이에 작용하는 힘은 거리의 2승에 반비례하고, 두 자극의 곱에 비례한다. 이것을 쿨롱의 법칙(Coulomb's Law)이라 한다.

[4] 자기유도 작용[Self-Induction Action]

자석이 아닌 것을 자계 속에 넣으면 새로운 자석이 되는 작용을 자기유도라 하고, 이 물체는 자기유도 작용에 의하여 자화(磁化)되었다고 한다. 그리고 연강은 자석이 가까이 있을 경우에는 자화가 되지만 자석이 멀리 떨어지면 자기가 없어지므로 일시자석이라 한다. 또 경강은 일단 자화가 되면 자석을 멀리하여도 자기가 남아 있게 된다. 이때 남아 있는 자기를 잔류자기라 하며, 잔류자기가 안정되어 시간이 경과하여도 자기가 변화하지 않는 것을 영구자석이라 한다. 잔류자기를 제거하려면 반대방향에서 자화력을 가하여야 한다.

이와 같이 경강이 자화할 때에는 자기적인 경력이 나타나며, 이 현상을 히스테리시스(Hysteresis)라 한다. 경강을 자화하는 방향을 주기적으로 변화시키면 히스테리시스로 인하여 열이 발생되어 온도가 상승한다.

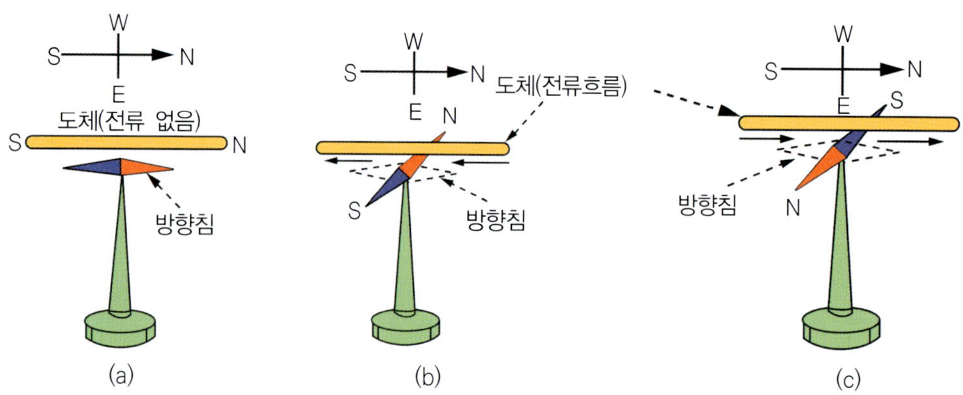

그림 38 | 자기유도 작용

03 전류에 의한 자계 형성

두꺼운 종이에 구멍을 뚫고 전선을 통과시킨 후 전류를 흐르게 하고 종이 위에 철분을 뿌리면 철분은 전선을 중심으로 하여 여러 갈래의 원형을 형성하는데, 이것은 전선에 전류가 흐르면 전선 주위에 맴돌이 자력선이 생기기 때문이다. 이 자력선을 이용하여 자동차에서는 각종 릴레이와 전동기 등에서 응용한다.

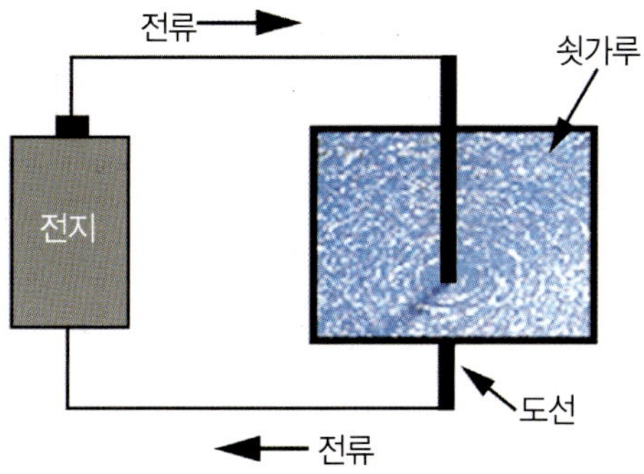

(a) 쇳가루의 자계 형성

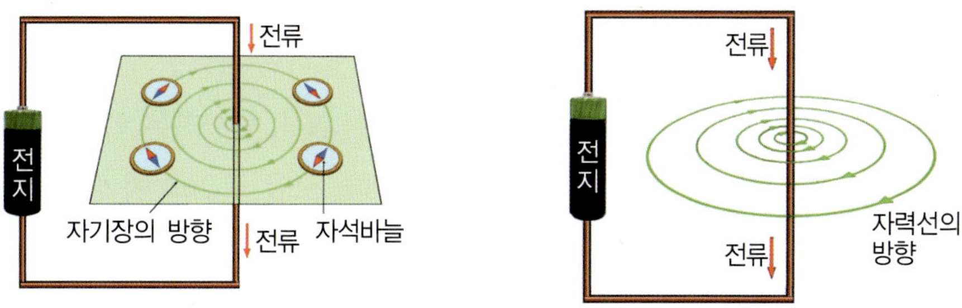

(b) 자석바늘의 자계 형성

그림 39 | 전류가 형성하는 자계

[1] 앙페르의 오른나사의 법칙

프랑스의 물리학자 앙페르(Andre Marie Ampare)가 전류와 자석과의 관계를 발견한 법칙이다. 전선에 전류를 흐르게 하면 그 주위에 전류의 세기에 비례하고 전선에서의 거리에 반비례하는 자계가 생기며, 그 자력선은 전선을 중심으로 하는 동심원이 되며, 전류가 흐르는 방향과 자력선의 방향 사이에는 다음의 관계가 있다.

전류의 방향을 오른나사의 진행방향에 일치시키면 자력선의 방향은 오른나사가 돌려지는 방향과 일치한다. 이것을 앙페르의 오른나사의 법칙이라 한다. 그리고 기호로 표시하고자 할 때에는 전류가 들어가는 곳은 자력선이 오른나사가 돌려지는 방향(⊗)으로 표시하고, 전류가 나오는 곳은 그 반대방향(⊙)으로 표시한다.

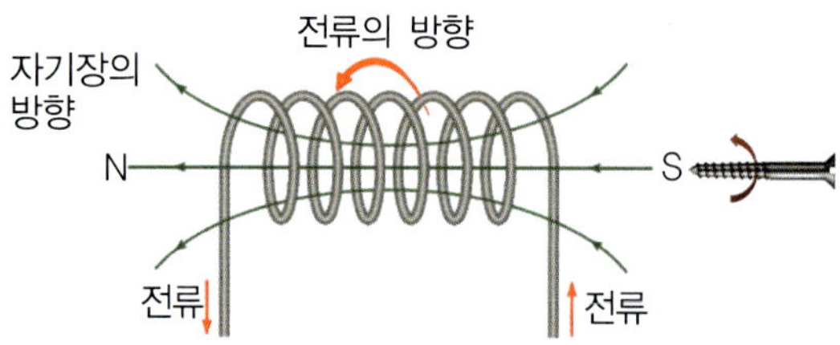

그림 40 | 오른나사의 법칙

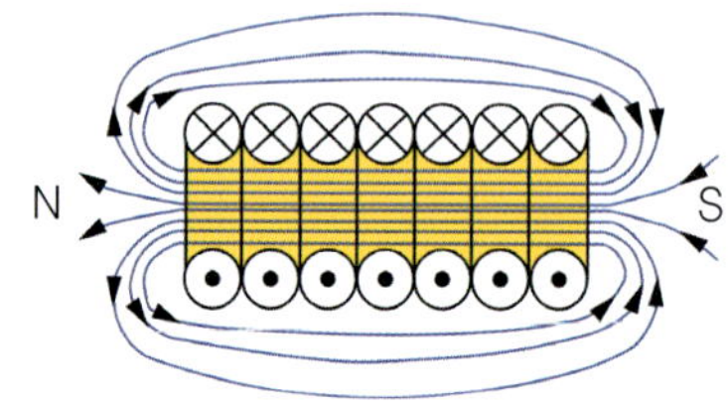

그림 41 | 코일 내의 자계

[2] 코일이 형성하는 자계

코일 모양으로 전선을 여러 번 감고 전류를 흐르게 하면 자력선의 세기는 각 코일에 발생하는 자력선의 합이 되며, 자력선이 나오는 쪽이 N극, 들어가는 쪽이 S극이며 이때 자계는 코일의 바깥쪽과 안쪽에서 하나로 연결된다. 코일 주위의 자계는 전류가 많이 흐를수록, 코일의 권수가 많을수록 크다. 그리고 코일 내부에 철심을 넣고 전류를 흐르게 하면 철심에서 발생하는 자속은 코일의 권수와 전류의 곱에 비례하여 증가하고 막대자석과 같은 작용을 한다. 이런 원리를 이용하여 자동차에서는 기동전동기의 솔레노이드 스위치, 전기자 코일, 계자 코일 등에서 사용한다.

[3] 오른손 엄지손가락의 법칙

코일이나 전자석에서 자계의 방향을 알고 싶을 때 사용하는 법칙으로서, 오른손 엄지손가락을 다른 네 개의 손가락과 직각이 되게 한 다음 네 손가락을 전류가 흐르는 방향으로 코일을 잡으면 엄지손가락의 방향이 자력선의 방향인 N극이 된다.

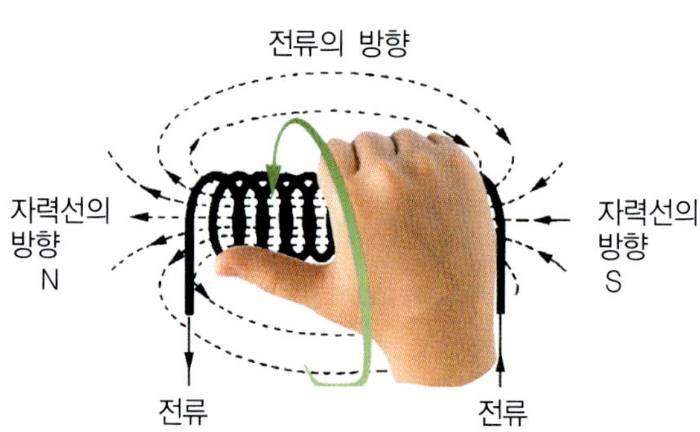

그림 42 | 오른손 엄지손가락의 법칙

[4] 솔레노이드[Solenoid]

솔레노이드는 코일을 촘촘하게 원통형으로 말아 만든 기구로 전류를 흐르게 하였을 때 자석이 되게 한 기구이다. 또 솔레노이드 내부에 철심을 넣고(이것을 전자석이라고 함) 솔레노이드에 전류를 흐르게 하면 철심에 자속이 발생하며, 이 자속은 철심에 포화되지 않는 한 솔레노이드의 권수 n과 여기에 흐르는 전류 I와의 곱 nI에 비례하여 증가한다. 이 nI는 자속을 발생시키는 능력을 표시하는 것으로 기자력이라 하며, 이 단위는 암페어 횟수(AT : Ampere Turn)이다.

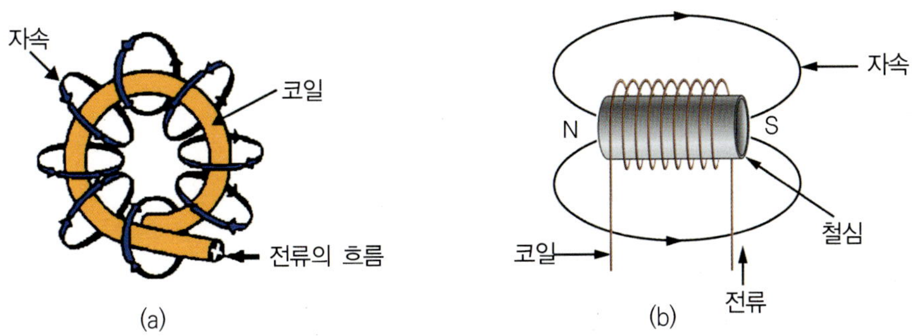

그림 43 | 솔레노이드의 자속

04 전자력과 유도 작용

[1] 전자력[Electromagnetic Force]

자계 중에 주어진 도체에 전류를 흘리면 전류 및 자계와 직각 방향으로 도체를 움직이는 힘이 발생한다. 이것을 전자력이라 한다. 전자력의 크기는 다음과 같다.

$$F = BIl \cdot \sin\theta (N)$$

B : 자속밀도(Wb/㎡) I : 전류(A) l : 도체 길이(m)

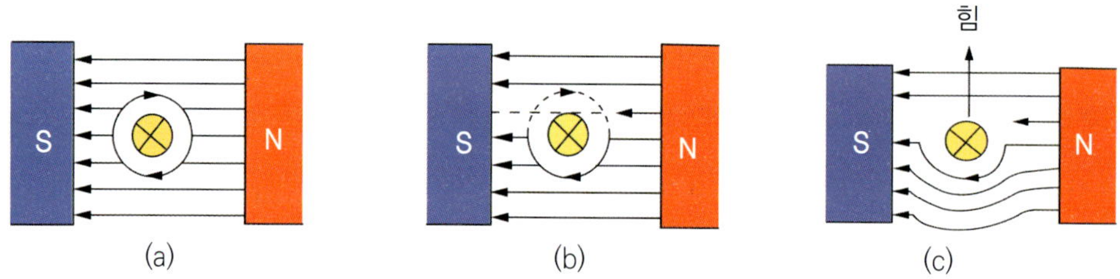

그림 44 | 자계 중의 도체에 작용하는 전자력

[2] 플레밍의 왼손 법칙

영국의 전기공학도 플레밍(John Ambrose Fleming)에 의해 고안된 전자기의 법칙에 세 손가락을 이용한 법칙이다. 자력선의 방향, 전류의 방향 및 도체가 움직이는 힘의 방향에는 일정한 관계가 있으며, 이것을 왼손을 이용하면 도체가 움직이는 방향을 정확하고 쉽게 알 수 있다.

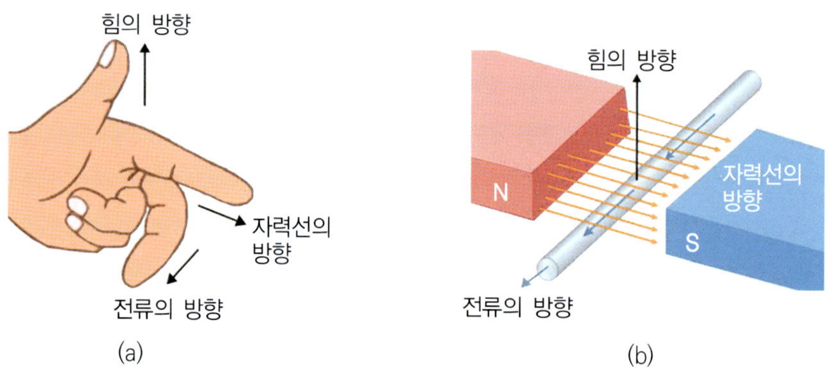

그림 45 | 플레밍의 왼손 법칙

왼손의 엄지, 인지, 장지를 직각이 되게 펴고 인지를 자력선의 방향에, 장지를 전류의 방향에 일치시키면 도체는 엄지손가락의 방향으로 전자력(힘)이 작용하는 법칙을 플레밍의 왼손 법칙이라 한다. 즉, 전자력은 전류를 공급받아 기계적인 일을 하는 전동기, 전류계, 전압계 등에서 사용된다.

[3] 플레밍의 오른손 법칙

유도기전력의 방향은 (+), (−)도체를 움직이는 운동의 방향과 자력선의 방향에 따라서 결정되는데, 이들 방향의 관계는 다음과 같다. 오른손 엄지손가락, 인지, 장지를 서로 직각이 되게 하고 인지를 자력선의 방향에, 엄지손가락을 도체의 운동 방향에 일치시키면 장지가 유도 기전력 방향을 표시한다. 이 법칙을 플레밍의 오른손 법칙이라 한다.

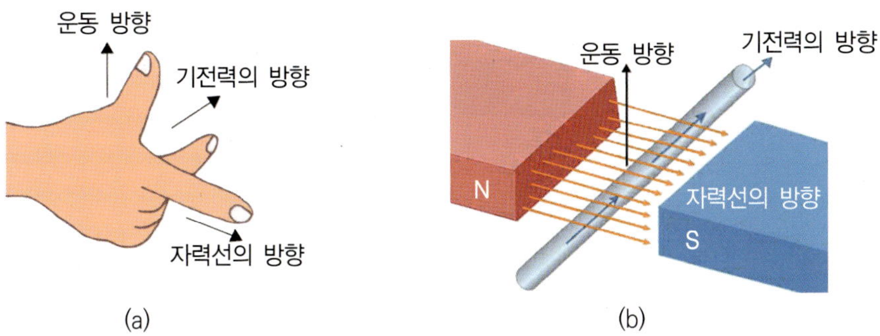

그림 46 | 플레밍의 오른손 법칙

도체에 전류계를 접속한 후 도체를 상하로 움직이면 전류계의 지침은 좌우로 흔들리며, 도체의 움직임이 빠르면 빠를수록 전류계의 지침이 크게 흔들리게 되는데, 이것은 기전력이 발생하기 때문이다.

[4] 전자유도 작용

(1) 전자유도

코일 속에 자석을 넣었다가 빼었다가 하는 작용을 반복하면 코일 속을 통과하는 자속이 변화하므로 코일에는 기전력이 유기되어 전류계 지침이 움직인다. 즉, 코일 속의 자속이 변화하는 것은 코일이 자속을 끊는 것과 같은 작용이 되어 기전력이 유기되는데, 이것을 전자유도 또는 전자유도 작용이라 한다.

전자유도에 의하여 발생하는 기전력의 크기는 단위시간 동안에 자속의 변화량과 코일의 권수를 곱한 값으로 결정되며, 전자유도 작용은 자계 내에서 도체를 움직여 기전력을 발생시키는 방법으로 발전기에서 이용되고 있으며, 코일을 통과하는 자속을 변화시켜서 유도기전력을 발생시키는 방법은 점화코일에서 사용하고 있다.

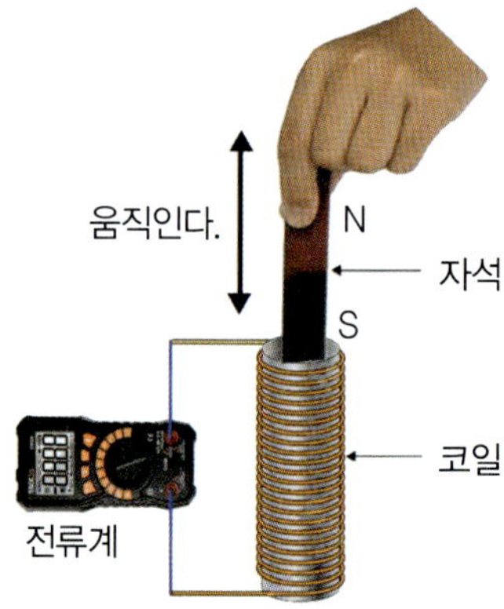

그림 47 | 전자유도

(2) 유도기전력의 크기

① 도체에 자력선을 변화시켰을 경우

맨 처음 도체와 교차되어 있는 자력선의 수가 ∅이었다고 하면, 이 자력선이 t인 시간에 변화하여 ∅′가 되었을 때 발생되는 기전력 E의 크기는

$$E = \frac{\varnothing - \varnothing'}{t}$$

로 표시되며, 도체가 N권의 코일이면 유도 작용이 겹치므로

$$E = N \times \frac{\varnothing - \varnothing'}{t}$$

가 된다.

② 도체와 자력선이 상대운동할 경우

이때 기전력의 크기는 단위시간에 절단한 자력선의 수에 비례한다. 즉, t초 동안에 ∅의 자력선을 절단하였다고 하면 기전력의 크기 E는

$$E = \frac{\varnothing}{t}$$

가 되며, 기전력은 상대운동의 속도가 빠를수록, 절단한 자력선의 수가 많을수록(자속의 밀도가 클수록) 커진다.

[5] 렌츠의 법칙[Lenz's Law]

렌츠의 법칙은 1834년 독일의 물리학자 하인리히 렌츠에 의해 발견된 전자유도에 관한 법칙이다. 전기회로에서 발생하는 유도기전력은 폐회로를 통과하는 자속의 변화에 반하는 유도 자기장을 만드는 방향으로 발생한다. 폐회로를 통과하는 자속이 감소할 경우 이를 증가시킬 수 있는 유도 자기장을 만들기 위해, 유도전류가 그에 맞는 방향으로 흐르게 된다. 즉, 자석이 움직이는 것을 방해하는 방향으로 유도전류가 흐른다. 코일에 발생하는 유도기전력은 코일을 통과하는 자속이 많고 자속의 변화속도가 빠를수록 유도 전력이 크게 발생하는데, 이것을 렌즈의 법칙이라 하여 발전기에 응용된다.

(1) 자속의 증가 작용

그림 48(a)와 같이 코일에 자석의 N극을 가까이 하면 코일을 지나는 자속이 흐트러진다. 이것을 방지하려고 코일 자체의 유도 작용에 의해 N극이 자계를 형성하여 자석의 N극이 접근하는 것을 방해하고, 유도전류를 코일에 흐르도록 하여 코일을 통과하는 자속을 증가시킨다.

(2) 자속의 감소 작용

그림 48(b)와 같이 코일에서 자석을 멀리 하면 코일 자체는 유도 작용에 의하여 자석 쪽에 S극을 형성하여 자석이 멀어지는 것을 방해하려고 한다.

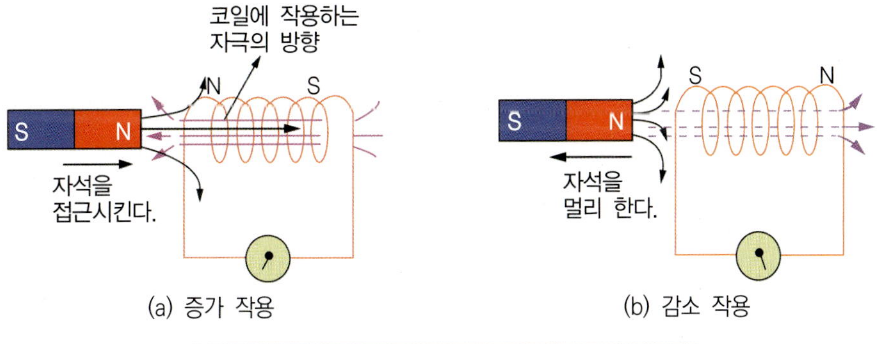

그림 48 | 자속의 증가와 감소 시 기전력의 변화

따라서 유도전류를 자속의 증가 때와는 반대로 흐르도록 하여 코일을 통과하는 자속이 감소한다. 즉, 렌츠의 법칙에서 유도기전력은 코일 내에 자속의 변화를 방해하는 방향으로 생긴다.

[6] 자기유도와 상호유도 작용

(1) 자기유도 작용(Self-Induction)

자기(自己)유도 작용은 코일에 배터리를 연결하고 전류를 흘리면 자기력선이 발생해 전자석이 되는데, 전류가 흐르는 순간에 자기력선이 발생해서 커지게 된다. 이때 변화하는 자기력선에 따라 코일 자체에 유도기전력이 발생하며, 이를 자기유도 작용이라고 한다.

자기유도 작용은 코일의 권수가 많을수록 철심이 들어 있을수록 커진다. 즉, 그림 49(a)에서와 같이 스위치를 닫아(ON) 코일에 전류를 흐르게 하면 코일 내부에 자속이 발생하고 코일에는 렌츠의 법칙에 의하여 기전력이 발생하여 전류의 흐름을 방해한다. 그리고 그림 49(b)에서와 같이 스위치를 열면(OFF) 자속이 급속히 감소하면서 다시 코일에 역기전력이 발생한다.

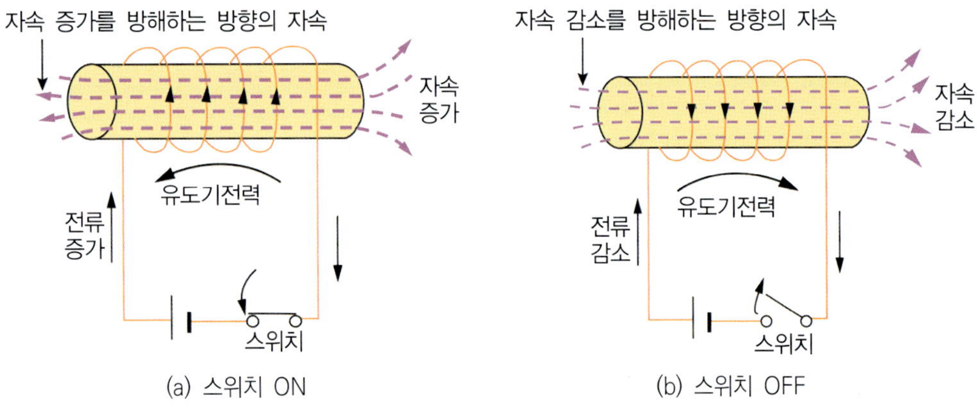

그림 49 | 자기유도 작용의 원리

이와 같이 코일 자체의 전류변화에 의하여 기전력이 유도되는 작용이다. 자동차 점화코일의 1차 코일에서 사용하며, 12V의 전압을 200~300V로 승압시킨다. 일반적으로 자기

유도 작용에 의하여 발생되는 기전력의 크기는 전류의 변화속도에 비례한다. 즉,

$$\text{기전력} \propto \text{전류의 변화속도}$$

$$\text{기전력} = \text{자기 인덕턴스(L)} \times \text{전류의 변화속도}$$

가 된다. 따라서

$$L = \frac{\text{기전력}}{\text{전류의 변화속도}}$$

비례상수 L은 코일의 자기 인덕턴스(Self-Inductance)라 하며, 단위는 헨리(Henry, 기호 H)를 사용한다. 즉, 자기 인덕턴스 L(H)의 코일에서 그 코일에 흐르는 전류가 t초 동안에 I(A) 변화하였을 때 기전력의 크기 E는

$$E = -L\frac{I}{t}$$

로 표시한다.

(2) 상호유도 작용(Mutual Induction)

그림 50과 같이 A, B의 두 코일을 가까이한 후 A코일에 흐르는 전류를 스위치로 단속(ON/OFF)하면 B코일에 기전력이 발생한다. 이것은 A코일의 전류에 의하여 발생한 자력선이 스위치의 OFF에 따라 전류와 함께 변화하기 때문이다. 이때 렌츠의 법칙에 의해 자력선의 방향은 1차 코일의 전류의 흐름과 반대방향이다.

이와 같이 하나의 전기회로에 자력선의 변화가 생겼을 때 그 변화를 방해하려고 다른 전기회로에 기전력이 발생하는 현상을 상호유도 작용이라 한다. 여기서 전원과 연결된 A코일을 1차 코일, B코일을 2차 코일이라 하며, 자동차에서는 점화코일의 2차 코일에서 상호유도 작용을 이용하여 15,000~30,000V의 고전압을 얻는다.

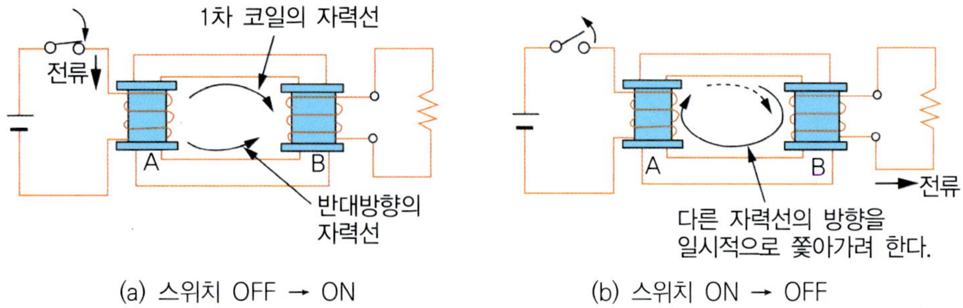

그림 50 | 상호유도 작용

1차 코일에 흐르는 전류의 변화로 높거나 낮은 상호유도 기전력을 얻을 수 있다. 기전력 용량의 등급은 2차 코일에 의해 결정되며, 상호유도의 기호를 M 그리고 측정단위를 H(Henry)라 한다.

상호유도의 1H는 1차 코일에 초당 1A의 전류를 변화시키고, 이 1차 코일에 의해 2차 코일이 1V의 기전력을 발생하는 것을 말한다. 이것을 공식으로 표시하면 다음과 같다.

$$M = L \times \frac{2\text{차 코일의 권수}(N_2)}{1\text{차 코일의 권수}(N_1)}$$

$$e_2 = L \times \frac{N_2}{N_1} \times \frac{I}{t} = e_1 \times \frac{N_2}{N_1}$$

e_1 : 자기유도 기전력[V] e_2 : 상호유도 기전력[V]
M : 상호 인덕턴스[H] L : 자기 인덕턴스
N_1 : 1차 코일의 권수 N_2 : 2차 코일의 권수

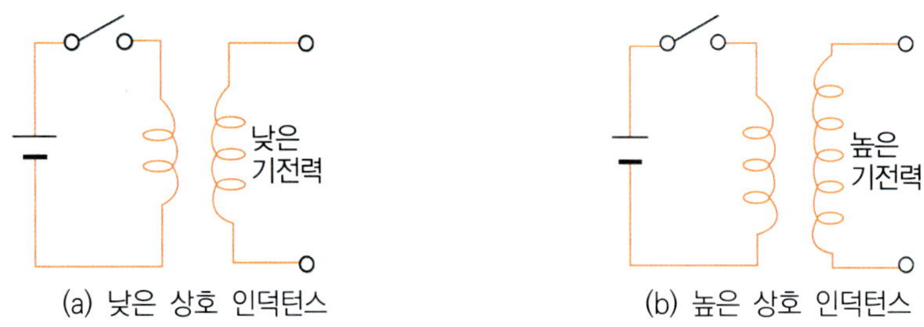

그림 51 | 인덕턴스와 코일 권수

[7] 역기전력[Back Electromotive Force]

전기기재(電氣器材)나 전기회로에서 전원전압과 반대방향으로 생기는 기전력으로 변압기・직류전동기・교류전동기 같이 인덕턴스를 가진 회로에 전원에서 전력을 공급하면 전압을 거는 순간 급격히 전류가 흐르기 시작하므로 패러데이의 전자기유도 법칙에 의해 전류의 변화 크기에 비례하는 기전력이 걸린 전압과 반대방향으로 생긴다. 이것을 역기전력이라고 한다.

그림 52와 같이 스위치를 넣으면 코일 A의 역기전력은 최초의 전압과 같은 전압이기 때문에 전류는 0이지만, 그 후 전류가 흐르기 시작하여 그림 53과 같이 점점 증가한다. 이때 코일 A에는 저항 R이 있어 옴의 법칙에 의해 전류 I_A가 흐르면 그 저항에는 전압강하가 발생하여 다음과 같은 공식의 크기로 된다.

$$V= I_A \cdot R[V]$$

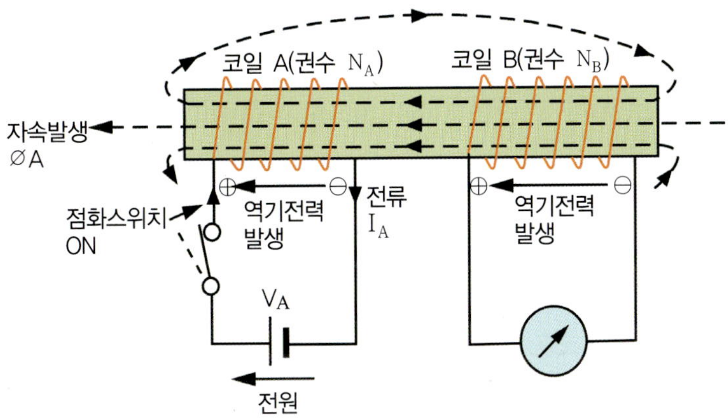

그림 52 | 전류의 변화와 역기전력

이 전압강하 때문에 코일 A에 흐르는 전압은 전류가 증가하므로 약해지고, 역기전력도 약해진다. 이때 코일의 역기전력 E[V]와 코일의 저항분량에서 발생하는 전압강하 $I_A \cdot R[V]$을 가한 것이 통상 전압과 동등하게 되나, 역기전력과 전압강하는 시간과 함께 변하여 일정 전류(포화전류)로 될 즈음에 전압강하는 100%로 되고 역기전력은 0으로 된다.

$$V_B = E+ I_A \cdot R$$

이와 같이 스위치를 ON할 때에는 역기전력이 최초의 전원전압과 같은 전압으로 나타나 시간과 더불어 감소하며, 이에 따라 흐르는 전류도 일정 전류로 되어 최종의 포화전류는 $I_A = \frac{V_B}{R}$ [A]로 되어 안정된다.

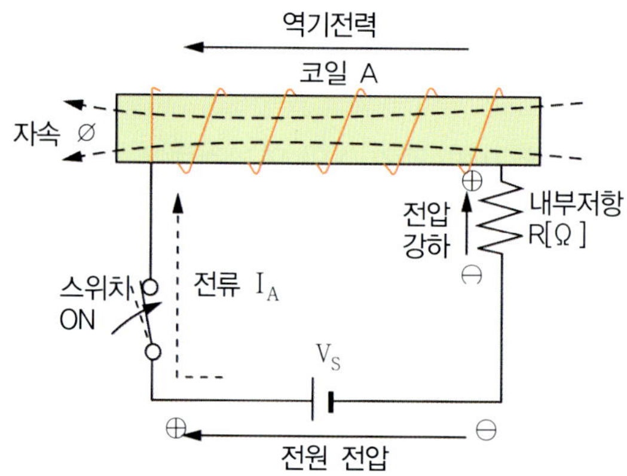

그림 53 | 코일 A의 역기전력

이렇게 하여 일정 전류로 흐르고 있는 코일의 전류를 차단하면 전류가 갑자기 0으로 되고, 자속 또한 0으로 된다. 따라서 자속이 0으로 되는 변화가 생기기 때문에 기전력(E)이 발생하며, 이것은 다음 공식과 같이 자속 변화율(dØ/dt)에 코일 권수를 곱한 크기의 전압이 된다.

$$E = -N\frac{d\text{Ø}}{dt}\,[\text{V}],$$ N : 코일 권수 dØ : 자속변화 dt : 시간변화

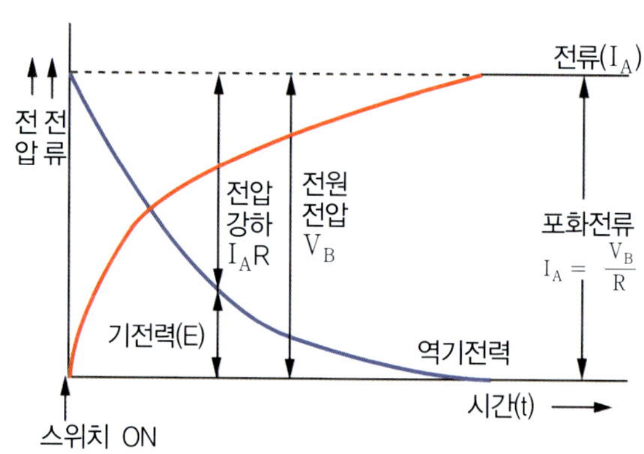

그림 54 | 전류의 변화와 역기전력

[8] 맴돌이 전류[Eddy Current]

도체의 내부 안에서 만들어지는 전류로, 도체 전체가 아닌 일부분에 소용돌이 모양으로 닫힌 통로를 흐르는 전류로서, 도체 내부를 지나는 자기력선속의 변화로 인해서 생기는 전류를 말한다. 자석을 도체판 위에서 이동시키면 자기력선속이 변하면서 맴돌이 전류가 생기고, 맴돌이 전류의 자기장은 자석의 이동을 방해하게 된다.

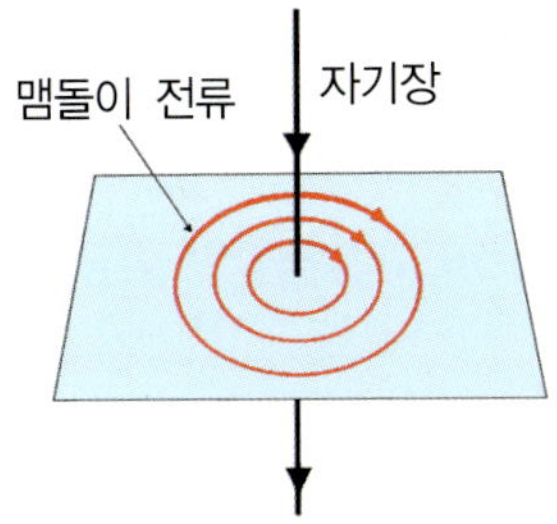

그림 55 | 맴돌이 전류

5 반도체(Semiconductor)

01 반도체의 개요

반도체는 열 등의 에너지를 통해 전도성을 급격하게 변화시킬 수 있는 고체 물질이다. 그중에서도 상온에서는 도체보다는 전하를 잘 이동시키지는 못하나 절연체보다는 비교적 전하를 잘 이동시키는 물질(물체)로 상온에서의 전기 저항률이 도체와 절연체의 중간 정도로 저항값이 10^{-4}~$10^{10}\Omega \cdot cm$ 정도의 비저항을 가지나 그 범위가 엄격하게 정해져 있지 않다. 또 온도 상승에 따라 금속 및 도체는 저항률이 증가하나 반도체는 온도 상승에 따라 저항률이 급격히 낮아진다.

반도체는 불순물의 첨가, 빛 조사, 온도변화 등 외부 요인에 의해 전기적 성질이 크게 변화하는데, 이 특성은 저항률(전기전도율)에 관한 성질보다도 더욱 중요하며, 주로 증폭 장치, 계산 장치 등을 구성하는 집적회로를 만드는 데 쓰인다.

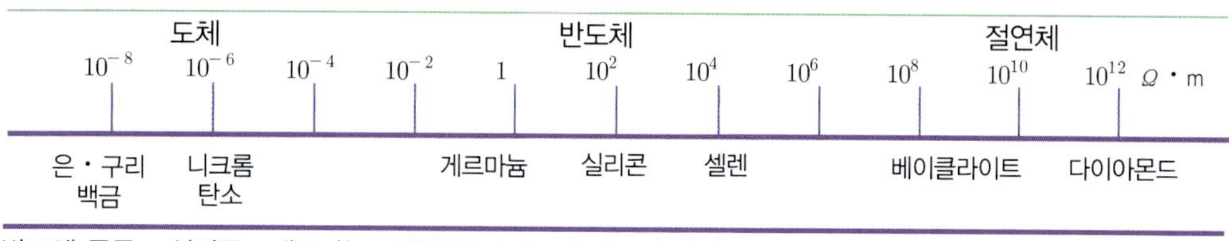

반도체 종류 : 실리콘 · 게르마늄 · 셀렌 등과 금속산화물인 산화아연 · 산화납 · 산화구리, 금속간 화합물인 갈륨비소 · 인화갈륨(갈륨인) · 안티몬화 인듐(인듐안티몬), 황화물인 황화카드뮴, 텔루르화물인 텔루르화카드뮴, 유기 화합물인 안트라센 등

그림 56 | 각 물질의 고유저항

[1] 반도체의 성질

① 다른 금속이나 반도체와 접속하면 정류 작용(다이오드), 증폭 작용 및 스위칭 작용(트랜지스터)을 한다.

② 빛을 받으면 고유저항이 감소한다(포토다이오드 및 포토트랜지스터).

③ 열을 받으면(온도가 상승하면) 전기저항값이 변화하는 지백(Zee Back) 효과를 나타낸다(서미스터).

④ 압력을 받으면 전기가 발생하는 피에조(Piezo) 효과를 나타낸다(압전소자).

⑤ 자기(磁氣)를 받으면 통전성이 변화하는 홀(Hall) 효과를 나타낸다.

⑥ 전류가 흐르면 열을 흡수하는 펠티어(Peltier) 효과를 나타낸다.

⑦ 쇠붙이는 가열하면 저항이 커지지만 반도체는 반대로 작아진다.

⑧ 반도체에 섞여 있는 불순물의 양에 따라 저항을 매우 커지게도 할 수 있다.

⑨ 교류전기를 직류전기로 바꾸는 정류 작용을 할 수도 있다.

⑩ 반도체가 빛을 받으면 전기를 일으키는데 이를 광전 효과라 한다.

⑪ 어떤 반도체는 전류를 흘리면 빛을 내기도 한다.

[2] 반도체의 장점 및 단점

(1) 반도체의 장점

① 매우 소형이고, 가볍다.

② 내부 전력손실이 매우 적다.

③ 예열시간을 필요로 하지 않고 곧 작동한다.

④ 기계적으로 강하고, 수명이 길다.

(2) 반도체의 단점

① 온도가 상승하면 그 특성이 매우 나빠진다(게르마늄은 85℃, 실리콘은 150℃ 이상 되면 파손되기 쉽다).

② 역내압이 매우 낮다.

③ 정격값 이상 되면 파괴되기 쉽다.

02 반도체의 종류

[1] 진성 반도체[Intrinsic Semiconductor]

진성 반도체란 불순물을 첨가하지 않은 순수한 반도체로(실리콘 결정의 순도는 99.9999999999%) 도체의 결정에 불순물이 없거나, 있더라도 매우 적고 게르마늄이나 실리콘은 결정이 같은 수의 전자와 홀(Hole, 정공(+)전기가 남아 있는 빈자리)이 있는 반도체이며 절연체에 가까워 원자핵에 결합되어 있는 전자가 움직일 수 없기 때문에 외부에 전압을 걸어도 전류는 흐르지 않는다.

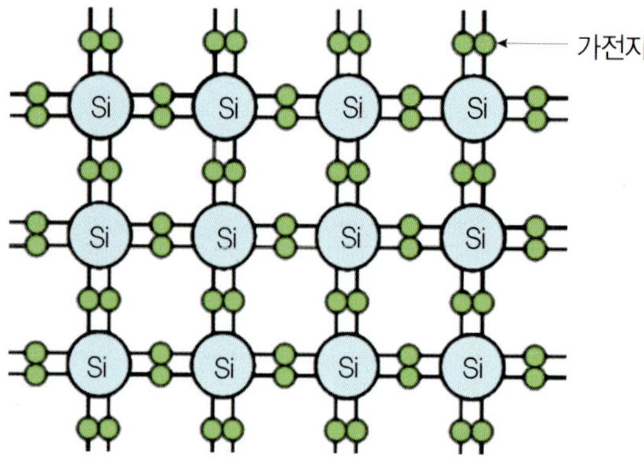

그림 57 | 진성 반도체 실리콘의 공유결합

[2] 불순물 반도체[Extrinsic Semiconductor]

불순물 반도체는 반도체의 한 종류이다. 비고유 반도체 또는 외인성 반도체라고도 한다. 순수한 진성 반도체에 불순물(도펀트)을 소량첨가(도핑)한 것이다. 정공은 전자를 받아들일 수 있으므로 억셉터(Acceptor), 전자를 추가로 제공하는 것은 도너(Donor)라고 한다. 어떠한 불순물을 주입하는가에 따라 반도체의 도너 또는 억셉터로 작용하게 된다. 이러한 반도체를 불순물 반도체라고 한다.

(1) N형 반도체(N-Type Semiconductor)

실리콘에 5가의 원소인 비소(As), 안티몬(Sb), 인(P) 등의 원소를 조금 섞으면 5가의 원자가 실리콘 원자 1개를 밀어내고 그 자리에 들어가 실리콘 원자와 공유결합을 한다. 이때 5가의 원자에서는 전자 1개가 남게 되며, 이 경우 전기의 캐리어(Carrier, 운반자)가 전자이므로 (−)라는 의미에서 N형 반도체라 한다. 전자를 만들어 주는 불순물 원자를 도너라 한다.

(2) P형 반도체(P-Type Semiconductor)

자유전자보다 정공을 증가시킨 반도체이다. 진성 반도체에 정공을 증가시키기 위해 불순물인 3가 원소(알루미늄(Al), 붕소(B), 갈륨(Ga), 인듐(In))를 첨가한다. 규소의 가전자는 4개이고, 갈륨은 3개이므로 공유결합하기 위해서는 가전자 1개가 부족하다. 이때 전자가 부족한 곳이 정공이 되고, 전체의 캐리어는 자유전자보다 정(Positive)의 전기를 갖는 정공 쪽이 많아지게 되고, Positive의 머리문자를 따서 P형 반도체라 한다.

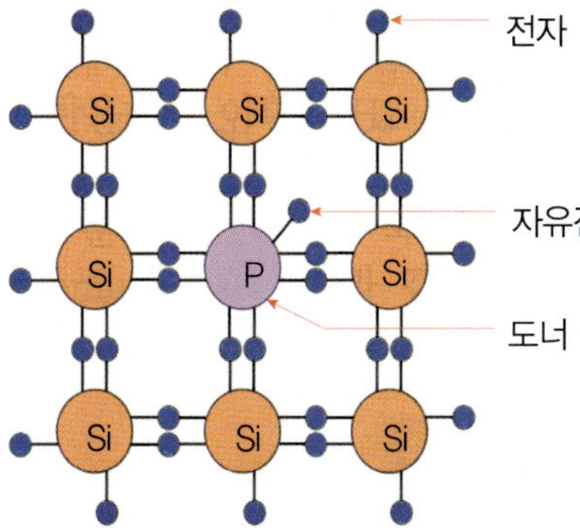

그림 58 | N형 반도체

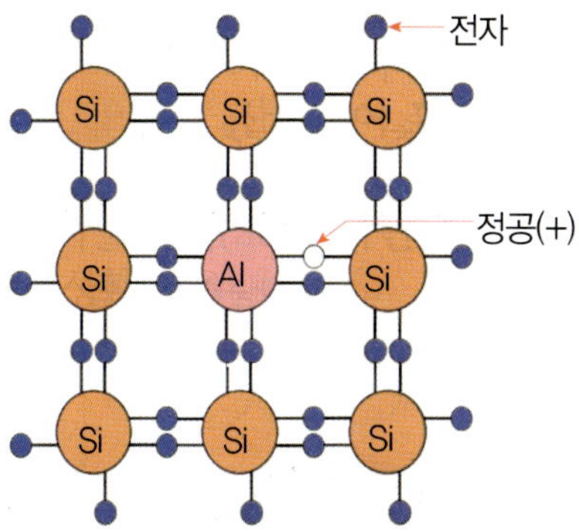

그림 59 | P형 반도체

03 반도체 소자(Semiconductor Device)와 종류

[1] 반도체 소자

반도체 소자 또는 솔리드스테이트 소자는 전자공학에서 반도체의 전기 전도 특성을 이용한 전자회로나 비슷한 장치에 주로 쓰이는 부품을 뜻한다.

전기자동차 모터의 전력 제어에 사용되는 반도체 소자는 컴퓨터 등에 사용되는 것에 비해서 높은 전압과 전류를 취급하는 것이 특징이며, 전력용 반도체 소자 또는 파워 디바이스라고 한다. 반도체 소자 중에서 트랜지스터(Transistor)는 증폭과 스위칭 작용을 하며, 스위칭 소자를 이용하면 기계적인 스위치에서는 불가능한 고속의 스위치 조작이 가능하고, 높은 전압 및 대 전류 등에서 발생하는 문제를 해결할 수 있고, 정류 소자인 다이오드(Diode)는 일정 방향으로는 전류가 흐르지 않는 성질이 있어 교류를 직류로 변환할 때 사용한다. 반도체 소자는 능동적인 작용이 있기 때문에 능동 소자(Active Element)라고 한다.

(1) 수동 소자(Passive Component, Passive Element)

증폭이나 전기에너지의 변환과 같은 능동적 기능을 가지지 않는 전자 소자로, 인덕터,

저항, 커패시터, 릴레이 등이 있다. 능동 소자와는 반대로 에너지를 단지 소비, 축적 혹은 그대로 통과시키는 작용을 하고, 수동적으로 작용할 뿐 먼저 나서서 어떠한 일을 하지는 않는다. 수동 소자는 외부 전원이 필요 없이 단독으로 동작이 가능하다. 만들어진 후에는 입력 조건에 의한 소자의 특성 변화가 불가능하고, 소자의 특성이 수동적으로 상황에 알맞게 전류나 전압이 인가되지 않은 상태에서 결정되어 있는 소자이다. 기본적으로 선형 동작을 하기 때문에 수동 소자는 선형 해석만으로도 충분한 해석이 가능하다.

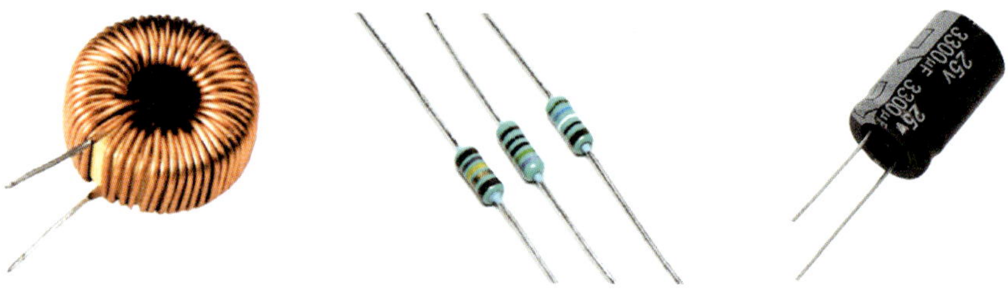

(a) 인덕터　(b) 저항　(c) 커패시터

그림 60 | 수동 소자

(2) 능동 소자(Active Component, Active Element)

능동 소자는 능동적으로 움직이는 소자를 말한다. 외부 전원 공급이 필요하며, 전원을 인가하면 에너지를 사용하여 신호를 발생 혹은 에너지를 변환하는 역할을 한다. 입력과 출력의 비율로 이득을 얻는다. 능동 소자는 신호의 증폭, 주파수 변환에 적용하며, 단독으로 사용이 어렵고 수동 소자가 주변에 있어야 한다. 2개 이상의 소자를 한 개의 부품 안에 넣어놓은 것을 IC(Integrated Circuit, 집적회로)라고 한다. 대표적인 예로 다이오드, 트랜지스터, SCR 등이 있다.

(a) 다이오드　(b) 트랜지스터　(c) SCR

그림 61 | 능동 소자

[2] 반도체의 종류

(1) 다이오드(Diode)

다이오드는 게르마늄(Ge : Germanium)이나 규소(Si : Silicon)로 만들고, 주로 한쪽 방향으로 전류가 흐르도록 제어하는 반도체 소자를 말한다. 정류, 발광 등의 특성을 지니는 반도체 소자이다.

다이오드는 PN 정션(PN Junction)이라고도 하며, 한쪽 방향으로만 전류가 흐르기 쉬운 성질을 이용한 정류용이나 검파용의 것을 말한다. 다이오드는 P형 반도체와 N형 반도체를 마주대고 접합한 것이며, P형 부분에는 애노드(A), N형 부분에는 캐소드(K)의 전극이 양 끝에 설치되어 있고, P형 부분과 N형 부분이 접하고 있는 면을 접합면이라 한다. 접합면 부근은 캐리어가 결핍한 층이 발생되는데, 이것을 공핍층이라 한다.

다이오드는 순방향 바이어스의 정격전류를 얻기 위한 전압은 1.0~1.25V 정도로 한쪽 방향의 흐름에서는 낮은 저항으로 되어 전류를 흐르게 하지만, 역방향 바이어스는 높은 저항이 되어 그 전압을 어떤 값까지 점차 상승시키더라도 전류의 흐름을 저지하는 성질이 있어 적은 전류 밖에는 흐르지 못하기 때문에 정류 및 역류 방지 작용을 한다.

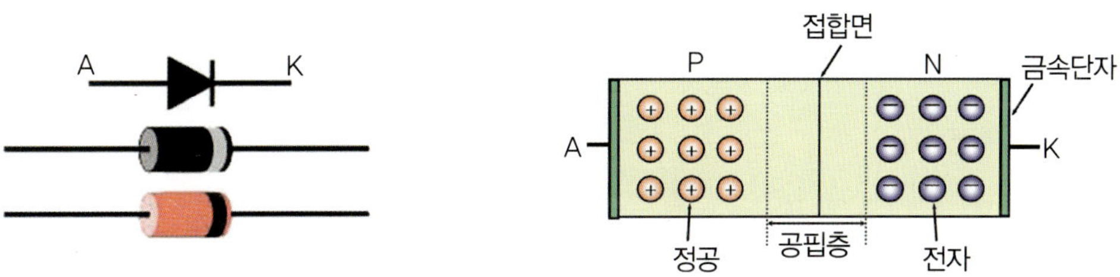

(a) 기호 및 모형　　(b) 다이오드 구조

그림 62 | 다이오드

① PN 접합에 순방향 전압을 가한 경우

전원을 P형에는 (+)을, N형에는 (−)을 접속하면 P형의 홀은 (+)극에 반발하여 N형으로 유입되고, N형의 전자는 (−)극에 반발하여 P형 속으로 유입된다. 이에 따라 다이오드에는 전류가 흐르며 이러한 상태를 순방향 흐름이라 한다.

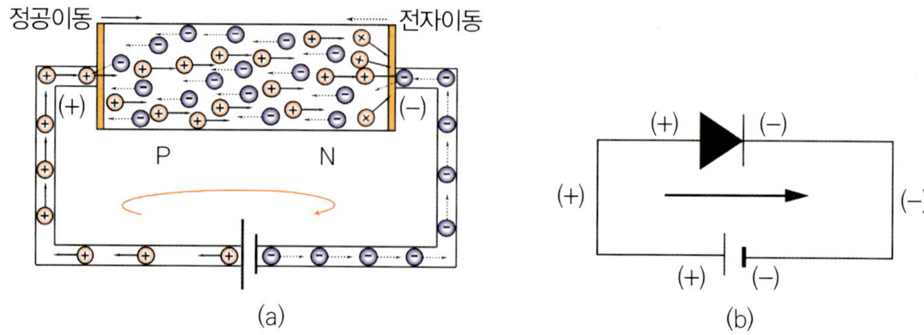

그림 63 | 순방향(전류가 흐를 때) 흐름

② PN 접합에 역방향 전압을 가한 경우

P형 부분에 음(−)전압, N형 부분에 양(+)전압을 가하면 P형 부분의 정공은 음극에, N형 부분의 전자는 양극에 끌려가며, 전위 장벽은 높아지고 공핍층의 폭도 넓어진다. 따라서 캐리어의 이동이 되지 않으므로 전류는 흐르지 않는다.

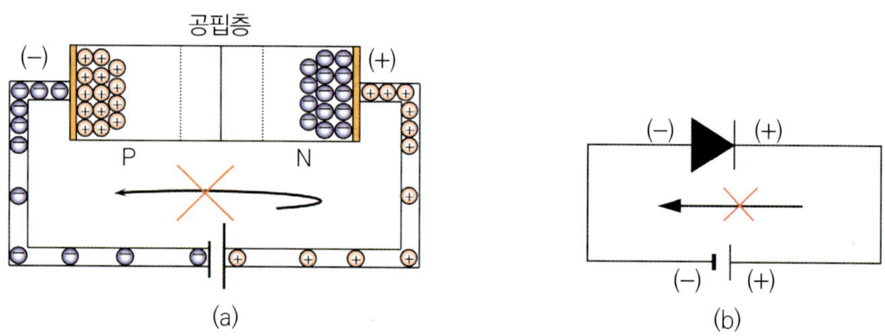

그림 64 | 역방향(전류가 흐르지 않을 때) 흐름

(2) 제너 다이오드(Zanier Diode)

제너 다이오드는 실리콘 다이오드의 일종으로 정전압 다이오드라고도 한다. 일반적인 다이오드와 유사한 PN 접합 구조이나 다른 점은 매우 낮고 일정한 항복 전압 특성을 갖고 있어, 어떤 전압 하에서도 역방향으로 전류가 통할 수 있도록 제작한 것이다. 즉, 역방향으로 가해지는 전압이 어떤 값에 도달하면 순방향 흐름과 같이 급격히 전류를 흐르게 한다.

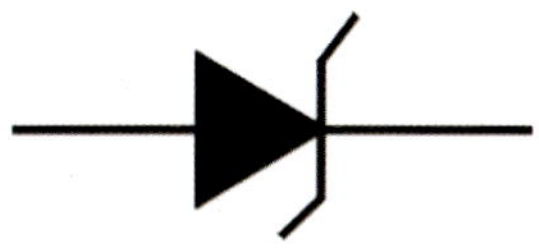

(a) 기호

(b) 외형

그림 65 | 제너 다이오드

이때의 전압을 제너전압(브레이크다운 전압 : Brake Down Voltage)이라 부른다. 또 역방향 전압이 점차 감소하여 제너전압 이하가 되면 역방향 전류가 흐르지 못한다. 제너 전압은 온도 및 사용에 의한 변화가 적으며, 자동차용 교류발전기의 전압 조정기 전압 검출이나 일정 전압회로 등에서 사용하고 있다.

(3) 발광 다이오드(LED : Light Emission Diode)

발광 다이오드는 순방향으로 전류를 흐르게 하면 빛이 발생되는 것이며, 발광 원리는 전계 발광 효과를 이용하고 있다. 또한 전력 소모도 현저히 적을뿐더러 수명도 길다.

발광 다이오드의 색은 사용되는 재료에 따라서 다르며 자외선 영역에서 가시광선, 적외선 영역까지 발광하는 것을 제조할 수 있다. 빛을 발생할 때에는 순방향 흐름으로 10mA 정도의 전류가 필요하며, PN형 접합면에 순방향 전압을 가하여 전류를 흐르게 하면 캐리어(Carrier)가 지니고 있는 에너지 일부가 빛으로 변화하여 외부로 방사된다. 극성이 있으므로 애노드와 캐소드를 반대로 인가했을 경우 발광하지 않는다. 또한 역방향 내전압이 낮으며 파괴되기도 쉽다.

용도는 각종 파일럿램프, 배전기의 크랭크 각센서와 상사점(TDC)센서, 차고센서, 조향 핸들 각속도센서 등에서 사용한다. 물질의 특성에 따라 빛의 색깔이 달라지며, 인화갈륨인 경우, 아연 및 산소원자가 관여하는 발광은 적색이고, 질소원자가 관여하는 발광은 녹색이다.

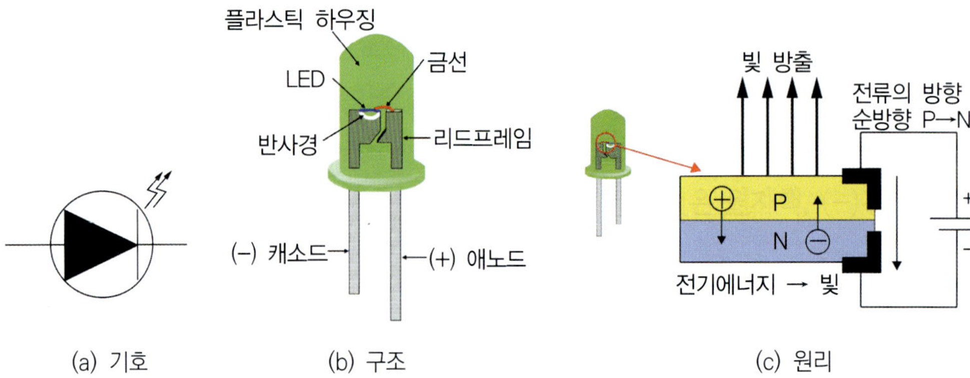

그림 66 | 발광 다이오드

(4) 포토 다이오드(Photo Diode)

포토 다이오드(광다이오드)란 광검출기 같은 기능이 있는 반도체 다이오드이다. 광다이오드는 소자의 민감한 부분에 빛이 들어오도록 창이나 광섬유 연결 패키지가 있다. 또한 창 없이 자외선이나 엑스선(X-선)을 검출하는 데도 사용된다.

PN 다이오드에 역방향 전압을 걸어놓으면 평상시에는 저항 역할을 해 전류가 흐르지 않는다. 하지만 PN 다이오드가 빛을 받으면 빛이 저항을 줄여주기 때문에 역방향 전압에서도 전류(역방향전류)를 흐르게 할 수 있다.

포토 다이오드는 빛에너지를 전기에너지로 바꿀 수 있는 소재이다. 따라서 다양한 전자기파를 전기신호로 바꾸는 역할을 한다. 이것은 빛의 양에 의해 자유전자, 정공이 활성화되어 빛의 양에 비례하게 역방향 전류가 흐른다. 용도는 배전기 내의 크랭크 각센서와 상사점(TDC)센서, 차고센서, 조향핸들 각속도센서 등에서 사용한다.

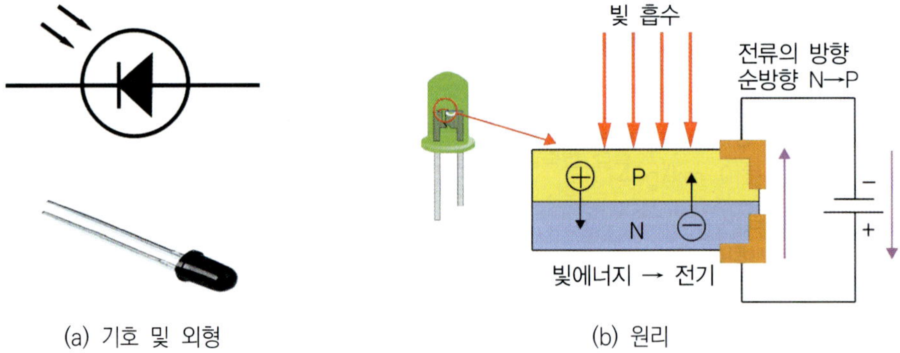

그림 67 | 포토 다이오드

(5) 트랜지스터(Transistor)

트랜지스터는 게르마늄, 규소 등의 반도체를 이용하여 전자신호 및 전력을 증폭하거나 스위칭하는 데 사용되는 반도체 소자이다. 트랜지스터는 PN형 다이오드의 N형 쪽에 P형을 덧붙인 PNP형과 P형 쪽에 N형을 덧붙인 NPN형이 있으며, 3개의 단자 부분에는 인출선이 붙어 있다.

그림 68 | 트랜지스터

중앙 부분을 베이스(B : Base, 제어부분), 양쪽의 P형 또는 N형을 각각 이미터(E : Emitter) 및 컬렉터(C : Collector)라고 한다. PNP형은 이미터에서 베이스로 전류가 흐르고, NPN형은 베이스에서 이미터로 전류가 흐른다.

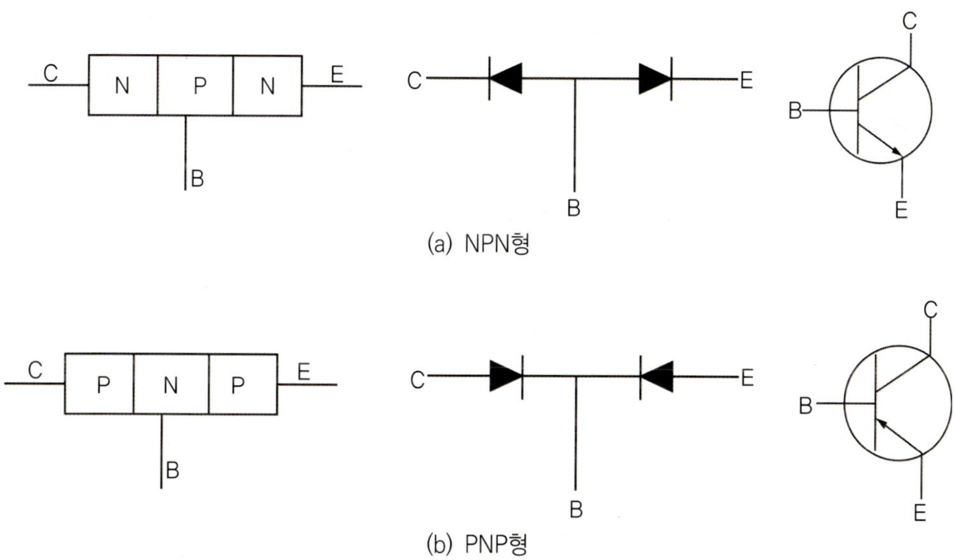

그림 69 | 트랜지스터의 구조 및 기호

① 트랜지스터에 전류가 흐를 때

베이스와 이미터 사이에 순방향 전압 V_1을 가하고 있으므로 전위장벽은 낮아지며, 이미터의 N형 부분은 불순물의 농도가 짙으므로 전자가 다수 발생하고, 베이스의 P형 부분은 두께가 얇아 불순물 농도도 저하하고 있으므로 정공은 매우 적다. 이미터의 전자는 전위장벽을 지나 확산하면서 베이스로 향하고 1% 정도가 베이스의 정공과 결합하여 소멸한 베이스의 약간의 정공은 전지의 [+]극이 계속 보급되므로 이것이 약간의 베이스 전류 V_B가 된다.

베이스의 정공과 결합되지 않은 이미터로부터의 99% 정도의 전자는 컬렉터 쪽의 전압 V_2에 의해 컬렉터 쪽으로 이동한다. 이것이 컬렉터 전류 I_C가 된다. 이미터의 전자는 전지의 [−]극에서 계속 보급되므로 이것이 이미터 전류 I_E가 되며, 이미터 전류 I_E의 대부분은 컬렉터 전류 I_C가 되고, 베이스 전류 I_B로 되는 것은 매우 적다.

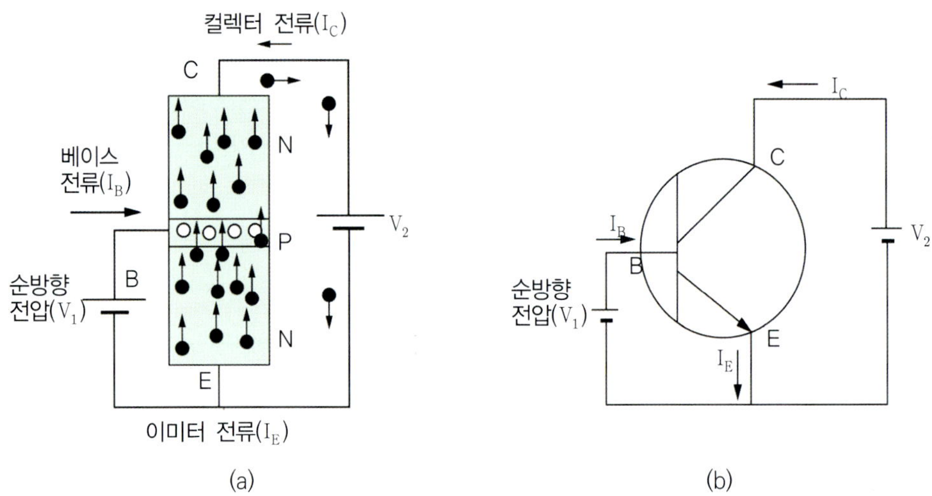

그림 70 | 베이스 전류가 흐를 때(트랜지스터에 전압을 가하는 방법)

② 트랜지스터에 전류가 흐르지 않을 때

베이스와 이미터 사이에는 전압이 가해지지 않으므로 베이스 전류가 흐르지 않을 때이며, 컬렉터와 베이스에만 역방향 전압이 가해져 있는 경우 컬렉터와 베이스의 접합면 부근은 장벽이 높아 컬렉터 베이스 사이에 전류는 흐르지 않는다.

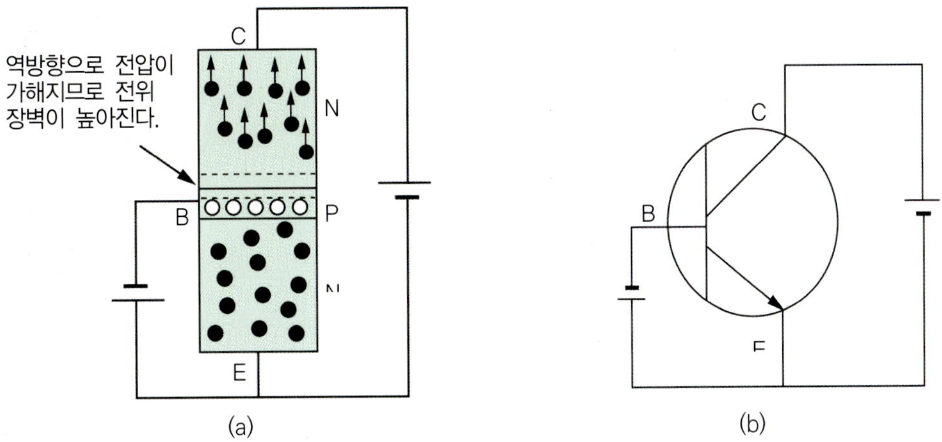

그림 71 | 베이스 전류가 흐르지 않을 때

③ 트랜지스터의 작용

트랜지스터의 대표적인 작용으로는 스위칭 작용, 증폭 작용 및 발진 작용 등이 있다.

㉠ 스위칭 작용 : 트랜지스터의 컬렉터 전류 I_C와 이미터 전류 I_E 사이를 도통 상태로 하려면 베이스 전류 I_B를 흐르게 하면 된다. 반대로 베이스 전류 I_B를 단속하면 컬렉터 전류 I_C와 이미터 전류 I_E를 단속할 수 있다. 이것을 트랜지스터의 스위칭 작용이라 하며, 릴레이와 같이 작은 전류로 큰 전류를 제어한다. 릴레이는 1초에 100~200회 정도 스위치 작동을 할 수 있지만, 트랜지스터는 1초에 1000회 정도 스위칭 작용을 할 수 있고, 릴레이와 같이 접점의 마모나 채터링이 없어 동작이 안정된다.

㉡ 증폭 작용 : 트랜지스터는 베이스 전류 I_B를 약간 변화시키는 것으로 컬렉터 전류 I_C를 크게 바꿀 수 있으며, 베이스 전류 I_B와 컬렉터 전류 I_C의 합은 이미터 전류 I_E가 되고, 컬렉터 전류 I_C와 베이스 전류 I_B의 비율을 직류증폭률이라 하며, h_{FE}로 나타낸다. $I_E = I_B + I_C$, $h_{FE} = \frac{I_C}{I_B}$로 h_{FE}의 값은 일반적으로 10～10,000이다.

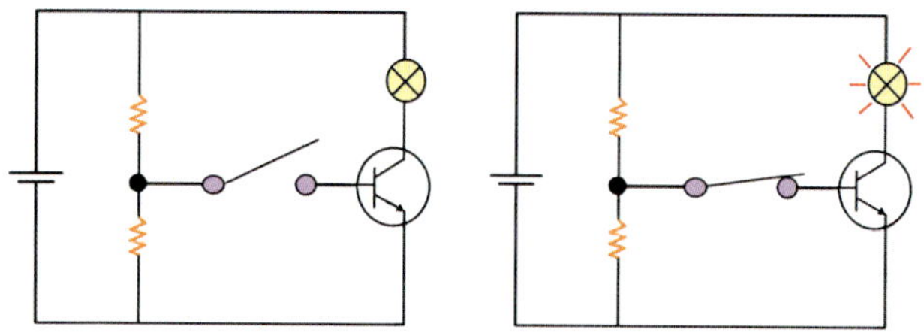

(a) 스위칭 작용

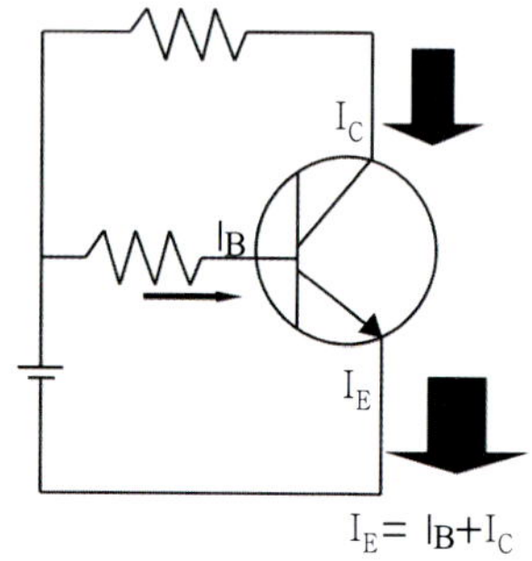

(b) 증폭 작용

그림 72 | 트랜지스터 작용

(6) 포토 트랜지스터(Photo Transistor)

이것은 PN 접합부에 빛을 쪼이면 빛에너지에 의해 발생한 전자와 홀이 외부로 흐른다. 입사광선에 의해 전자와 홀이 발생하면 역전류가 증가하고, 입사광선에 대응하는 출력 전류가 얻어지는데, 이를 광전류라 한다. 빛이 베이스 전류 대용으로 사용되므로 전극이 없고 빛을 받아서 컬렉터 전류를 제어한다.

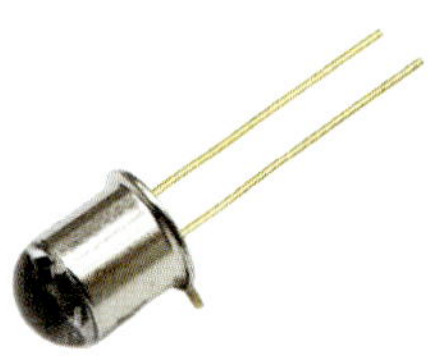

(a) 외형

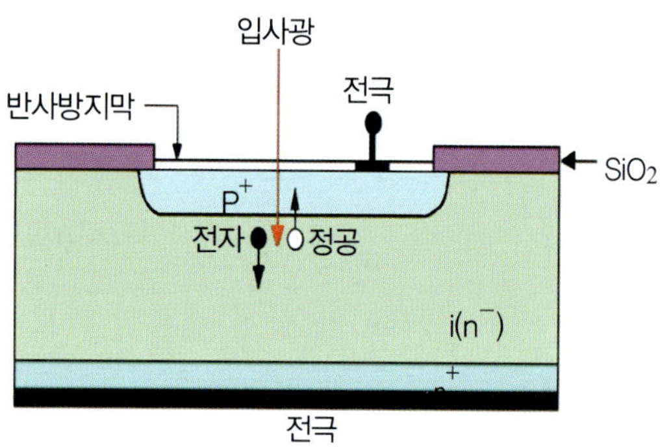

(b) 구조

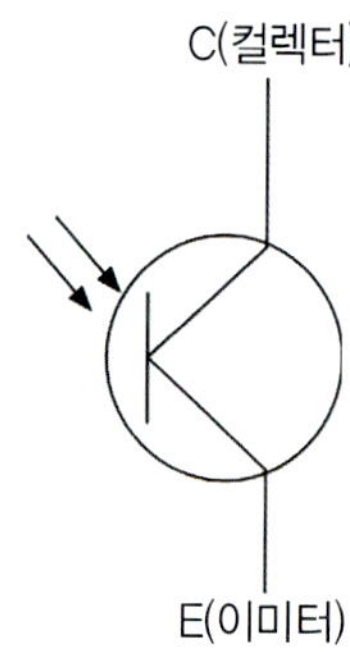

(c) 기호

그림 73 | 포토 트랜지스터의 구조 및 기호

(7) 사이리스터(Thyrister)

이것은 SCR(Silicon Control Rectifier)이라고도 하며 PNPN 또는 NPNP 접합으로 되어 있으며 스위칭 작용을 한다. 사이리스터는 일반적으로 단방향 3단자를 사용한다. (+)쪽을 애노드(Anode), (−)쪽을 캐소드(Cathode), 제어단자를 게이트(Gate)라 부른다. 애노드에서 캐소드로의 전류가 순방향 흐름이며, 캐소드에서 애노드로 전류가 흐르는 방향을 역방향 흐름이라 한다.

순방향 흐름은 전류가 흐르지 못하는 상태이며, 이 상태에서 게이트에 (+)를, 캐소드에는 (−)를 연결하면 애노드와 캐소드가 순간적으로 통전되어 스위치와 같은 작용을 하며, 이후에는 게이트 전류를 제거하여도 계속 통전상태가 되며, 애노드의 전압을 차단하여야만 전류 흐름이 해제된다.

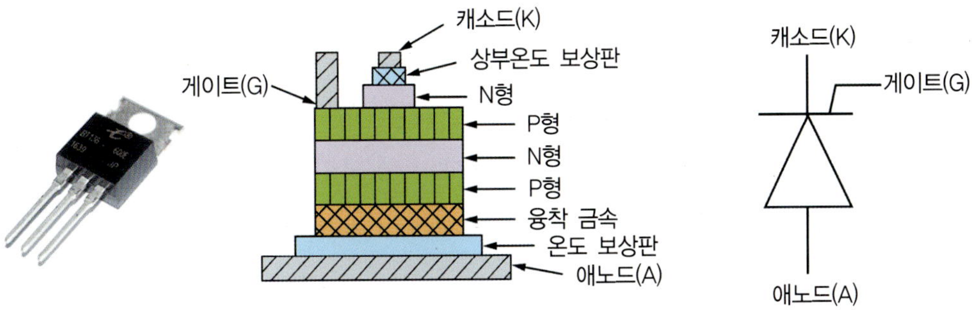

(a) 외형　(b) 구조　(c) 기호

그림 74 | 사이리스터

04 마이크로컴퓨터

[1] IC[Integrated Circuit, 집적회로]

절연기판 위에 트랜지스터, 다이오드, 저항, 축전기 등의 각 소자를 단독 또는 조합시켜 정밀하게 여러 가지 작동을 하도록 구성시킨 것이다. IC회로는 혼성 IC회로(Hybrid IC)와 모놀리식 IC회로(Monolithic IC)로 구분할 수 있으며, 혼성은 얇은 막(Thin Film) 혼성 IC회로와 두꺼운 막(Thick Film) 혼성 IC회로로 나눈다.

현재 IC회로의 주축을 이루고 있는 것은 모놀리식 IC회로이며, 두께 1mm, 한 변이 5mm 정도인 반도체(실리콘)의 얇고 작은 조각, 즉 칩(Chip) 또는 다이(Die) 위에 전자회로를 형성시켜 만든다. 이들 칩에 들어 있는 각각의 회로소자 수는 소규모 IC회로(SSI)에서는 약 100개 미만, 중규모 IC회로(MSI)에서는 100~1,000개, 대규모 IC회로(LSI)에서는 1,000~10만 개 그리고 초대규모 IC회로(VLSI)에서는 10만 개 이상이다. 트랜지스터를 기준으로 할 때 소형 진공관은 약 200배의 크기이다.

[2] 컴퓨터[ECU]의 구성

엔진 ECU는 디지털 제어와 아날로그 제어가 있으며, 중앙처리장치(CPU), RAM, ROM 및 입출력 단자로 구성되어 있다.

엔진 ECU는 입력부분과 제어부분, 출력부분으로 구성되어 있으며, 입력은 엔진의 각종 상태, 즉 흡입공기량, 냉각수온도, 흡입공기온도, 엔진 회전수 및 차속 등의 상태를 각 센서를 이용하여 측정한다. 그리고 이 측정된 신호를 입력 연산 처리하여 엔진의 상태에 대응하는 최적의 연료분사량(기본분사량, 증량보정), 분사시기 및 점화시기를 출력회로를 통하여 제어함으로써 각 액추에이터를 구동시킨다.

컴퓨터는 입력되는 기본적인 입력신호를 사용하기 전에 입력신호를 적절히 조절하게 된다. 즉, 미약한 신호의 증폭, A/D(Analog/Digital) 변환, 노이즈(Noise) 제거, 전압 수준 조정 등의 처리과정을 거쳐 입력 데이터를 만든다. 프로세서에 입력된 데이터는 기억장치에 저장된 프로그램의 명령에 따라 다양한 산술 및 논리 연산과정을 거치고, 일부는 기억장치에 저장되며, 최종 출력은 출력장치로 보내어 액추에이터를 구동한다.

① ROM(Read Only Memory) : ROM은 컴퓨터의 판독전용 기억장치를 말한다. 한 번 기억시키면 다음에는 전혀 내용을 지울 수 없다. 전원을 차단하여도 정보가 없어지지 않는 비휘발성(Non-Volatile) 기억장치이며, 문자패턴 발생기나 코드 변환기처럼 실행하는 처리가 일정하고 많은 양으로 사용되는 것은 기억할 정보를 소자의 제조와 동시에 설정하기 때문이다. 따라서 ROM은 정보를 소자의 구조로 기억하고 있으므로 바꾸어 쓸 수가 없다. 하지만 써넣기, 소거, 다시 써넣기가 가능한 ROM을 EPROM(Erasable and Program Mable-Read Only Memory)이라 한다.

② EPROM(Erasable Programmable ROM) : 소거와 프로그래밍이 가능한 ROM으로 CPU는 주소버스/데이터버스를 거쳐 EPROM과 통신한다.

③ 플래시 EPROM(FEPROM) : 플래시 EPROM은 불휘발성 메모리로서 전기적으로 소거하고, 다시 프로그래밍할 수 있다.

④ RAM(Random Access Memory) : RAM은 기억시키거나 지우는 작용의 두 회로가

있어 정보의 기록・해독이 가능하므로 컴퓨터나 주변 단말기기의 기억장치에 널리 쓰이고 있다. 장점으로는 가격이 싸고, 소형, 낮은 소비전력, 고속 호출, 비파괴성 해독 등이며, 단점으로는 전원을 차단하면 기억되어 있던 모든 데이터가 지워진다. 종류에는 전원이 연결된 상태에서 일정한 주기마다 리프레시(Refresh) 조작을 해주어야만 정보가 지워지지 않는 다이내믹램(DRAM)과 전원만 연결되어 있으면 정보가 지워지지 않는 스태틱램(SRAM)이 있다. 이와 같이 전원이 끊어지면 정보가 상실되는 것을 휘발성 메모리(Volatile Memory)라 하고, 스태틱램은 다른 IC회로와 접속하기 쉽고 읽어내기 및 써 넣기가 간단하며, 고속으로 할 수 있는 이점이 있다. 반면에 다이내믹램과 같은 기억용량으로 하려면 3～4배의 소자가 더 필요하므로 그만큼 복잡하고 가격도 비싸다. 다이내믹램은 64MB가 주로 사용되고 256MB가 실용화되고 있으며, 대용량화에 적합하다.

⑤ EEPROM(E2PROM) : EEPROM은 전기적으로 소거할 수 있는 EPROM으로서, 플래시 EPROM과는 대조적으로 각각의 메모리 셀을 개별적으로 소거할 수 있다. 따라서 EEPROM은 비휘발성 쓰기, 읽기, 메모리로 사용할 수 있다.

⑥ 감시 모듈 : 마이크로프로세서와 감시 모듈은 소위 질의 및 응답 기능을 이용하여 서로 상대방을 감시한다. 오류를 감지하면 쌍방은 서로 독립적으로 해당하는 대체 기능을 찾게 된다.

⑦ 자기진단기능(Self Diagnostic Function) : ECU는 엔진 전자제어 각 시스템의 고장 여부를 자기진단할 수 있으며, 고장 발생 시 계기판의 엔진 체크 경고등(Warning Lamp, MIL, Malfunction Indicate Lamp)을 점등시켜 운전자에게 엔진을 정비하도록 경고한다.

⑧ 페일 백업기능(Fail Back Up) : ECU는 어떤 센서에 고장 발생 시 그 센서 신호를 무시하게 되며, 대신 미리 입력된 프로그램 또는 수치로서 제어할 수 있도록 하는 백업기능을 가지고 있다.

[3] 컴퓨터 논리회로

불 대수(Boolean Algebra)를 이용하여 1개 이상의 논리 입력을 일정한 논리 연산에 의해 1개의 논리 출력을 얻는 회로로, 트랜지스터나 다이오드 등으로 조합하여 나타내는 회로를 말한다. 이 회로를 이용하면 복잡한 논리를 간결하고 정확하게 표현할 수 있어 컴퓨터 등에 이용된다. 논리회로를 구성하는 기본 단위를 논리 게이트라 하며, 논리회로에 전류가 흐를 때는 “1”, 흐르지 않을 때는 “0”으로 표시한다.

[10진법과 2진법의 비교]

10진법	2진법	숫자	10진법	2진법	숫자
0	0	영	6	110	육
1	1	일	7	111	칠
2	10	이	8	1000	팔
3	11	삼	9	1001	구
4	100	사	10	1010	십
5	101	오			

(1) OR회로(논리합회로)

OR 게이트(OR Gate)는 논리합을 구현하는 디지털 논리 게이트이다. 입력 A, B 중 최소한 어느 한쪽의 입력이 1이면, 출력이 1이 되는 회로이다.

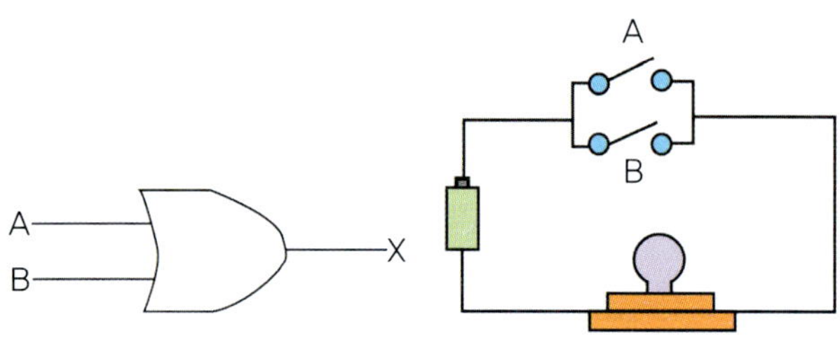

(a) 기호 (b) 등가회로

A	B	X(출력)
0	0	0
0	1	1
1	0	1
1	1	1
X= A+B		

(c) 진리값표

그림 75 | OR회로

(2) AND회로(논리적회로)

AND 게이트는 논리곱을 구현하는 기본 디지털 논리 게이트이다. 여러 개의 입력 정보가 있을 경우 모든 입력이 1일 때에만 출력에 1을 출력하고, 그 이외는 0을 출력하는 회로이다.

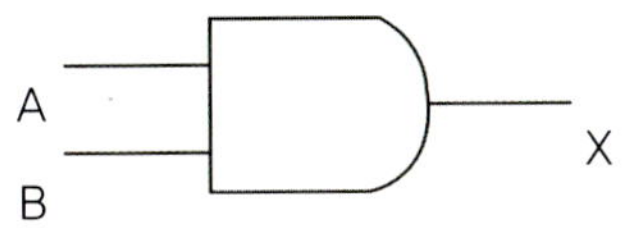

(a) 기호

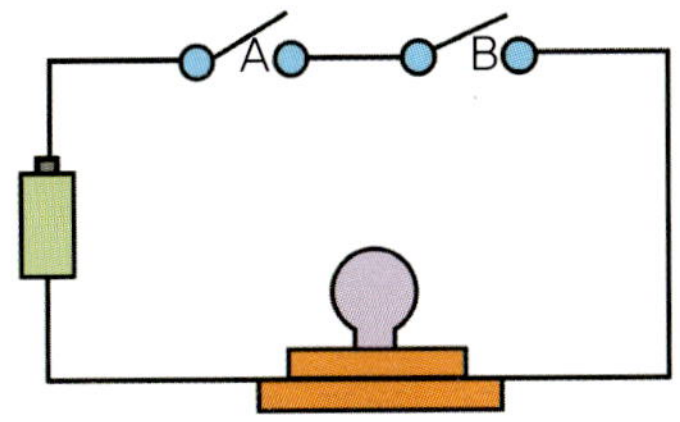

(b) 등가회로

A	B	X(출력)
0	0	0
0	1	0
1	0	0
1	1	1
$X = A \cdot B$		

(c) 진리값표

그림 76 | AND회로

(3) NOT회로(부정회로)

NOT 게이트 입력을 반전시키는 논리 게이트이다. 입・출력신호가 서로 정반대일 경우, 즉 입력이 "1" 일 때 출력은 "0", 입력이 "0" 일 때 출력은 "1"이 되는 회로이다.

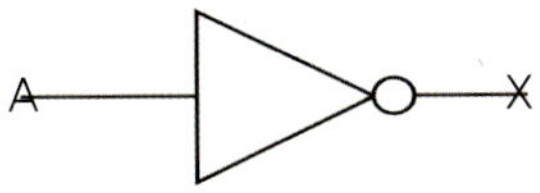

(a) 기호

입력	출력
0	1
1	0
$X = \bar{A}$	

(b) 진리값표

그림 77 | NOT회로

(4) NOR회로(부정 논리합회로)

NOR 게이트는 부정논리합을 구현하는 디지털 논리회로이다. 모든 입력단자(端子)에 "0"이 입력되었을 때에만 출력단자에 "1"을 출력하는 회로이다.

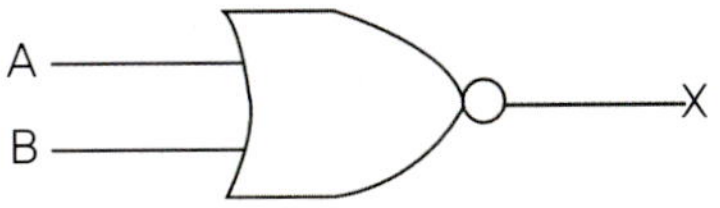

(a) 기호

A	B	X(출력)
0	0	1
0	1	0
1	0	0
1	1	0
$X = \overline{A + B}$		

(b) 진리값표

그림 78 | NOR회로

(5) NAND회로(부정 논리적회로)

2개 이상의 입력단자와 1개의 출력단자가 있어 적어도 1개의 입력단자에 입력 "1"이 가해졌을 때 출력단자에 "1"이 나타나고, 어느 쪽의 입력단자도 "0"일 때에는 출력단자에 "1"이, 역으로 어느 쪽의 입력단자도 "1"일 때에는 출력단자에 "0"이 나타나도록 한 회로이다.

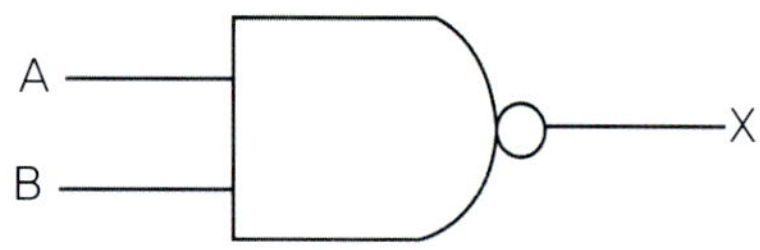

(a) 기호

A	B	X(출력)
0	0	1
0	1	1
1	0	1
1	1	0

$$X = \overline{A \cdot B}$$

(b) 진리값표

그림 79 | NAND회로

[4] 전자부품 기호

명 칭	약 호	회로도 기호	기 능
저항	R		전압이나 전류를 제어하기 위해 작동
가변저항	VR	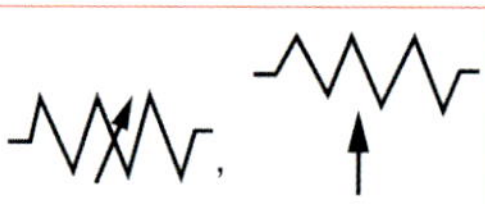	저항값이 변함. 볼륨, TPS 등에 사용
다이오드	D	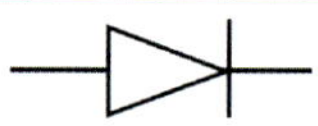	한쪽 방향으로 전류 흐름
발광 다이오드	LED	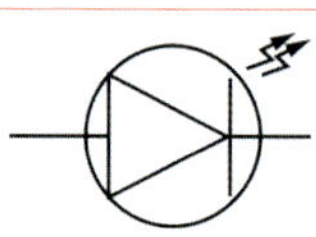	빛을 발하는 다이오드
포토 다이오드	APD	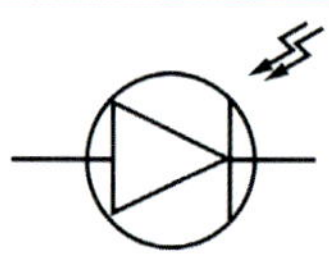	빛이 통과하면 전기가 흐름
제너 다이오드	ZD	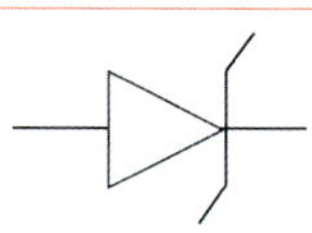	평상시에는 전기가 흐르지 않으나 어떤 조건이 되면 전기가 흐름

명 칭	약 호	회로도 기호	기 능
트랜지스터	TR	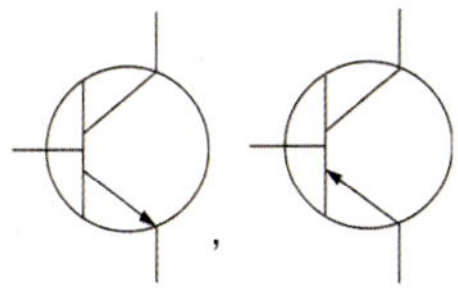	증폭, 스위칭용
축전기	C	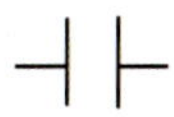	고주파 바이패스용
전해 축전기	C	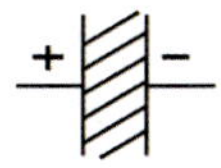	저주파 바이패스용이나 평활용으로 극성과 내전압에 주의
접지(어스)	E	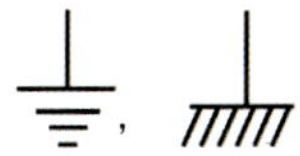	전기장치, 겉의 케이스 등의 전위를 대지의 전위와 같게 하는 것
스위치	SW		전원 ON, OFF
퓨즈	FUSE		회로 보호
전자석		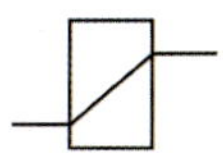	전기를 통하면 자석이 됨
사이리스터	SCR	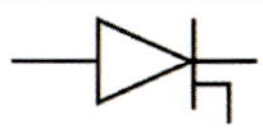	전류를 제어하는 기능
코일	L	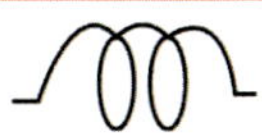	전기도선을 원통형으로 감은 것
변압기	T	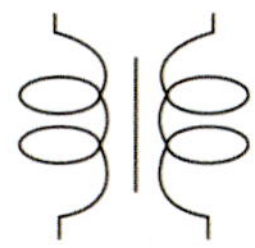	전압을 필요한 값으로 변환시키는 장치
포토 트랜지스터	PT	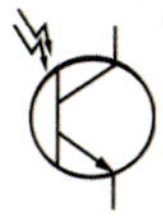	빛이 통과하면 전류가 흐름
전지(배터리)	BAT		
접속하지 않는 배선			
압전소자		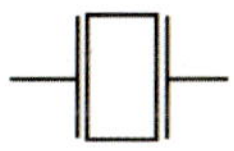	결정에 변형력을 가하면 그 힘에 비례하는 전하가 생김
접속하는 배선		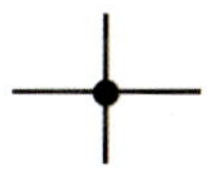	
논리회로	AND	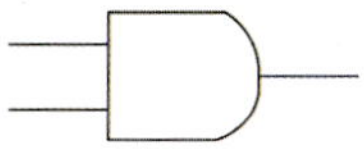	논리적

명 칭	약 호	회로도 기호	기 능
	OR	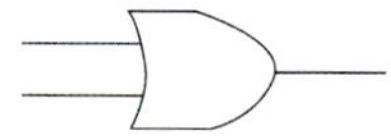	논리합
	NOT	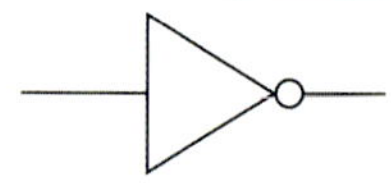	논리부정
	NAND	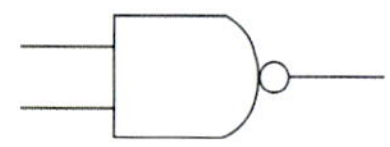	논리적부정
	NOR	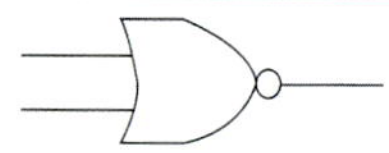	논리합부정

MEMO

3

전기자동차의 개요

3 전기자동차의 개요

1 전기자동차란

01 개요

전기자동차가 최근 들어 각광을 받는 것은 미국과 유럽 등을 중심으로 배기가스 규제가 높아지고 있으며, 유가가 급등하고 있기 때문이다. 특히 환경에 대한 인식이 높아지면서 화석연료를 사용하는 기존 차량보다 친환경적인 전기자동차에 대한 인식이 높아지고 있다. 배터리와 구동 모터 등이 주요 부품인 전기자동차는 기계공학보다 전자공학 등 IT 비중이 높다. 그렇기 때문에 기술의 발전도 내연기관 자동차와 달리 급속도로 성장하고 있다.

전기자동차란 내연기관 대신에 축전지에 저장된 전기에너지로 전동기를 작동시켜 동력을 발생시키고, 이를 동력전달장치를 통해 차륜을 회전시켜 주행하는 차량으로, 1830년 프랑스에서 개발되어 19세기 중반에 실용화되어 교통수단으로 사용된지 1세기가 넘었다. 전기자동차는 배기가스가 없어 무공해이며, 내연기관의 폭발음이 없어 저소음이고, 에너지 이용 효율이 좋은 등 많은 장점이 있다.

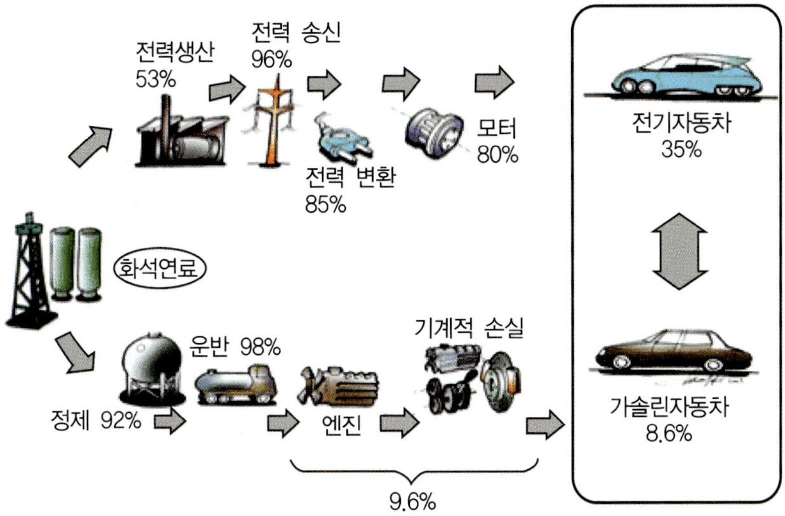

그림 1 | 가솔린자동차와 전기자동차의 에너지 효율 비교

내연기관 자동차(ICV : Internal Combustion Vehicle)와 전기자동차(EV : Electric Vehicle)의 대표적인 차이는 에너지원으로부터 출발한다.

내연기관 자동차는 탄화수소계 연료를 엔진의 내부에서 압축, 발화, 폭발, 팽창시켜서 나오는 에너지를 이용하는 것이다. 에너지의 변환을 아주 간단하게 표현하자면 석유 상태에서의 화학적 에너지를 산화(연소)시키면서 발생되는 열, 압력, 소리 등의 에너지 중 압력에너지를 바퀴가 구를 수 있게 하는 운동에너지로 변환한다. 이에 비해 전기자동차는 축전지에 축전되어 있는 화학에너지를 방전될 때 전기에너지로 변환하여 모터를 구동시키는 운동에너지로 변환한다.

실제로 내연기관 자동차는 에너지 변환 단계가 더 복잡하게 표현된다. 좀 더 넓게 본다면 연료전지 자동차(FCV : Fuel Cell Vehicle)나 태양전지 자동차도 모터에 전기를 공급한다는 것은 동일하다. 단 이 경우에는 전기가 연료전지나 태양전지 내부에 화학적 에너지 형태로 축전되는 것이 아니라 알코올이나 수소 등의 연료 또는 태양광이나 태양열 같은 에너지원으로부터 생산되는 경우이다.

전기자동차는 차량에 탑재된 고전압 배터리의 전기에너지로부터 구동에너지를 얻는 자동차이며, 일반 내연기관 차량의 변속기 역할을 대신할 수 있는 감속기가 장착되어 있다. 또한 내연기관 자동차에서 발생하는 유해가스가 배출되지 않는 친환경 차량으로서 다음과 같은 특징이 있다.

① 대용량 고전압 배터리를 탑재한다.

② 전기 모터를 사용하여 구동력을 얻는다.

③ 변속기가 필요 없으며, 단순한 감속기를 이용하여 토크를 증대시킨다.

④ 외부 전력을 이용하여 배터리를 충전한다.

⑤ 전기를 동력원으로 사용하기 때문에 주행 시 배출가스가 없다.

⑥ 배터리에 100% 의존하기 때문에 배터리 용량에 따라 주행거리가 제한된다.

02 전기자동차 장 · 단점

[1] 장점

① 주행 시 CO_2나 NOx를 거의 배출하지 않는다. 소형 전기자동차가 충전 전기 제조 시 주행 1km당 40g(소형 가솔린 자동차의 경우는 170g)의 CO_2를 발생한다. 특히 화석연료를 전혀 사용하지 않아 친환경적이다.

② 엔진 소음이 적고, 진동이 적으며, 내구성이 좋아 차량 수명이 상대적으로 길다.

③ 전기 모터로만 구동할 때 운행 비용이 저렴하다.

④ 전기차는 전동기로만 구동할 경우 운행 비용이 가장 저렴하고 값싼 심야 전기를 이용할 경우 비용을 더 낮출 수 있다.

⑤ 시동이 외부 온도의 영향을 받지 않는다.

⑥ 운전 중에 기어를 변속할 필요가 없어 운전 조작이 간편하다.

⑦ 다양한 에너지원을 이용할 수 있고, 에너지 효율이 높아 에너지 절약이 가능하다.

⑧ 가선을 설치하는 비용이 들지 않으므로, 미관상도 좋은데다 차량에 집전장치가 필요 없다.

⑨ 부품수가 하이브리드카는 물론, 내연기관차보다 적게(트렌스미션, 레디에이터 등이 불필요) 들어 시스템의 단순화가 가능하므로, 고장 리스크 범위도 줄일 수 있다.

⑩ 차량 디자인 및 부품배치 자유도가 크다.

⑪ 낼 수 있는 에너지당 중량이 석유계 연료에 비해서 매우 크다.

⑫ 사고 시 폭발의 위험성이 적다.

[2] 단점

① 축전지 중량이 커 내연기관 자동차보다 출발 시 구름 저항이 다소 크게 나타난다.

② 고가의 전지가 필요하고, 차량보다 배터리 수명이 짧고, 배터리를 몇 번씩 교환해야만 한다.

③ 장거리 주행을 위해서는 급속 충전 스탠드가 전국 규모로 구축되어야야 한다.

④ 화재 발생 시 배터리 열폭주 현상이 발생한다. 일반 소화기로는 진압이 불가능하며, 일단 그 자리를 이탈한 다음 소방서 같은 유관기관에 연락하여 전기자동차 화재라는 사실을 알린 다음 신속한 보호조치를 받아야 한다.

⑤ 가속 성능, 등판능력, 최고 속도 등 주행 성능이 나쁘다.

⑥ 일반 가솔린 자동차에 비해 속도가 느리고, 배터리 1회 충전으로 주행할 수 있는 거리(항속 거리)가 짧다.

⑦ 축전지 에너지 밀도가 낮아 장거리 주행을 위해서는 축전지 무게를 증가시켜야 한다.

⑧ 국가마다 전기자동차의 급속충전 잭 규격이 다르다.

⑨ 법령 및 인프라 등의 전기자동차 사용 여건이 미비하고 가격이 고가이다(기술 개발을 통해 배터리 생산 단가를 절감하면 향후 가격 경쟁력에서 충분히 승산이 있다는 분석도 있다).

03 전기자동차의 역사

전기자동차 자체는 의외로 내연기관차보다 빠른 시기에 개발되었다. 1828년 헝가리 사제 아니오스 예들리크는 최초로 소형 전기차 모형을 만들었다. 1834년 스코틀랜드 발명가 로버트 앤더슨은 최초로 사람이 탈 수 있는 일회용 전기차를 만들었다. 그러나 전기 충전 기술이 없었기 때문에 실제로 이용 가능한 전기차는 납축전지가 발명된 1859년 뒤에야 만들어지게 된다. 심지어 100km/h를 세계 최초로 돌파한 것도 내연기관 자동차가 아닌 전기자동차였으며, 벨기에의 카미유 제나치가 만들었다.

① 1881년 : 세계 최초로 만들어진 전기차는 1881년 프랑스의 발명가 구스타브 트루베(Gustave Trouvé, 1839~1902)가 발명한 삼륜 자동차였다. 이 삼륜차는 동년에 즈음하여 등장한 개선된 납축전지와 지멘스의 전기 모터를 영국에서 개발된 세발자전거에 접목하여 완성되었다.

그림 2 | 구스타브 트루베의 삼륜 전기자동차

출처: Wikimedia Commons(Wellcome Library, GuidoB, Jacques Cattelin)

② 1884년 : 영국의 에디슨이라 불리는 토마스 파커(Thomas Parker)가 전기차 상용화에 성공했다.

그림 3 | 1984년 토마스 파커가 발명한 세계 최초의 전기차

출처: Wikimedia Commons(Wellcome Library, GuidoB, Jacques Cattelin)

③ 1898년 : 포르쉐 설립자 페르디난트 포르쉐(Ferdinand Porsche)가 자동차 제작에 참여한 첫 작품은 에거-로너 C.2 페이튼(Egger-Lohner C.2 Phaeton)이다. 마차에

전기 모터를 장착한 형태로, 후륜구동 방식으로 설계됐으며 배터리 무게가 500kg에 달했다.

그림 4 | 포르쉐 박물관에 전시된 C.2 페이튼

출처: Wikimedia Commons(Wellcome Library, GuidoB, Jacques Cattelin)

④ 1899년 : 벨기에의 드라이버 카뮈 제나치(Camille Jenatzy)는 '결코 만족할 수 없다'는 뜻의 라 자메 콩탕트(La Jamais Contente)를 타고 최고 속도 105.88km/h에 도달했다.

그림 5 | 라 자메 콩탕트

출처: Wikimedia Commons(Wellcome Library, GuidoB, Jacques Cattelin)

⑤ 1900년 : 페르디난트 포르쉐가 세계 최초의 하이브리드 자동차 셈퍼 비부스(Semper Vivus)를 만들었다.

그림 6 | 하이브리드 자동차 셈퍼 비부스

출처: Wikimedia Commons(Wellcome Library, GuidoB, Jacques Cattelin), Porsche, Getty Images, BMW, Nissan, Mitsubishi, NASA, Mercedes-Benz, GM, Shutterstock, Hyundai Motor, Rivian

⑥ 1910년대 초 : 전력 네트워크가 확대되고 배터리 성능이 개선되면서 전기차는 유럽과 미국에서 전성기를 맞았다. 휘발유 엔진 자동차에 비해 냄새가 적고 진동과 소음이 덜하다는 장점이 있어 상류층 여성을 중심으로 판매량이 늘었다. 1910년대 초 미국에서는 300개 이상의 제조사가 전기차를 생산했다.

⑦ 1920년대 초 : 전기차 판매가 가장 많았던 미국에서 1920년대 텍사스 유전 개발 덕분에 저렴하고 질 좋은 휘발유가 공급되는 등 세계적인 석유 산업의 부흥 및 내연 기관차의 급격한 발달로 시장 점유율이 높아졌고 전기차는 몰락의 시기를 맞았다.

⑧ 1940년 초~1950년 초 : 제2차 세계대전 동안 휘발유 수급의 어려움으로 전기차라는 대안을 모색했다. 영국은 우유 배달차(Milk Float)를 전기차로 만들었다. 1947년 일본에서도 극심한 연료 부족을 배경으로 새로 설립된 도쿄 전기자동차가 다마(Tama)라는 전기자동차를 생산했다. 1959년 미국의 헤니 자동차는 프랑스 르노의 소형 차체를 바탕으로 만든 전기자동차 헤니 킬로와트(Henney Kilowatt)를 판매했다. Renault 5를 기반으로 US Electricar Corporation에서 만든 1979~1980 Lectric Leopard가 포함된다.

그림 7 | 영국의 우유 배달차

출처: Wikimedia Commons(Wellcome Library, GuidoB, Jacques Cattelin), Porsche, Getty Images, BMW, Nissan, Mitsubishi, NASA, Mercedes-Benz, GM, Shutterstock, Hyundai Motor, Rivian

⑨ 1960년대 초 : GM은 1964년 쉐보레 코베어 기반의 전기차 콘셉트 일렉트로베어(Electrovair)를 개발했다. 2년 후에는 최고 속도 128km까지 달릴 수 있는 일렉트로베어2와 수소 전기차 FCEV 콘셉트 일렉트로밴(Electrovan)도 발표했다.

⑩ 1971년 : 미국 항공우주국(NASA)은 달에 간 우주인이 타고 다닐 수 있는 월면차(Lunar Roving Vehicle) 개발 계획을 세웠다. GM은 보잉과 함께 4륜구동 · 4륜조향 전기차를 만들어 1971~1972년 아폴로 15 · 16 · 17호에 실어 보냈다. 36V 은-아연 배터리로 구동하는 저출력 직류 모터(0.19kW)를 바퀴마다 장착한 루나 로버는 아폴로 우주인을 태우고 달 표면을 거침없이 누볐다.

그림 8 | 루나 로버 LRV

출처: Wikimedia Commons(Wellcome Library, GuidoB, Jacques Cattelin), Porsche, Getty Images, BMW, Nissan, Mitsubishi, NASA, Mercedes-Benz, GM, Shutterstock, Hyundai Motor, Rivian

⑪ 1977년 : GM이 단순한 전기차 기술 개발을 넘어 전기차의 규격과 시장성 등에 대한 조사를 위해 쉐보레 쉐벳을 기반으로 한 전기차 콘셉트 일렉트로벳(Electrovette)을 선보였다.

⑫ 1994년 : 메르세데스-벤츠가 처음으로 공공도로를 주행한 수소 전기차(FCEV) 콘셉트 네카(NECAR : New Electric CAR)를 발표했다.

그림 9 | 네카 1세대 모델

출처: Wikimedia Commons(Wellcome Library, GuidoB, Jacques Cattelin), Porsche, Getty Images, BMW, Nissan, Mitsubishi, NASA, Mercedes-Benz, GM, Shutterstock, Hyundai Motor, Rivian

⑬ 1996년 : GM이 EV1을 출시했다. EV1은 기존 자동차를 기반으로 개조하거나 콘셉트카로 개발한 게 아니라 처음부터 양산을 목표로 설계한 순수 전기자동차였다.

그림 10 | EV1

출처: Wikimedia Commons(Wellcome Library, GuidoB, Jacques Cattelin), Porsche, Getty Images, BMW, Nissan, Mitsubishi, NASA, Mercedes-Benz, GM, Shutterstock, Hyundai Motor, Rivian

⑭ 1997년 : 네카 3부터는 해치백 승용차(A 클래스) 기반으로 만들었으며, 2002년까지 총 6가지 모델을 공개했다. 토요타가 프리우스(Prius)를 출시했다. 세계 최초로 대량생산한 하이브리드 전기차(HEV)이다.

⑮ 2008년 : 최초의 양산형 전기 스포츠카 테슬라 로드스터(Roadster)가 출시됐다.

그림 11 | 테슬라 로드스터

출처: Wikimedia Commons(Wellcome Library, GuidoB, Jacques Cattelin), Porsche, Getty Images, BMW, Nissan, Mitsubishi, NASA, Mercedes-Benz, GM, Shutterstock, Hyundai Motor, Rivian

⑯ 2009년 : 미쓰비시가 아이미브(i-MiEV)를 출시했다.

그림 12 | 미쓰비시 i-MiEV

출처: Wikimedia Commons(Wellcome Library, GuidoB, Jacques Cattelin), Porsche, Getty Images, BMW, Nissan, Mitsubishi, NASA, Mercedes-Benz, GM, Shutterstock, Hyundai Motor, Rivian

⑰ 2010년 : GM이 최초의 대량생산 플러그인 하이브리드 전기차(PHEV) 쉐보레 볼트(Volt)를 선보였다. 2010년대는 전기차의 두 번째 황금기의 서막으로, 거의 모든 양산차 업체들이 하이브리드 및 전기차를 대거 선보이기 시작했다.

⑱ 2012년 : 테슬라는 첫 번째 세단 모델 S를 출시했다.

⑲ 2013년 : BMW는 i3를 선보였다.

그림 13 | BMW i3

출처: Wikimedia Commons(Wellcome Library, GuidoB, Jacques Cattelin), Porsche, Getty Images, BMW, Nissan, Mitsubishi, NASA, Mercedes-Benz, GM, Shutterstock, Hyundai Motor, Rivian

⑳ 2014년 : 최초의 순수 전기차로 경쟁하는 포뮬러 레이스로서 'ABB FIA 포뮬러 E 월드 챔피언십(ABB FIA Formula E World Championship)'이 출범했다.

㉑ 2016년 : 현대자동차는 아이오닉(IONIQ)의 하이브리드 모델을 필두로 플러그인 하이브리드, 순수 전기차 모델을 차례로 선보였다.

그림 14 | 현대자동차 IONIQ

출처: Wikimedia Commons(Wellcome Library, GuidoB, Jacques Cattelin), Porsche, Getty Images, BMW, Nissan, Mitsubishi, NASA, Mercedes-Benz, GM, Shutterstock, Hyundai Motor, Rivian

㉒ 2017년 : 전 세계 한 해 전기차 판매량이 100만 대를 돌파했다.

㉓ 2018년 : 2세대 레이스카로 업그레이드됐다.

㉔ 2020년 : 테슬라가 완성차 업계 최초로 순수 전기차 생산 100만 대를 돌파했다.

㉕ 2020년 초 : 전기차 대전환 시대를 맞았다. 완성차 업계의 전기차 개발・출시가 더욱 가속되어 자동차 시장에 등장하는 신차의 대부분이 전기차가 됐다. 포르쉐 타이칸, 메르세데스-벤츠 EQS, 아우디 e-트론을 비롯한 고급 브랜드 전기차가 잇따라 출시됐다.

㉖ 2022년 : 한국타이어 앤테크놀로지가 세계 최초로 전기차 전용 타이어 풀 라인업을 갖춘 한국타이어 아이온(iON) 브랜드를 소개했다.
㉗ 2023년 : 한국타이어 아이온(iON)을 공식 타이어로 사용하는 3세대 레이스카가 데뷔했다.
㉘ 2024년 : 전 세계 전기자동차 판매는 2024년에도 견고한 상태를 유지해 연말까지 약 1,700만 대에 이를 것으로 나타났다.

04 친환경자동차 기술 동향 및 전망

[1] 친환경자동차 기술 동향

인류가 자동차를 발명하여 사용하여 온 이래 화석연료의 사용을 증가시켜 에너지 문제와 온실가스 배출로 인한 지구 기후 변화 문제를 초래하게 되었고, 이를 해결하고 완화시키기 위해서 친환경자동차의 보급 확대가 어느 때보다도 중요하게 되었다.

(1) 내연기관 자동차

플러그인 하이브리드를 제외한 내연기관 자동차는 2015년 기준으로 향후 2035년까지 휘발유 자동차의 평균 연료 소비는 37%를 감소시켜야 하고, 디젤 자동차는 32%를 감소시켜야 한다. 단기 및 중기적 개선을 위해서는 성능이 향상된 내연기관과 전기 또는 유압 모터 지원이 결합된 하이브리드화 기술이 필요하기 때문에 하이브리드 자동차는 2030년까지 전 세계 시장 점유율이 11%로 피크에 이르게 된다.

2030년부터 하이브리드 자동차는 내연기관 자동차와 함께 점진적으로 감소할 것으로 전망을 하고 있다. 그림 15와 같이 2020년 이후에 전기자동차의 보급이 급증할 것으로 예상이 되지만, 2030년에도 90% 가까이는 내연기관을 탑재한 차량(하이브리드 자동차 포함)일 것으로 예상하고 있다.

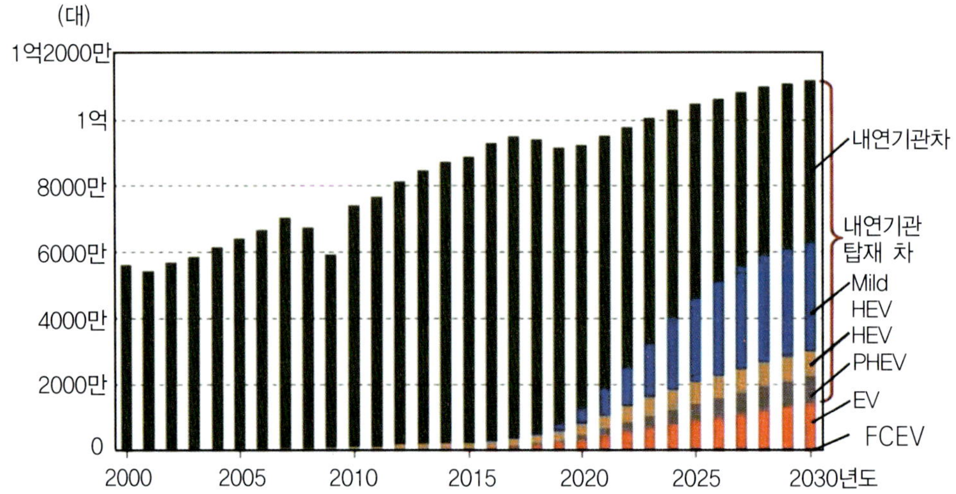

그림 15 | 2030년까지 자동차 구성비 전망

화석연료의 사용을 급속히 줄이는 것이 지구 기후 변화를 억제하기 위해서는 매우 중요하지만, 급속한 에너지의 전환은 어렵기 때문에 점진적인 전환이 필요하고 중장기적으로 내연기관의 효율을 높여 CO_2 배출을 줄여나가는 정책이 필요하다.

내연기관의 열효율을 높이기 위한 많은 연구 결과, 2019년 점화착화 내연기관의 효율은 최대 40%에 이르고 있고, 2025년경에 50% 달성이 가능할 것으로 예상되고 있다(그림 16).

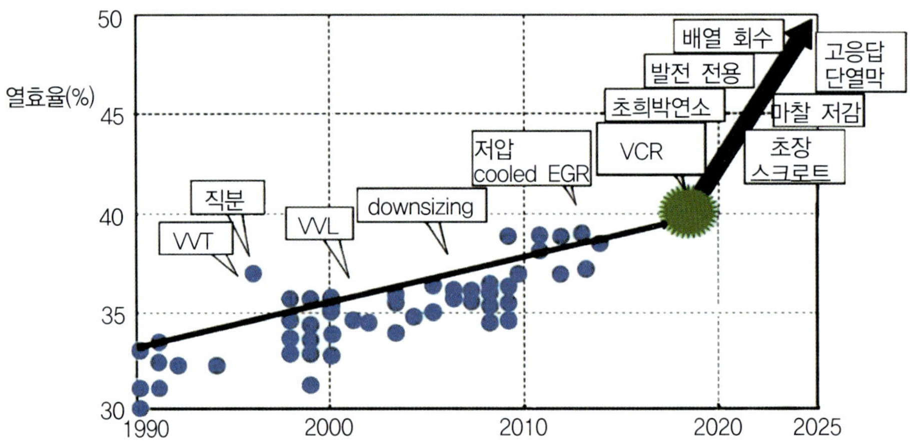

그림 16 | 열효율 증가 전망

내연기관 자동차의 실제 운행 조건(부하와 회전수의 변동)에서는 그림 17과 같은 조건(검은 점)에서 주로 운전이 되어 열효율이 제일 좋은 점(녹색 동그라미)과 떨어진 점에서 운전을 하게 된다. 따라서 내연기관을 발전용으로 하이브리드 자동차에서 사용할 경우 열효율이 제일 좋은 점 부근에서만 운전이 가능하기 때문에 내연기관을 제일 효율이 좋은 조건에서만 운전을 할 수 있게 된다.

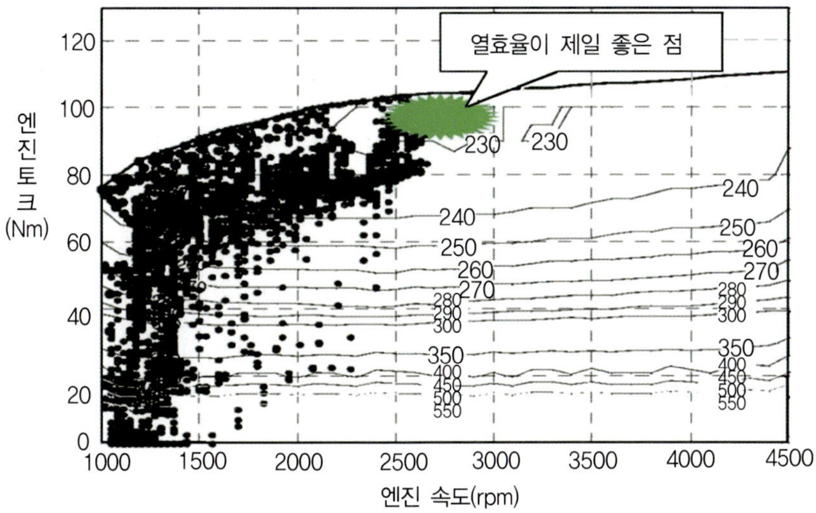

그림 17 | 일반 도로 주행 시 엔진의 작동점과 최고 열효율 작동점의 비교

이와 같이 내연기관의 작동점(Operating Point)을 최고 열효율점 부근에서만 운전하는 발전 전용 엔진으로 하이브리드 자동차에서 사용할 경우, 지금까지 기술적 한계로 인하여 제한적으로 또는 적용하지 못했던 초희박 연소, 가변압축비, 단열막 기술, 배기열 회수 등 여러 가지 기술의 적용이 가능하고, 내연기관의 생산 비용도 낮출 수 있는 가능성이 있다. 이와 같은 고효율의 내연기관을 발전 전용으로 사용하여 구성하는 하이브리도 자동차에서는 연비를 보다 더 개선하는 것이 가능하게 되고, 이와 같은 것이 차세대 하이브리드 자동차가 될 수 있다.

(2) 하이브리드 자동차

하이브리드 자동차는 내연기관과 전기로 움직이는 모터의 두 가지 동력원을 갖는 자동차로서 구성 방식에는 시리즈, 병렬, 시리즈-병렬 방식의 차량이 생산되고 있고, 플러그인 타입의 하이브리드 자동차 배터리에 충전하여 주행 거리를 증가시킨 방식 등이 있다. 시리즈 방식의 하이브리드 자동차는 엔진은 발전에만 사용되고 완전히 모터만으로 주행하는 방식으로, 철도 차량에서는 예전부터 사용하던 방식이며 엔진은 효율적인 속도로 발전하고, 주행은 높은 토크의 모터만으로 주행을 한다.

병렬식 하이브리드는 기본 주행은 엔진으로 하고, 모터는 어시스트만을 하는 방식으로 구조가 간단하고 가격도 상대적으로 낮다. 마일드 하이브리드 방식도 보급되고 있고, 일반적으로 전기를 발전하는 발전기를 강화하였고 모터로 엔진 어시스트로도 사용할 수 있게 한 방식이다. 국내를 포함하여 일반적으로 많이 보급되고 있는 방식이 시리즈-병렬 방식 하이브리드로 엔진과 모터를 고도로 제어하여 연비가 상대적으로 높은 것이 특징이다. 이와 같은 하이브리드 자동차는 CO_2 배출을 절반 정도로 줄일 수가 있고, 배출가스도 최대 90%까지 줄일 수 있다. 하지만 복잡한 시스템으로 인하여 차량 가격도 높게 되어 향상된 연비로 구입비용을 상쇄하는 것은 쉽지 않다.

일본에서 하이브리드 자동차의 실도로 주행에 대한 일반 운전의 소감에 따르면, 배터리 충전을 위한 엔진의 과도 사용으로 인한 연비 악화, 일반 동급 자동차에 비하여 증가한 차량 중량, 운전자의 운전 차이 등으로 인하여 실제 연비는 일반 자동차에 비하여 약 20~30% 정도만 증가하는 것으로 나타났다. 하이브리드 자동차에 맞는 운전 특성으로 바꿔야 하고, 실도로 연비는 공인 연비에 미치지 못하고(약 66~70% 수준), 저연비로 인한 구입비용 회수에는 긴 시간이 소요되는 점(차종에 따라 4.5~11.9년) 등으로 인하여 보조금 없이는 시장 점유율이 답보 상태인 점으로도 본격적인 친환경차라고 하기에는 어려움이 있다.

국내 승용차 시장에서 신차 판매 대수 가운데 하이브리드 자동차의 점유율은 2019년 9월 기준 약 5.9%를 차지하고 있다.

내연기관 자동차와 비교하여 하이브리드 자동차(재활용을 30%로 가정)의 CO_2 배출량에 큰 차이를 나타내고 있지는 않다. 현재 방식의 하이브리드 자동차의 친환경성은 매우 높지 않은 것으로 나타났다. 전술한 바와 같이 열효율이 50%로 향상된 내연기관을 장착한 차세대 하이브리드 자동차가 양산될 경우 전기자동차에 필적하는 CO_2 특성을 가질 수 있을 것으로 예상이 된다.

(3) 전기자동차

온실가스로 인한 기후 변화 문제에 대처하기 위해서 각국 정부는 보다 강력한 정책 지원을 하고 있고, 배터리 비용이 감소함에 따라 세계 전기자동차 시장은 빠르게 성장하고 있다. 2018년에 전 세계 전기자동차 차량은 전년 대비 200만 대 증가한 510만 대를 돌파했으며, 새로운 전기자동차 판매량은 거의 두 배가 되었다. 2040년까지 전기자동차는 새로운 자동차 판매의 75%를 차지할 것으로 예상되고 있다. 그러나 전기자동차의 급속한 성장은 전력 시스템에 중요한 영향을 미치게 된다. 전기자동차의 보급으로 기후 변화 문제를 해결하기 위해서는 전력 생산 방식을 현재의 화석연료 위주에서 태양광 및 풍력 등 신재생 에너지로 전환해야 하는 과제를 안고 있다.

현재 전 세계적으로 대부분의 가정에서 전기자동차를 충전하고 있어 직장에서 돌아온 저녁에 충전이 집중되기 때문에 충전 시기를 효율적으로 재배치하지 않으면 2040년 도로 운송에서 CO_2 배출량의 증가는 전기자동차로 인하여 제일 높아질 것으로 예상되고 있다. 따라서 전기자동차의 충전 시간 및 위치를 개선해야만 내연기관 자동차를 전기자동차로 전환해서 얻을 수 있는 CO_2 배출량 저감 효과를 얻을 수 있게 된다(그림 18).

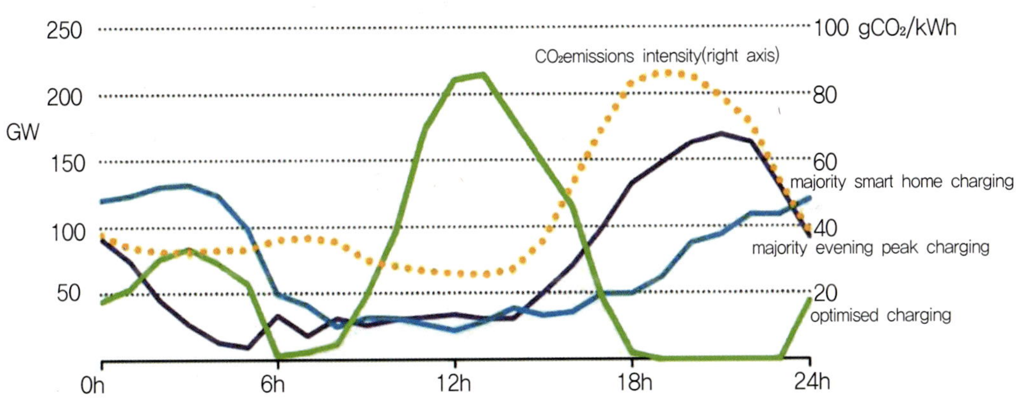

그림 18 | 전기자동차 충전 패턴에 따른 CO_2 배출량의 변화

가정에서의 스마트 충전이 널리 보급되면 최대 전력 수요의 집중을 줄이고, 전체 CO_2 배출량도 줄일 수 있게 된다. 또한 낮에 태양광 발전량이 가장 높은 작업장 또는 공동 충전 장소에서 충전하는 차량의 비율이 증가하면 CO_2 배출량을 더욱 줄일 수 있게 된다. 주간에 작업장 충전과 야간 주택 충전을 결합한 방식을 적용하여 CO_2 배출량을 약 절반

으로 줄일 수 있을 것으로 예상하고 있다. 또한 전기자동차를 전력 피크 타임 동안 그리드 또는 건물에 전기 및 기타 서비스를 공급하는 데도 사용할 수 있다. 이를 위하여 적합한 규제 체계와 인센티브를 도입하면 전기자동차의 대규모 도입으로 인한 CO_2 배출량을 줄일 수 있게 된다.

전기자동차의 보급을 위해서 해결해야 하는 과제는 전기차 충전 인프라에 대한 우려뿐만 아니라, 소비자는 더 크고 무거운 자동차를 원하는 추세(그림 19)에 있다는 점이다.

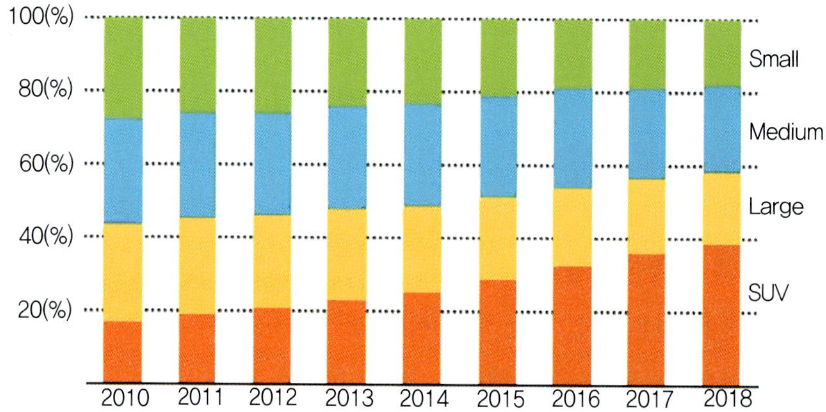

그림 19 | 2010~2018년간 전 세계 자동차 크기의 변화

전기자동차의 보급을 위한 보조금의 지급과 전력 생산의 증가로 인한 CO_2 배출의 증가는 해결애야 할 과제이다. 전기자동차가 내연기관 자동차를 대체하기 위해서는 높은 유가와 저렴한 배터리 가격의 조합이 필요하다. 따라서 전기자동차 보급에 의하여 기후변화 문제를 해결하기 위해서는 탄소세를 높이는 것과 같은 정책의 병행이 필요하다.

(4) 연료전지 자동차

연료전지 자동차(또는 수소 자동차)는 내연기관 자동차에 비하여 배출가스가 없는 자동차이지만, 연료 보급을 위한 인프라 구축 등 앞으로의 과제가 많은 자동차이다. 연료전지 자동차는 연료전지에서 수소와 산소의 화학 반응에 의해 생성된 전기에너지를 사용하여 모터를 구동하여 주행하는 방식이다.

그림 20 | 현대 수소연료 전지차

연료전지 자동차의 장점으로는 배출가스가 없는 점, 내연기관에 비하여 에너지 효율이 약 2배로 높고 저출력 영역에서도 고효율을 유지할 수 있는 점, 천연가스 및 에탄올 등 석유 이외의 다양한 연료를 사용할 수 있기 때문에 향후 석유 고갈 문제에도 대처할 수 있는 점 등이 있다. 또한 태양광, 풍력 및 바이오매스 등 재생 에너지를 이용하여 수소를 생산할 수 있고, 연료전지는 전기 화학 반응에 의해 발전하기 때문에 소음이 매우 적고, 단시간의 연료 충전이 가능하고 1회 충전에 의한 주행거리도 전기자동차에 비하여 길다는 점 등의 장점이 있다.

연료전지 자동차는 수소 충전소에서 직접 수소를 충전하는 방식과 수소 이외의 연료를 차량 내에서 개질(Reforming)하여 수소를 생산하는 방식이 있고, 에너지 효율, CO_2 저감 등으로 비교하면 직접 충전하는 방식이 더 효율적이다.

수소 충전소에서 효율적으로 수소를 저장하려면 기체를 액체로 압축하거나 액체 형태로 냉각시켜 가스에서 액체로 변환해야 하고, 이 과정에서 에너지가 필요하게 된다. 수소의 저장은 수소(기체)를 고압(예 350기압)으로 차량용 고압 탱크에 저장하여 사용하는 방식, 수소 흡장 합금에 수소(기체)를 흡장한 후 저장하고, 자동차에서 온도를 올려 수소를 꺼내 쓰는 방식 그리고 액체 수소 탱크 수소를 극저온(-253℃)으로 단열 탱크에 저장하여 사용하는 방식이 있다.

연료전지 전용의 방식은 시스템을 간단하게 하기 위해서 연료전지만으로 에너지 공급을 하는 방식이다.

수소를 생산하기 위한 가장 저렴하고 쉬운 방법은 메탄을 개질하는 것이지만, 이 과정에서 CO_2가 배출된다. 메탄올과 휘발유를 개질할 경우에는 각각 250℃ 및 800℃ 정도의 고온이 필요하다. 수소를 제조하는 훨씬 더 청정한 방법은 물을 전기분해하여 수소와 산소를 얻는 것이지만, 물 분자를 쪼개려면 많은 양의 에너지가 필요하기 때문에 재생에너지로 만든 전기를 사용하는 것이 필요하다. 많은 양의 수소를 전기분해로 만들기 위해서는 전용 공장이 필요하고 이로부터 수소의 운송이 필요하게 된다.

전체 수소 연료 공정은 본질적으로 비용이 많이 들고 비효율적이다. 효과적인 수소 경제를 위해서는 재생에너지 전기를 사용하여 물을 수소로 전기분해하고, 확산이 빠른 수소를 장거리 운송을 하고, 자동차 연료 탱크에 고압으로 압축하여 저장할 수 있는 인프라 설비가 필요하다. 연료전지에서 수소를 다시 전기로 변환하여 전기 모터를 구동하는 과정에서 전기 분해, 운송, 압축 및 연료전지 변환의 전체 프로세스는 모터를 구동하기 위해 원래 전력의 약 20~25%만 사용하게 된다. 플러그인 하이브리드에서는 전기 전송, 내장 배터리를 충전하고 배터리를 방전하는 과정에서 모터를 구동하기 위해 원래 전기의 75~80%를 이용할 수 있다. 플러그인 하이브리드 자동차는 수소 연료전지 자동차보다 3~4배 더 효율적이라고 할 수 있다.

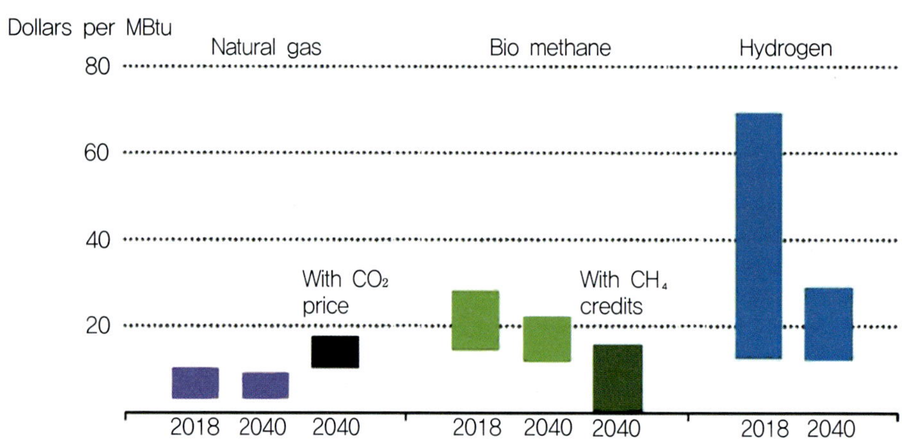

그림 21 | 2018년 및 2040년 수소 공급 비용의 전망

추가로 고려해야 할 사항은 안전으로, 수소는 무색, 무취, 높은 가연성으로 인하여 저장과 사용 과정에서 안전성의 향상이 매우 중요하다.

세계의 많은 대형 자동차 제조사가 향후 수년 내에 수소 연료전지 자동차를 출시할 계획이지만, 연간 수십만 대 이상의 차량을 생산하는 것은 어려울 것으로 예상이 된다. 그러나 장기적으로는 수소 자동차를 사용해야 하기 때문에 수소 연료전지 자동차의 기술

개발은 중요하다.

[2] 친환경자동차 기술 전망

자동차 대국이라 불리던 미국 빅 3업체들의 경쟁력이 약화되면서 생존을 위해 들고 나온 전략이 소형차와 플러그인 하이브리드 전기자동차이다. 단일국 자동차 수요로는 이미 세계 1위에 올라선 중국도 자국 자동차산업의 도약을 위해 배터리 베이스의 전기자동차를 집중 지원하고 있다.

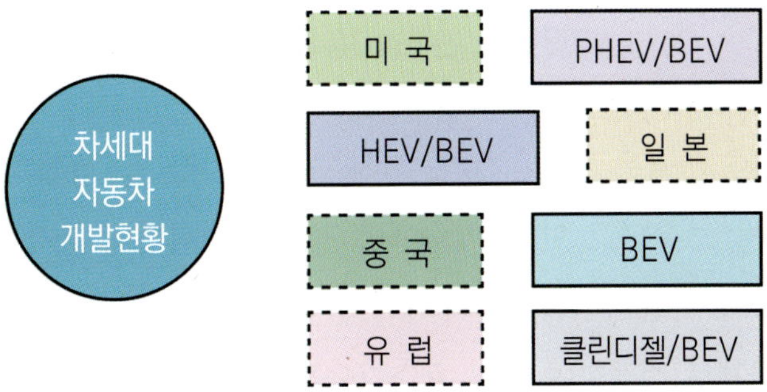

그림 22 | 세계 각국의 차세대자동차 집중 개발 현황

일본의 경우 하이브리드 전기자동차 상용화 10년에 따른 기술축적 노하우, 압도적인 하이브리드 전기자동차 점유율 등을 고려해 볼 때 가장 선도적인 지위를 보유하고 있는 것으로 평가받고 있지만, 시장의 상황은 어떤 에너지원의 자동차가 표준이 될지, 언제 시장이 폭발적으로 성장할지 아직 미지수여서 차세대 자동차 타입별 기술개발과 시장별 대응에 소홀할 수 없는 환경이다.

그러나 최근 환경오염(대기오염), 에너지 절약 대책의 일환으로 전기자동차 개발, 성능 향상, 보급추진의 중요성이 증대되고 있다. 이 중 2003년부터 미국의 캘리포니아 주에서는 대기보전법이 발효되어 무공해 자동차(ZEV : Zero Emission Vehicle)의 일정 비율 판매를 의무화하고 있다.

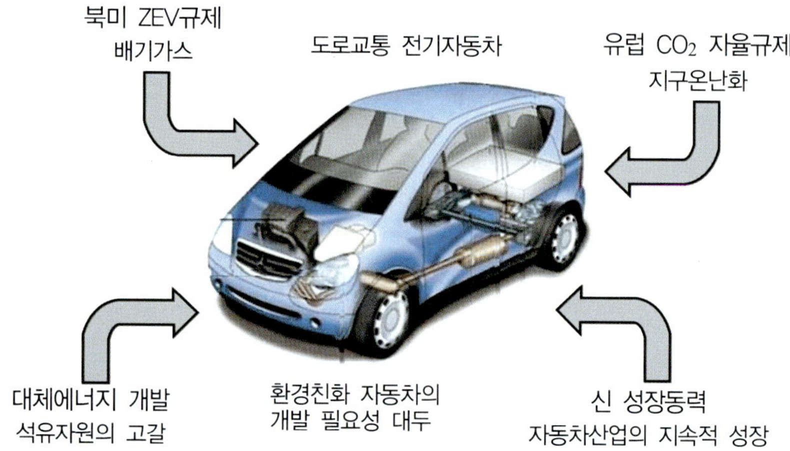

그림 23 | 친환경자동차의 필요성

한편, 전기자동차 기술은 전지, 전기, 전자, 재료, 차량 등 복합기술로 지금까지는 선진 각국이 기술을 보유하고 있고, 기술개발 경쟁이 심화됨에 따라 주요 기술의 이전 기피 등 기술정보의 차단의 벽은 높아지고 있다. 이에 우리나라 정부는 전기자동차 기술개발을 핵심과제로 선정하여 핵심 요소기술을 집중 개발하고 있으며, IT 및 전기·전자산업과 융합한 커넥티드 카가 자동차산업의 신성장 동력으로 부상하고 있다. 이 분야에서 주도권을 잡기 위한 자동차 업체들의 경쟁도 더욱 가속화될 전망이다. 커넥티드 카(Connected Car)란 통신 수단으로 무선랜(WLAN), 엘티이(LTE) 이동통신 등이 사용된다.

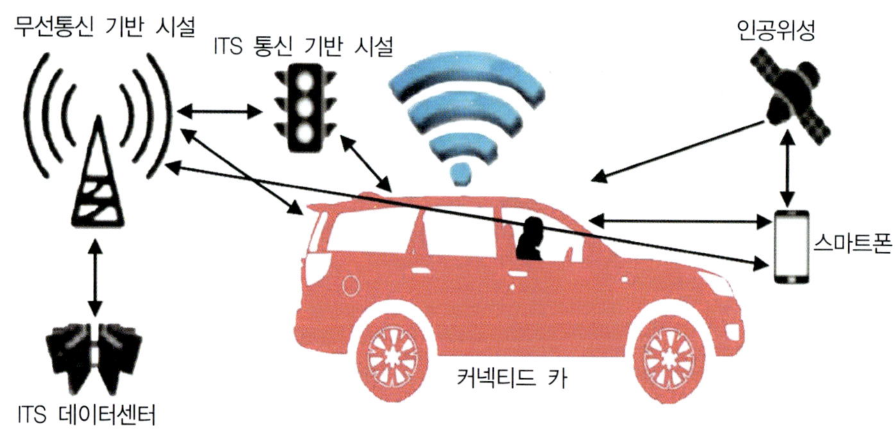

그림 24 | 커넥티드카 서비스 개념도

커넥티드 카는 다른 차량이나 교통 및 통신 인프라, 보행자 단말 등과 실시간으로 통신하며 운전자의 편의와 교통안전을 돕고 인터넷의 다양한 서비스를 제공한다.

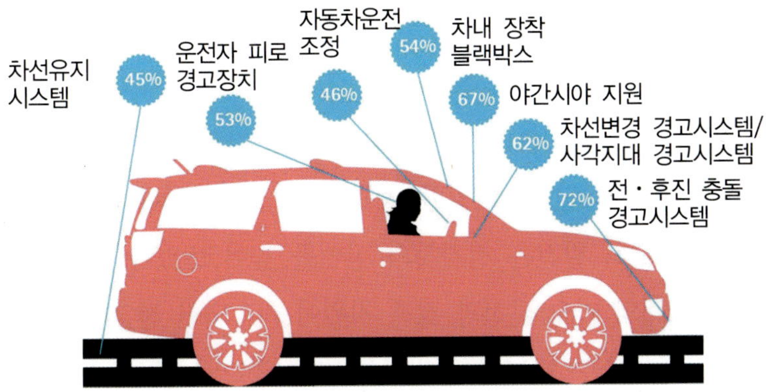

그림 25 | 커넥티드 카

커넥티드 카에는 임베디드(Embedded) 방식과 미러링(Mirroring) 방식이 있다. 전자는 스마트폰을 통하여 통신망(5G, LTE 등)으로 차량 안에 탑재된 모뎀을 연결하는 방식으로, 원격조종이 가능하다는 장점이 있어 외부 네트워크와의 연결성에 기반한 커넥티드 카에 대한 운전자들의 관심과 수요가 크게 늘고 있다.

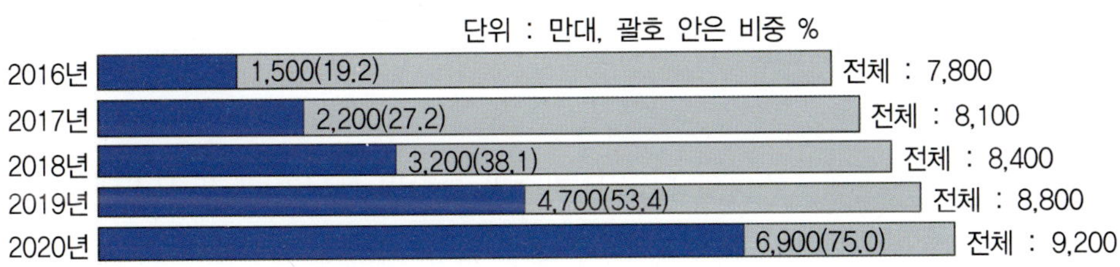

그림 26 | 전 세계 커넥티드 카 생산량

[3] 전기차 시장의 성장

① 전 세계적인 판매 증가 : 전기차 시장은 2023년 동기 대비 2024년 첫 분기에 전기차 판매는 25% 증가했다. 이는 전기차의 수요가 지속적으로 증가하고 있음을 보여준다.

② 지역별 동향 : 미국, 중국, 유럽은 전기차 시장의 주요 시장으로 자리 잡고 있다. 중국에서는 전기차 판매가 급증하고 있으며, 총 판매의 거의 절반을 차지하고 있어 거의 모든 두 번째 차량이 전기차로 판매되고 있다. 유럽에서는 4분의 1 이상, 미국은 약 9분의 1이 전기차로 판매되고 있다. 이러한 지역별 차이는 각 지역의 정책, 경제적 동기, 인프라 발전 수준에 기인하고 있다.

③ 정책 및 기술 : 각 국가에서 전기차 판매를 촉진하기 위하여 구매 보조금, 세제 혜택, 충전 인프라 지원 등 다양한 정책을 시행하고 있다. 또한 배터리 비용의 감소와 충전 기술의 발전은 전기차의 판매를 높이고 있다.

④ 장기 전망 : 현재의 기술 발전과 정책 지원이 지속되면 전 세계적으로 판매되는 차량의 절반 이상이 2035년까지 전기차가 될 것으로 예상된다. 이러한 성장은 전기차 기술의 진화와 시장의 경쟁력 증대에 의해 주도될 것이다.

[4] 기술 촉진 요인

① 배터리 기술 혁신 : 배터리 비용은 지난 10년간 kWh당 약 ＄137로 급격히 감소했다. 이러한 비용 감소는 에너지 밀도 향상과 충전 속도 개선과 함께 전기차의 주행 가능 거리와 매력도 크게 향상시켰다.

② 자율 주행 기술 : 전기차와 함께 자율 주행 기술의 발전은 새로운 소비자 경험을 제공하고 차량 운영 효율성을 높이고 있다. 이는 전기차를 더욱 매력적인 선택으로 만든다.

③ 에너지 관리 시스템 : 스마트 그리드 기술과 통합된 에너지 관리 시스템 전기차가 에너지 저장 장치로 기능하도록 하여 재생 가능 에너지 활용을 극대화한다. 이는 전체 에너지 시스템의 효율성을 높이는 역할을 한다.

④ 재활용 및 지속 가능한 제조 프로세스 : 전기차 배터리의 재활용 기술은 환경 영향을 최소화하고 원자재 수요를 관리하는데 도움을 준다. 지속 가능한 배터리 제조 방식은 전기차 산업의 장기적 성장 가능성을 높인다.

05 친환경자동차의 종류

[친환경자동차의 구분]

구분	비고
하이브리드 자동차(HEV)	내연기관과 전기 모터 두 종류의 동력을 조합·구동하여 기존 내연기관 자동차보다 고연비·고효율 실현
플러그인 HEV(PHEV)	가정용 전기 배터리에 충전해서 쓸 수 있는 하이브리드 자동차
전기자동차(EV)	배터리와 전기 모터의 동력만으로 구동하는 자동차
연료전지 자동차(FCEV)	수소탱크를 통해 수소와 산소를 반응시켜 전기를 생성하는 연료전지가 내연기관을 대체한 자동차
클린디젤차	일반 디젤차보다 배출가스를 현저하게 줄이면서도 동급 가솔린차 대비 20~30% 효율이 높은 초고효율 디젤시스템 장착

	전기자동차(EV)	하이브리드 자동차(HEV)	플러그인 하이브리드 (PHEV)	수소연료전지 자동차 (FCEV)
동력발생 장치	모터	엔진+모터	모터, 엔진(방전시)	모터
에너지 (연료)	전기	화석연료, 전기	전기, 화석연료(방전시)	전기 (수소로 생성)
구동형태	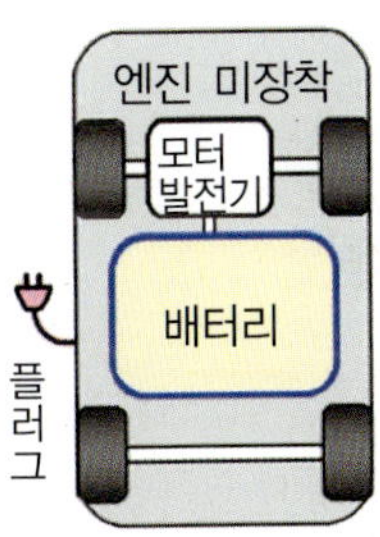	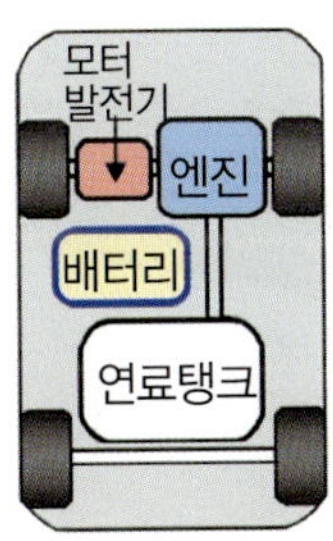	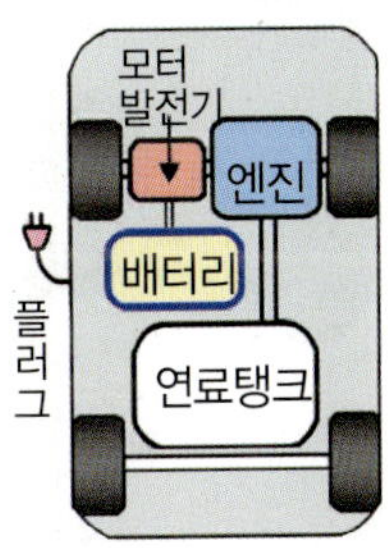	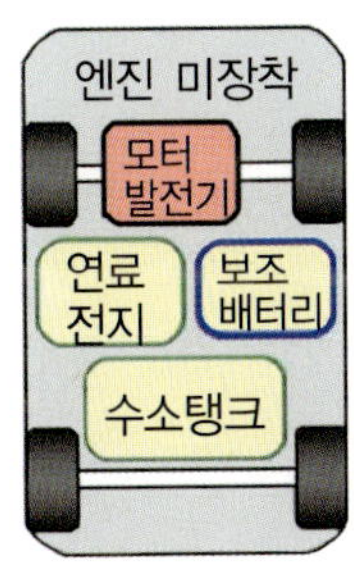
특징	무공해 차량	내연기관/모터를 적절히 작동시켜 연비향상	단거리는 전기, 장거리는 엔진사용	무공해 차량

그림 27 | 친환경자동차의 종류

[1] 하이브리드 자동차[HEV : Hybrid Electric Vehicle]

두 가지 이상의 구동계를 사용하도록 만들어진 자동차로 보통은 전기 모터를 같이 쓰며, 전기자동차와는 달리 내연기관 엔진을 함께 사용한다. 대개는 석유(가솔린, 디젤)를 사용하는 엔진을 채용한다. 일반적으로 엔진과 모터의 비율에 따라서 세 종류의 하이브리드로 구분된다. 보통은 연비를 높이기 위해 이러한 형태를 취한다. 그러나 기술적인 문제로 기계식 동력 계통을 사용하기 어려울 때 하이브리드 기관을 사용하기도 한다. 하이브리드 자동차로 불리기 위한 필수 조건은 배터리와 전기 모터를 갖추고 있어야 한다는 것이며, 배터리와 전기 모터만으로 구동되는 차는 순수한 전기차이지만, 거기에 기존 방식의 내연기관을 함께 갖추고 있기 때문에 순수하지 못한 전기차 또는 순수하지 못한 내연기관 자동차라 하여 하이브리드 자동차라 하는 것이다.

하이브리드 자동차는 엔진의 여유 구동력을 이용하여 배터리를 충전할 수 있으며, 내연기관과 전기 모터를 최적으로 조합 제어하여 자동차를 운행함으로써 기존의 내연기관 자동차에 비하여 고연비, 고효율의 자동차로서 유해 배출가스를 감소시킬 수 있는 친환경자동차이다.

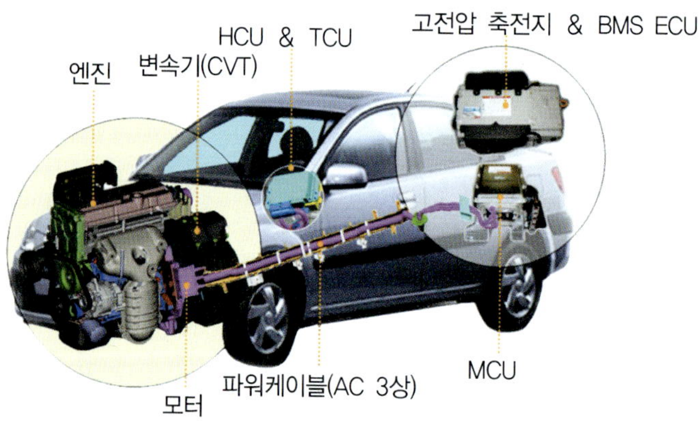

그림 28 | 하이브리드 자동차

(1) 엔진·모터의 결합 방식에 따른 분류

① 직렬형 하이브리드 자동차(SHEV : Series Hybrid Electronic Vehicle)

동력 계통은 기관 → 발전기 → 축전지 → 모터 → 변속기 → 구동바퀴의 직렬적 구성이다.

㉠ 엔진과 구동바퀴 사이에 동력전달 계통을 생략할 수 있으므로 기관의 배치가 용이하다.

㉡ 엔진은 바퀴의 구동에 관여하지 않아 항상 최적의 상태로 엔진을 구동한다.

㉢ 엔진은 충전 이외의 작동 비중이 줄어 배기가스 저감에 유리하다.

㉣ 내연기관 자동차와는 달리 공회전이 필요 없고 엔진, 모터를 별도로 제어할 수 있으므로 제어 논리가 간단하다.

㉤ 전체 장치의 에너지 효율이 병렬형에 비해 낮고, 동력전달 장치의 구조가 크게 바뀌므로 기존 자동차에 적용하기는 어렵다.

㉥ 바퀴의 구동을 전적으로 모터에 의존하므로 주행 성능을 모두 만족시킬 수 있는 고성능의 모터가 필요하다.

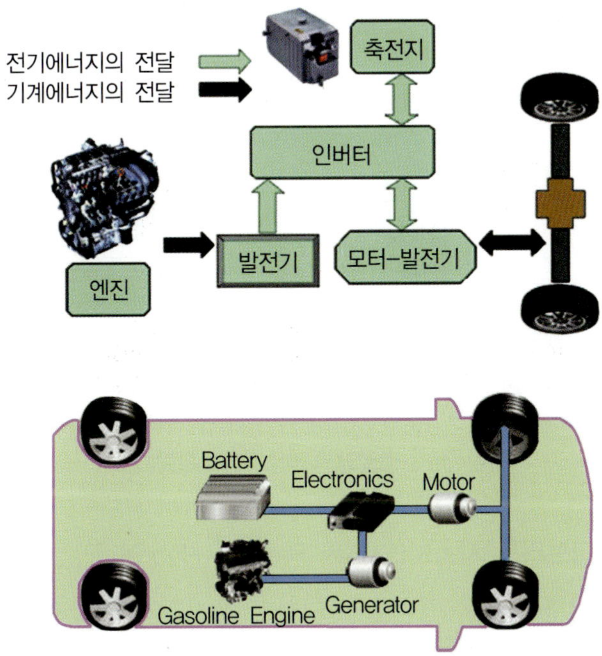

그림 29 | 직렬형 하이브리드 자동차

② 병렬형 하이브리드 자동차(PHEV : Parallel Hybrid Electronic Vehicle)

동력 계통은 축전지 → 모터 → 변속기 → 바퀴로 이어지는 전기적 구성과 엔진 → 변속기 → 바퀴의 구성이 변속기를 중심으로 병렬로 연결된다.

㉠ 주행 상황에 따라 최적의 성능과 효율을 발휘하도록 동력을 엔진과 모터에 분배하여 얻을 수 있다.

㉡ 엔진의 여유 동력으로 모터를 구동시켜 축전지를 충전한다.

㉢ 엔진과 모터의 구동력을 합한 큰 동력성능이 필요할 때는 모터를 가동시킨다.

㉣ 기존 자동차의 구조를 개조할 수 있으므로 제조 비용면에서 직렬형에 비해 유리하다.

㉤ 동력전달 장치의 구조 및 제어가 복잡하다.

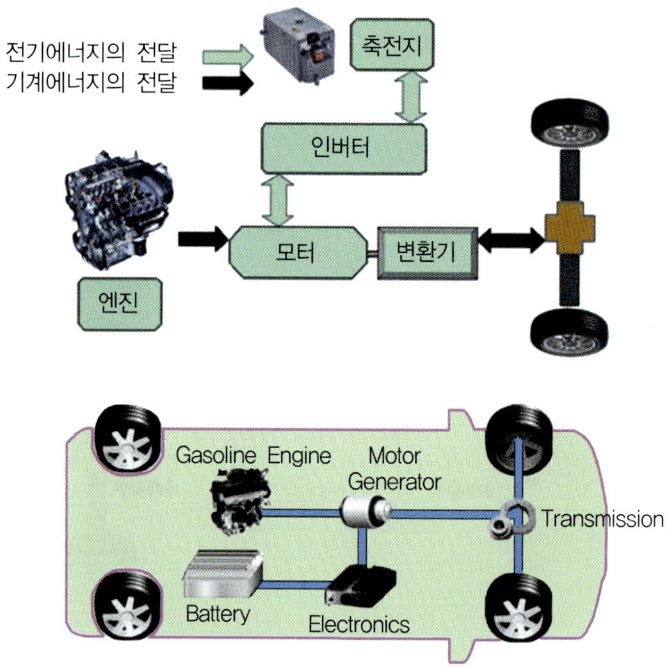

그림 30 | 병렬형 하이브리드 자동차

③ 직·병렬형 하이브리드 자동차(Series Parallel Hybrid Electronic Vehicle)

㉠ 직렬형과 병렬형의 양쪽 장치를 설치하고 운전조건에 따라 최적의 운전모드를 선택하여 구동하는 형식이다.

㉡ 공회전이나 저속부하 영역에서는 엔진의 열효율이 높기 때문에 모터로는 운행을 하고, 엔진은 발전기 구동에 사용한다.

㉢ 한편 고속부하 영역에서는 병렬형이 엔진의 열효율이 높기 때문에 직렬형에서 병렬형으로 변환시켜 모든 운전영역에서 높은 열효율과 유해 배출가스를 감소시킬 수 있다.

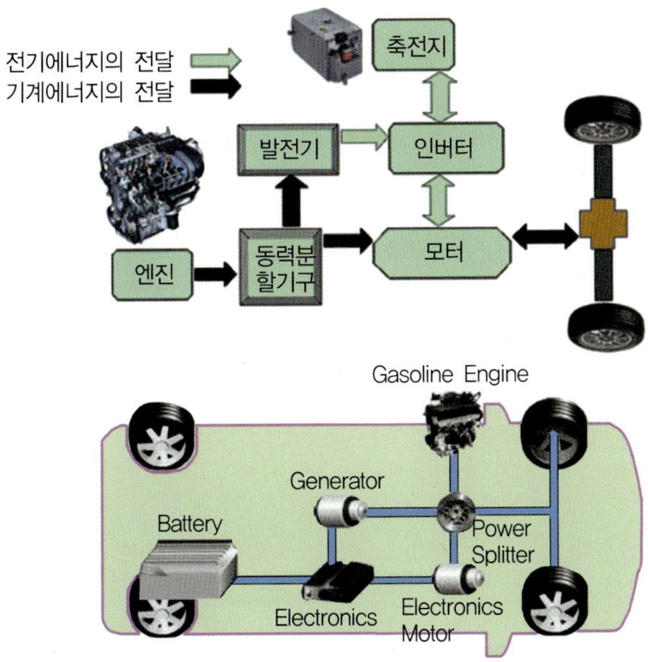

그림 31 | 직·병렬형 하이브리드 자동차

(2) 엔진·모터의 구동 방식에 따른 분류

① 소프트형 하이브리드 자동차

㉠ 소프트 형식(Soft Type)은 엔진과 변속기 사이에 배치한 형식으로 모터가 플라이휠에 설치되어 있어 FMED(Flywheel Mounted Electric Device)라 한다. 출발할 때에는 엔진과 모터를 동시에 구동하여 주행을 하고, 부하가 적은 평탄한 도로에서는 엔진의 동력만을 이용하여 주행한다.

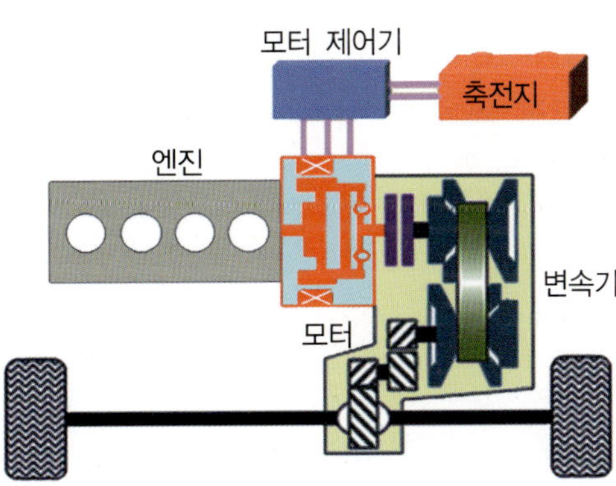

그림 32 | 소프트형 하이브리드 자동차

② 하드형 하이브리드 자동차

㉠ 하드 형식(Hard Type)은 모터가 변속기에 설치된 TMED(Transmission Mounted Electric Device)이며, 엔진과 모터 사이에 전자 클러치를 설치하여 제어한다.

㉡ 출발 및 저속주행에서는 모터만을 사용하고, 부하가 적은 평탄한 도로에서는 엔진을 동력으로 이용한다.

㉢ 가속 및 등판주행 등과 같이 큰 출력이 요구되는 주행에서는 엔진과 모터를 동시에 이용하여 주행한다.

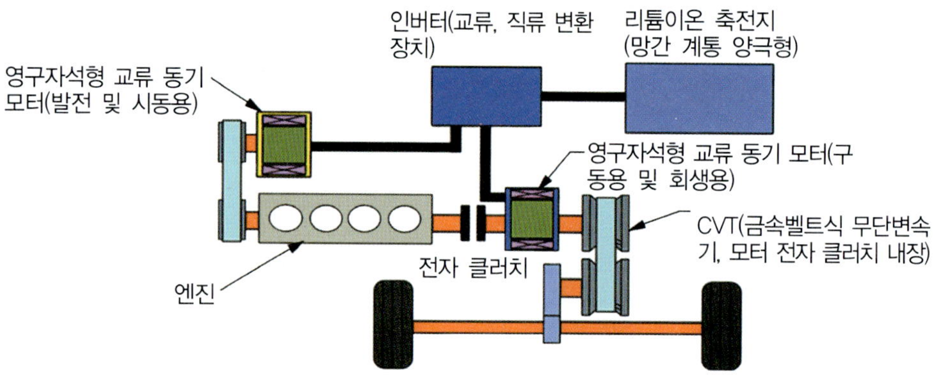

그림 33 | 하드형 하이브리드 자동차

③ 플러그인 하이브리드 자동차

㉠ 플러그인(Plug In) 형식의 구조는 하드 형식과 같거나 소프트 형식을 사용할 수 있으며, 가정용 전기 등 외부 전원을 이용하여 축전지를 충전시킬 수 있어 하이브리드 자동차 대비 전기자동차의 주행능력을 확대하는 목적으로 이용한다.

㉡ 하이브리드 자동차와 전기자동차의 중간단계라 할 수 있다.

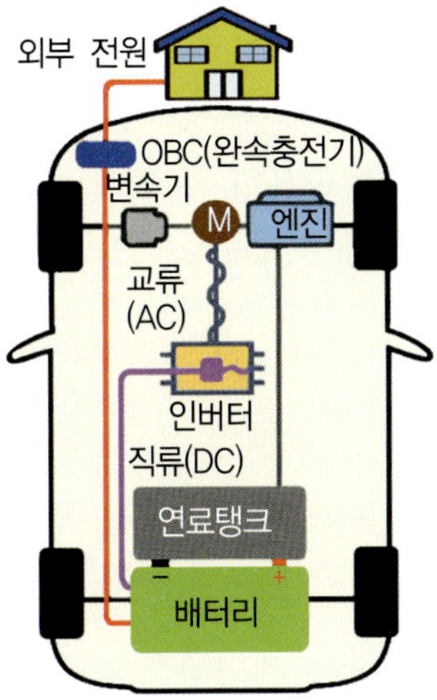

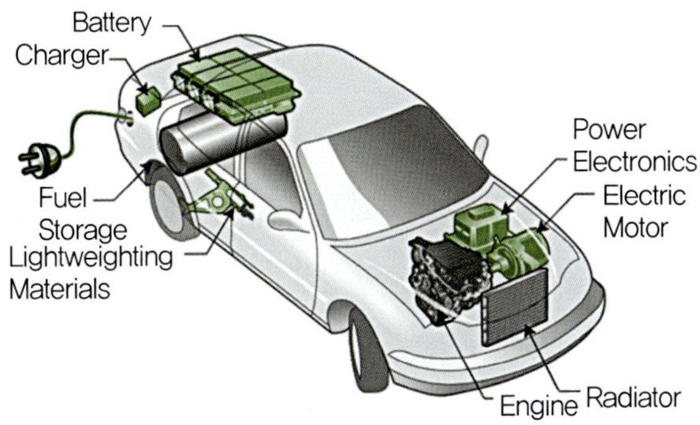

그림 34 | 플러그인 하이브리드 자동차

[2] 전기자동차[EV : Electric Vehicle]

전기자동차는 자동차의 구동에너지를 내연기관이 아닌 전기에너지로부터 얻는 자동차를 말하며, 외부의 전원을 이용하여 고전압 배터리에 충전된 배터리 전원으로 전기 모터를 구동한다. 또한 자동차의 제동 토크를 이용하여 회생제동이 가능함으로써 유해 배출가스와 환경오염이 없는 친환경자동차이다.

그림 35 | 전기자동차

[3] 수소 연료전지 자동차[FCEV : Fuel Cell Electric Vehicle]

수소 연료전지 자동차 혹은 수소전기차는 수소 자동차의 일종으로 스택이라는 연료전지에서 수소와 산소가 서로 화학 반응을 일으키면서 전기를 발생시키는 원리로 작동된다.

연료전지를 사용해 전기 모터로 자동차가 구동되며, 수소충전소에서 몇 분 만에 수소를 재충전해 사용한다. 기존의 가솔린 차량하고 큰 차이가 없는데, 배기가스가 전혀 없으며, 마실 수 있는 깨끗한 물만 나온다. 그 외에 에탄올 등 탄소를 함유한 주로 액체상의 분자를 연료전지로 사용하는 자동차도 있는데, 기존의 주유소 인프라를 그대로 사용할 수 있는 장점이 있다.

FCEV의 대표격인 수소전기차는 유럽, 미국, 일본, 중국, 한국 등에서 트럭, 승용차, 버스로 출시되어 보급 및 실증이 진행되고 있으며, 수소전기차를 판매하고 있는 기업은 약 20여개로 미국, 유럽, 일본 등의 실증기업까지 포함하면 30개 이상으로 추정된다.

승용차의 경우 한국의 현대자동차, 일본의 도요타/혼다에서 양산 중이며, 선도업체와 후발업체 간의 제휴가 활발하게 이루어지고 있으며, 현재 전 세계에서 한-일 두 나라에서만 생산되고 있다.

① 연료전지 자동차는 연료전지로부터 생산된 전기로 구동되는 일종의 전기자동차로서 모터부터 바퀴에 이르기까지 구조는 기존의 전기자동차와 거의 유사하다.

② 단위 무게당 에너지 밀도가 이차전지와 비교해 우수하며 연료(수소)의 이용효율이 36~50%로 내연기관의 20%에 비하여 매우 높고 석유계열 이외의 연료도 사용 가능하다.

③ 기존의 전기자동차와는 달리 저장된 전기를 사용하는 것이 아니라 연료를 외부에서 연속적으로 공급하여 전기를 생성시키면서 모터를 구동하는 장치이므로 연료를 공급하는 한 별도의 충전이 필요 없다.

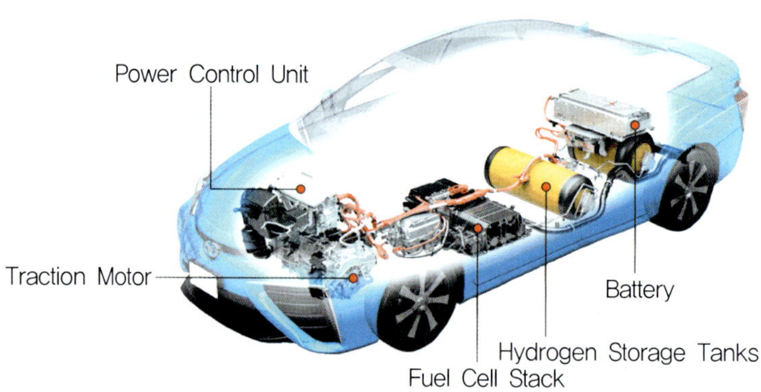

그림 36 | 수소 연료전지 자동차

[전기자동차와 연료전지 자동차의 비교]

구분	전기자동차	연료전지 자동차
구동방법	전동기	전동기
동력원	발전소 공급전력	순수수소 또는 개질수소에 의한 자체 전원
환경오염 문제	화력발전소의 유해가스 및 다량의 축전지 사용	개질과정에서 극소량 발생
공해정도	가솔린 차량보다 심각	진정한 무공해 차

(1) 연료전지의 기본원리 및 구조

① 연료전지의 기본원리는 물에 통전을 하면 수소와 산소로 분해되는 물의 전기분해의 역 원리로서, 수소와 산소를 전기화학적으로 반응시키면 물을 생성함과 동시에 전기 발생

② 수소와 산소를 계속 공급하면 연속해서 발전할 수 있으므로 발전 장치로서 이용

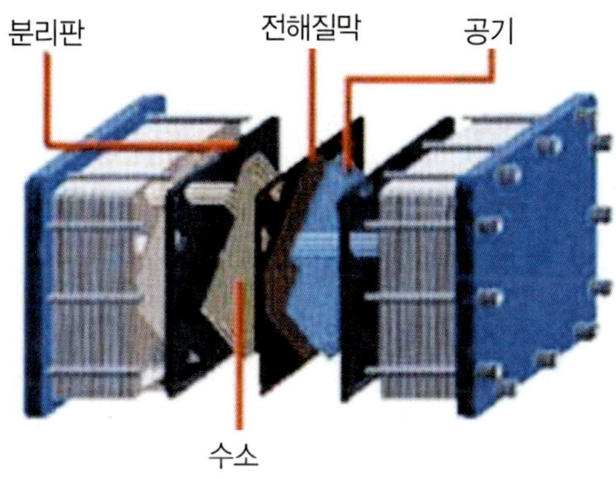

그림 37 | 연료전지의 구조

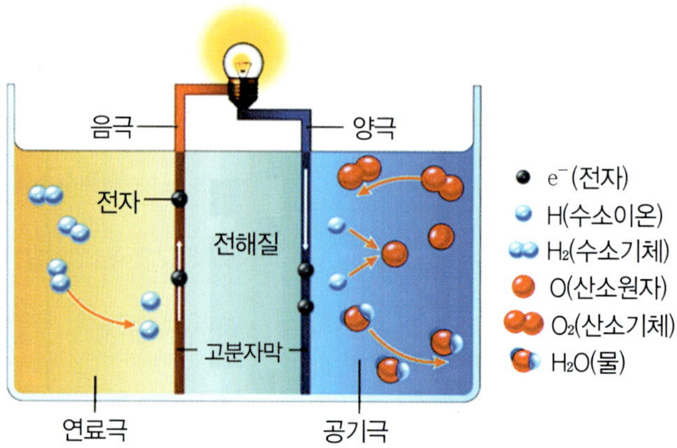

연료극(anode) 반응 : $H_2 \rightarrow 2H^+ + 2e^-$

공기극(cathode) 반응 : $\frac{1}{2}O_2 + 2H^+ + 2e^- \rightarrow H_2O$

전체반응 : $H_2 + \frac{1}{2}O_2 \rightarrow H_2O + \text{전류} + \text{열}$

그림 38 | 연료전지의 기본원리

(2) 연료전지 자동차의 작동경로

① 연료 탱크에 저장되어 있는 수소를 연료전지 스택에 공급

② 유입되는 공기를 연료전지 스택에 공급

③ 연료전지 스택에서 공기와 수소가 반응하여 전기와 물을 생성

④ 생산된 전기가 모터와 축전지에 공급

⑤ 마지막에 순수한 물(H_2O) 성분 배출

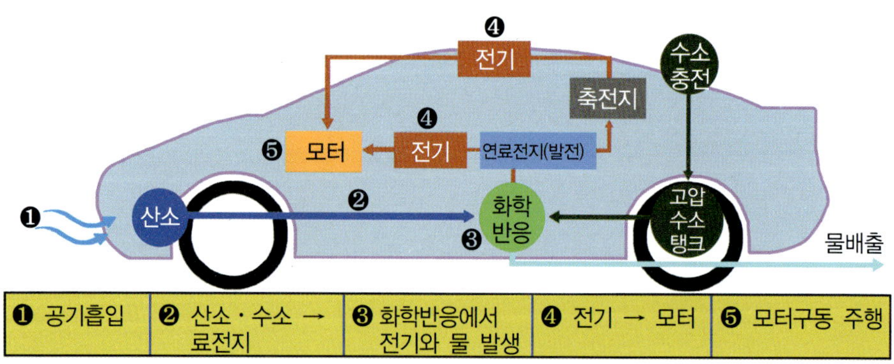

그림 39 | 연료전지 자동차의 작동경로

[HEV · PHEV · EV의 주요부 용량 비교]

구분	HEV	PHEV		EV
		Toyota 방식	Chevy Volt 방식	
개요	• 외부 전원을 이용한 충전장치 없음 • 엔진 · 모터로 구동 • 배터리는 엔진 구동 중 충전함	• 외부 전원 충전 • 단거리 : 모터 주행 • 장거리 : 엔진 · 모터 주행	• 외부 전원 충전 • 단거리 : 모터 주행 • 장거리 : 엔진 · 모터로 주행	• 외부 전원 충전 • 배터리와 모터로 주행함
배터리 용량	저용량(~5kWh)	중용량(5~20kWh 정도)		고용량 (20kWh 이상)
모터구동 주행거리	~15km	15~60km		80~300km
특징	내연기관의 역할이 크다	HEV와 EV 중간 정도		배터리와 모터의 역할이 크다

[전기자동차 1회 충전 주행거리]

차종	1회 충전 시 주행가능 거리	모터 최대 토크	모터 최고 출력	배터리 사양	배터리 장단점
테슬라X	468km	33.7kg · m (330.7Nm)	262마력 (195.3kW)	100kWh 원통형 리튬이온 폴리머 배터리 	장점 : 기술검증 완료, 수급 안정 단점 : 충전 횟수 적고 무겁다.
코나EV	406km	40.3kg · m (395Nm)	204마력 (150kW)	64kWh 파우치형 리튬이온 배터리 	장점 : 크기당 밀고 높고 설계 디자인 유리 단점 : 외부 충격에 약하다.
쏘울 부스디 EV	386km	40.3kg · m (395Nm)	204마력 (150kW)	64kWh 파우치형 리튬이온 폴리머 배터리 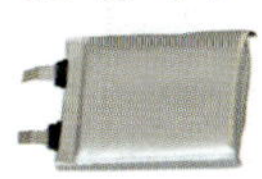	장점 : 경량, 높은 에너지 밀도, 유연한 설계, 고온에서 양호한 성능 단점 : 고비용, 안전성, 수명 단축
볼트 EV	383km	36.7kg · m (359.9Nm)	204마력 (150kW)	60kWh 파우치형 리튬이온 폴리머 배터리 	

2 전기자동차의 구성

01 전기자동차 구동 장치(PE : Power Electric)

① 전기자동차의 구동 장치는 클러치와 변속기가 없으므로 매우 간단하고 알기 쉽게 되어 있다.

② 가장 간단한 것이 모터의 회전을 그대로 전달하는 방법으로 인 휠(In Wheel) 모터 방식이다. 전기자동차만의 특징을 가장 잘 살린 구동 장치라고 할 수 있다.

③ 현재 전기자동차 대부분에서 적용하고 있는 것이 내연기관 자동차와 같은 구동 장치의 배치이다.

④ 현재 3세대 구동 장치는 효율성 향상 및 출력 밀도가 향상되었다.

⑤ 전기자동차 구동 장치 사용전압은 400~800V로 충전시간 단축 및 모터 출력 향상은 되었지만 절연 장치에 문제점이 있다.

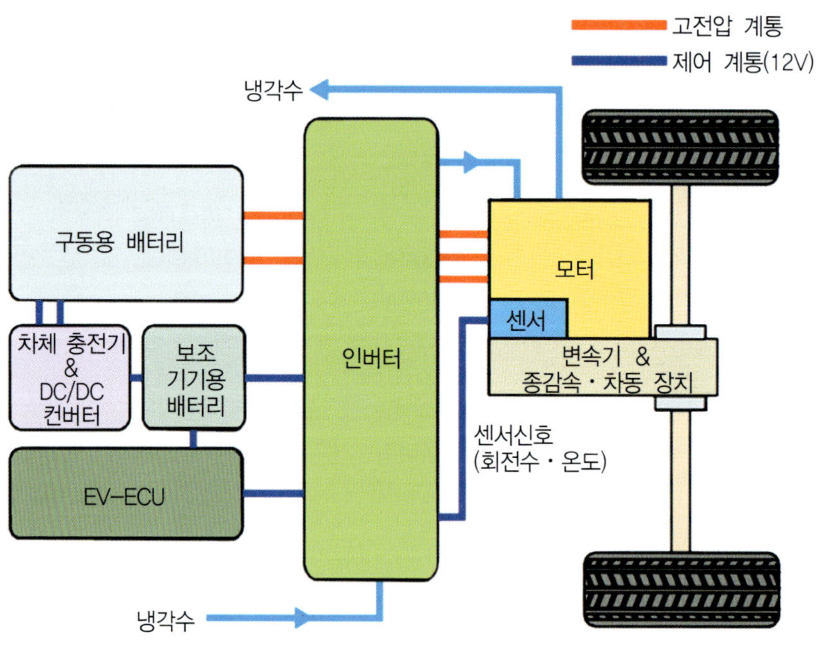

그림 40 | 인휠 모터 아우터 로터식의 구조

02 전기자동차의 구조 및 주행기능

[1] 구조

① 전기자동차는 내연기관의 엔진과 변속기, 연료탱크 등의 주요 구동계의 역할을 모터와 감속기, 배터리가 담당하게 된다.

② 전기자동차는 주로 축전지의 전원을 이용하여 전기 모터로부터 동력을 얻어 차량을 구동한다.

③ 감속할 때는 모터를 발전기(회생제동기능)로 사용하여 운동에너지를 전기에너지로 변환시켜 축전지를 충전한다.

④ 전기자동차의 주요 부품은 축전지, 축전지 관리 시스템(BMS : Battery Management System), 전기 모터, 인버터 및 컨버터, 회생제동 장치 등으로 구성되어 있다.

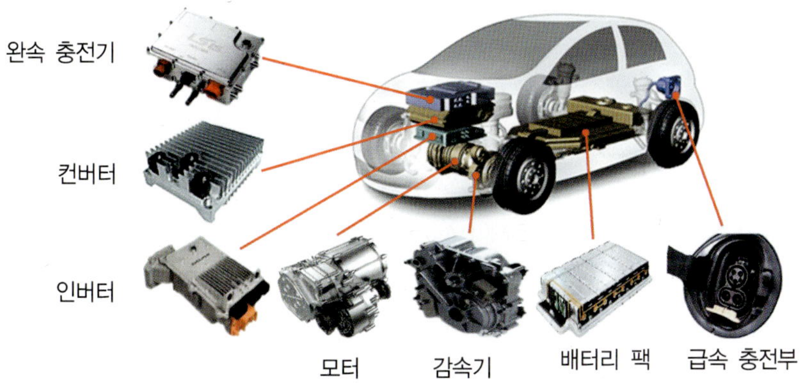

그림 41 | 전기자동차의 기본 구조

[내연기관 · HEV/PHEV · EV 구성 부품 비교]

구분	내연기관 차량	HEV/PHEV	EV
구동계	Engine/TM 	Engine/Motor 	Motor 

구분	내연기관 차량	HEV/PHEV	EV
에너지계	연료탱크 	배터리  DC/DC 컨버터  OBC 	BMS 
현가/조향/제동계	엔진을 이용하여 유압 발생 또는 전기 모터 사용	EHPS  SBW 	EPS  EMBrake 
공조(A/C)계	엔진을 이용 구동	전동 	Compressor Air Blower 

- BMS : Battery Management Systems
- OBC : On Board Charger
- EHPS : Electric Hydrauric Power Steering(유압전동식 조향 장치)
- EPS : Electric Power Steering(전자제어 조향 장치)
- SBW : Steering By Wire(와이어링 제어 조향기구)
- EMBrake : Electric Motor Brake(전기 모터 브레이크)

3 전기자동차의 주행모드

주행기능은 출발 또는 가속 시 전기에너지를 이용하여 구동 모터에서 구동력을 발생하여 바퀴에 전달하는 기능이다.

그림 42 | 주행기능

전기차는 출발 및 가속, 감속, 완속충전, 급속충전의 4가지 주행모드로 전기에너지를 효율적으로 이용하고, 친환경적인 모빌리티를 제공하고 있다.

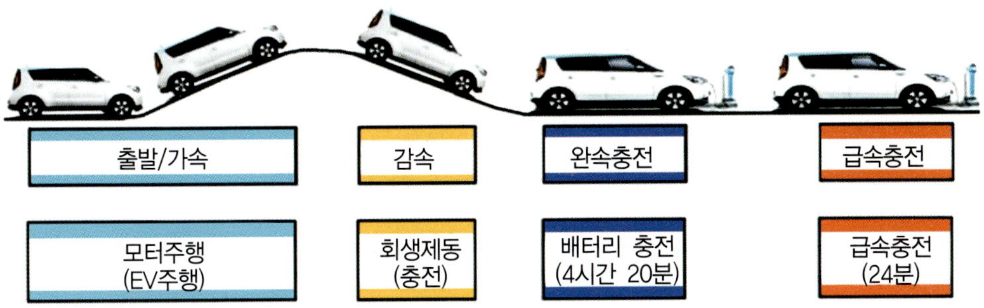

그림 43 | 전기자동차 주행 패턴

01 출발 · 가속

시동키를 ON 후 운전자가 가속 페달을 밟으면 전기자동차는 고전압 배터리 팩 어셈블리에 저장된 전기에너지를 이용하여 구동 모터가 구동력을 발생함으로써 전기에너지를 운동에너지로 바꾼 후 바퀴에 동력을 전달한다.

차속을 올리기 위해 가속 페달을 더 밟으면 모터는 더 빠르게 회전하여 차속이 높아진다. 큰 구동력을 요구하는 출발과 언덕길 주행 시 모터의 회전속도는 낮아지고 구동토크를 높여 언덕길을 주행할 때에도 변속기 없이 순수 모터의 회전력을 조절하여 주행한다.

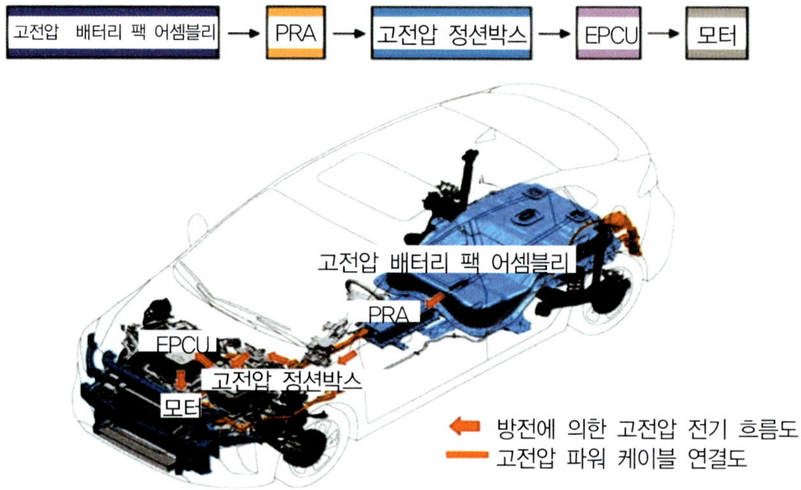

- PRA(Power Relay Assembly) : 고전압 배터리의 방전 또는 충전을 위해 전원을 공급하거나 차단하는 부품
- EPCU(Electric Power Control Unit) : 전력 제어 장치

그림 44 | 출발 가속 시 동력 흐름도

02 감속

① 차량 속도가 운전자가 요구하는 속도보다 높아 가속 페달을 작게 밟거나, 브레이크를 작동할 때 전기 모터의 구동력은 필요하지 않으므로, 이때 구동 모터는 발전기의 역할로 변환되어 차량의 주행 관성 운동에너지에 의해 구동 모터는 전류를 발생시켜 고전압 배터리에 저장한다.

② 구동 모터는 감속 시 발생하는 운동에너지를 이용하여 발생된 전류를 고전압 배터리 팩 어셈블리에 충전하는 것을 회생제동이라고 한다. 회생제동 작동은 10km/h 이상일 경우이고, 미작동은 3km/h 이하일 경우이다.

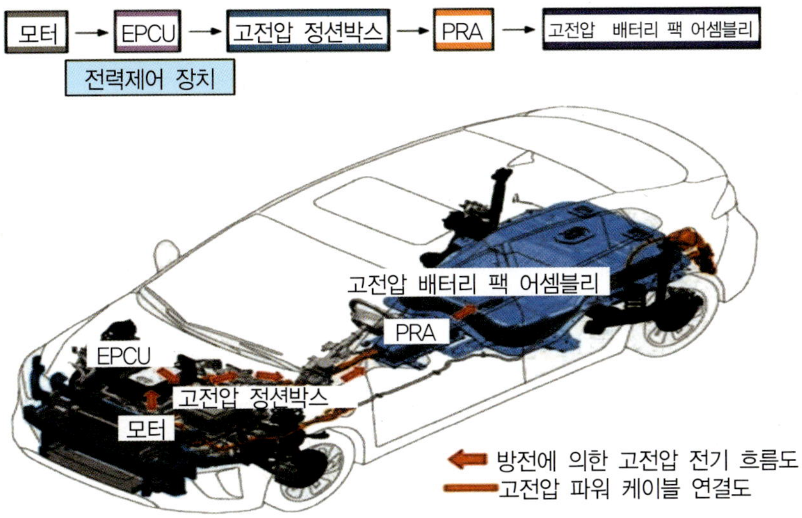

그림 45 | 감속(회생제동) 시 동력 흐름도

03 완속충전

배터리를 충전하기 위해 전기차를 가정이나 공공 220V의 충전기에 연결하여 전기를 공급하는 것을 완속충전이라 한다. 완속충전은 주로 가정이나 사무실 등에서 일상적으로 사용된다. 배터리 충전은 차량의 OBC(On-Board Charge)를 통해 충전된다. 전기차의 배터리 충전량은 연결한 충전기의 전류, 전압, 충전 속도에 따라 달라진다.

04 급속충전

급속충전은 충전 시간을 단축시키기 위해 고전압 충전기를 이용하는 충전 방법이다. 고전압 충전기는 보통 공공장소에 설치되어 있으며, 대부분 30분 내외의 짧은 시간에 배터리를 충전할 수 있다. 다만 고전압 충전기를 사용하면 배터리 수명에 영향을 줄 수 있으므로, 자주 사용하는 것은 좋지 않다.

4 전기자동차의 전원

[전기자동차 에너지 계통 구성부품]

구분	배터리	OBC	컨버터	BMS
형상				
사양	300Wh/kg (Li-ion)	3.3kW (탑재형)	3.2kW (≒300→14V)	300V/200A (-30~80℃)
요구 특성	고용량	고효율 소형 경량	고신뢰성	신뢰성, 안정성

01 전기차 전원제어(전력제어)

전기차 안에서 전기를 사용하는 부분은 크게 두 가지로 나뉘게 된다. 모터로 연결되는 구동계와 에어컨, 내비게이션 등의 전자 장치의 전원으로 나뉜다. 하지만 모터를 작동시키는 전기와 차 안의 전자장비를 작동시키는 전기는 다른 종류를 사용해야 한다.

차 안의 대부분의 전자장비는 12V의 전압으로 구동되고 지나치게 높은 전압이 들어가면 전자 장치들이 터질 수도 있다. 하지만 12V의 전압으로 자동차를 굴리는데 충분한 힘을 내지 못하므로 300V 이상의 고전압의 전기로 모터에서 동력을 발생시킨다. 전기차에서 이렇게 고전압이 사용되는 부분을 HV(High Voltage), 전자 장치를 LV(Low Voltage)로 나뉘게 된다.

전기차의 전원 제어는 고전압 배터리 파워 릴레이 어셈블리(PRA : Power Relay Assembly), 전동식 에어컨 컴프레셔, LDC(Low DC/DC Converter, 전류변화 장치), PTC 히터(Positive Temperature Coefficient Heater), 차량탑재형 완속충전기(OBC : On-Borad Battery Charger), 모터 제어기(MCU : Motor Control Unit) 및 구동 모터로 구성된다. 이러한 부품들은 모두 고전압으로 연결되어 있으며, 배터리 팩에는 고전압 배터리와 파워 릴리에 어셈블리 1, 파워 릴레이 어셈블리 2 및 고전압을 차단할 수 있는 안전 플러그가 장착되어 있다.

① 파워 릴레이 어셈블리 1(PRA : Power Relay Assembly 1)은 구동용 전원을 차단 또는 연결하는 릴레이

② 파워 릴레이 어셈블리 2는 급속 충전 시 BMU(Battery Management Unit)의 신호를 받아 고전압 배터리에 충전될 수 있도록 전원을 연결하는 기능

③ 전동식 에어컨 컴프레셔, PTC 히터(Positive Temperature Coefficient Heater), LDC(Low DC/DC Converter, 전류변화 장치), OBC(On-Borad Battery Charger, 차량탑재형 배터리 완속충전기)에 공급되는 고전압은 정션 박스를 통해 전원을 공급받는다.

④ MCU(Motor Control Unit)는 고전압 배터리에 저장된 직류를 파워 릴레이 어셈블리 1과 정션 박스를 거쳐 공급받아 전력 변환기구(IGBT : Insulated Gate Bipolar Transistor) 제어로 고전압의 3상 교류로 변환하여 구동 모터에 고전압을 공급하고 운전자의 요구에 맞게 모터를 제어한다.

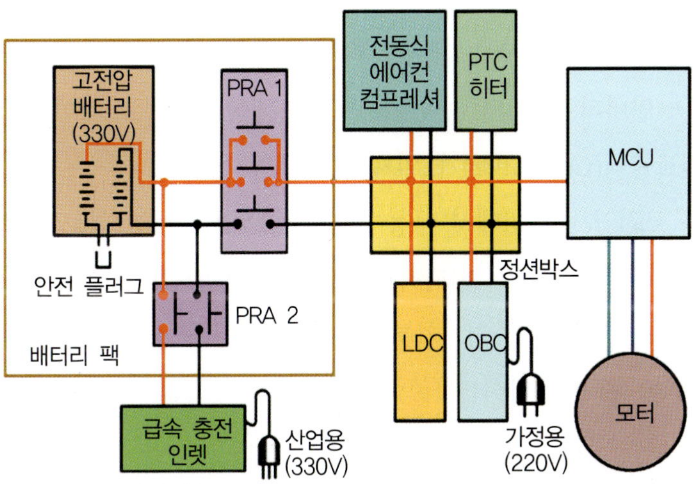

그림 46 | 고전압 흐름도

02 전력 통합제어 장치(EPCU : Electric Power Control Unit)

전력 통합 제어 장치는 대전력량의 전력 변환 시스템으로서 고전압의 직류를 전기자동차의 통합 제어기인 차량 제어 유닛(VCU : Vehicle Control Unit) 및 구동 모터에 적합한 교류로 변환하는 장치인 인버터(Inverter), 고전압 배터리 전압을 저전압의 12V DC로 변환시키는 장치인 LDC(직류변환장치) 및 외부의 교류전원을 고전압의 직류로 변환해주는 완속충전기인 OBC(On Board Battery Charger : 차량탑재형 배터리 완속충전기) 등으로 구성되어 있다. 이를 통해 전기자동차는 안정적이고 효율적인 전력 공급이 이루어진다(EPCU = VCU + LDC + OBC).

[1] 인버터[Inverter]

전기자동차에서는 내구성, 성능 효율성 등을 이유로 AC모터를 사용한다. 그러면 DC에서 AC로 변환해 주어야 하므로 그 역할을 하는 장치가 필요한데 이 역할을 하는 것이 인버터(Inverter)이다.

인버터는 고전압 배터리의 DC 전원을 차량 구동 모터의 구동에 적합한 AC 전원으로 변환하는 시스템으로서, 인버터는 케이스 속에 IGBT(Insulated Gate Bipolar Transistor, 전력변환기구 - 인버터, 컨버터, 변압기가 이에 해당), 파워 드라이버(Power Driver), 제어회로인 컨트롤러(Controller)가 일체로 이루어져 있다.

가속할 때는 고전압 배터리에서 구동 모터로 에너지를 공급하고, 감속 시에는 구동 모터에서 발생한 에너지를 다시 배터리에 충전하는 회생제동을 통해 주행거리를 늘려준다. 이렇듯 인버터는 여러모로 전기차를 구동하는데 있어 개입하는 부분이 많기 때문에 매우 중요한 부품 중에 하나이다.

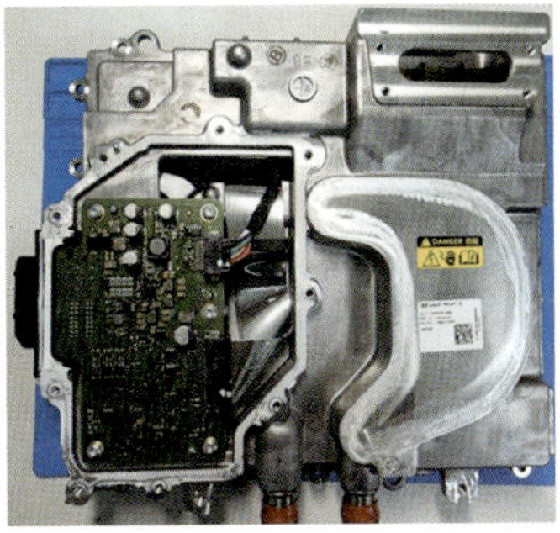

(a) 인버터 제어보드

(b) 인버터 내부(커패시터/전력반도체/게이트 드라이버/파나소닉 릴레이/모터 출력단자/전류센서)

(c) 전력반도체 수냉각 구조

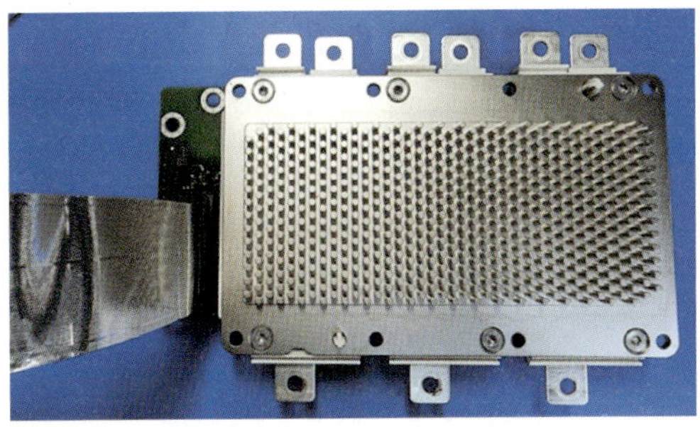

(d) 인피니언 전력 반도체 FSO5MR12(1200V200A)

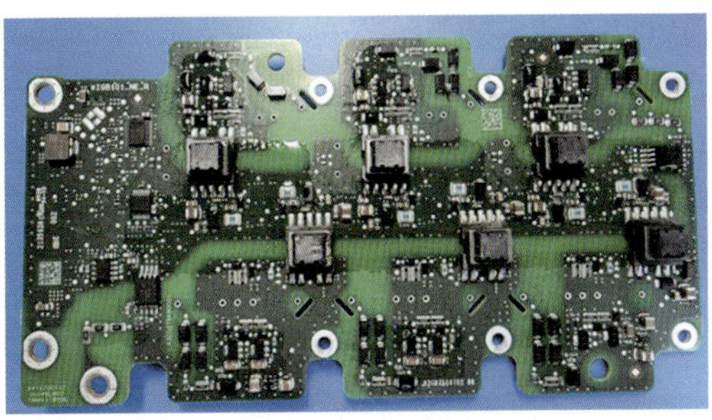

(e) 게이트 드라이버

(f) 절연전원 SMPS용 TDK 트랜스포머

(g) 게이트 드라이버 보드(Bottom)

(h) ROHM사 게이트/드라이버 IC

그림 47 | IONIQ5 인버터 구성(출처: 폴페어)

[2] 직류 변환 장치[LDC : Low Voltage DC-DC Converter]

전기차는 고전압 배터리 시스템을 탑재하고 있으므로 이를 HV 시스템인 모터로 전달하는 데에는 문제가 없다. 하지만 LV 시스템으로 전달하려면 전압을 낮춰줘야 한다. 이때 사용하는 것이 DC-DC 컨버터이다. DC-DC 컨버터는 HV를 LV로 바꿔주어 전기차의 다양한 전자 장치들을 사용할 수 있게 만들어 준다.

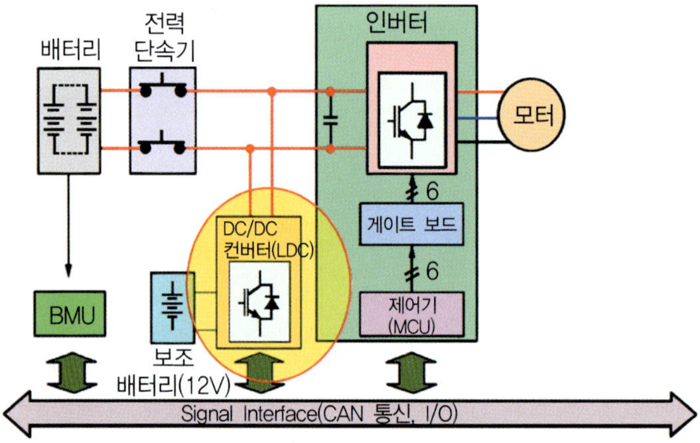

그림 48 | 전력 제어 장치 다이어그램

[3] VCU[Vehicle Control Unit, 전기자동차 제어 기구]

VCU는 EPCU에서 가장 중요한 부품 중 하나이다. 전기자동차 제어 기구는 MCU(모터 제어 장치), BMU(고전압 배터리 시스템), LDC(직류변환 장치), OBC(차량 탑재형 배터리 완속충전기), AHB(Active Hydraulic Booster, 회생제동용 액티브 유압 부스터 브레이크 시스템), 계기판(Cluster), 전자동 온도 조절 장치(FATC : Full Automatic Temperature Control) 등과 협조 제어를 통해 최적의 성능을 유지할 수 있도록 제어하는 기능을 수행(차량의 속도, 배터리 제어 등 각종 제어)한다.

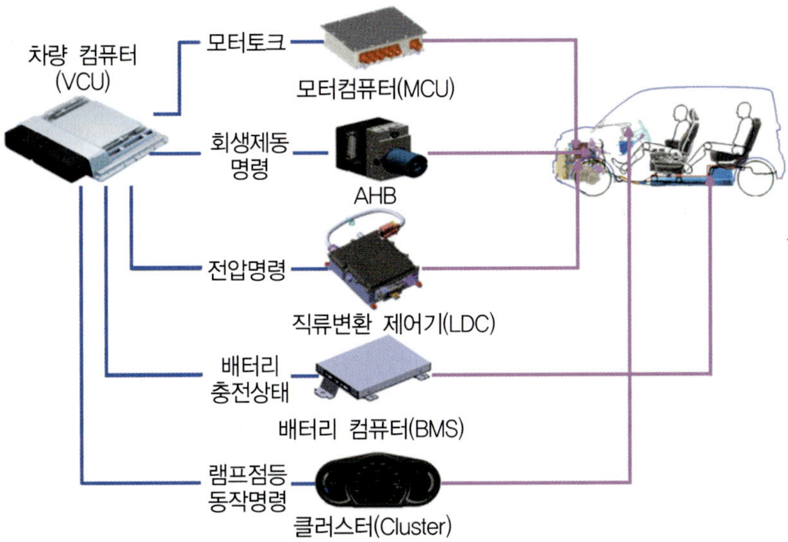

그림 49 | VCU 제어도

[VCU 주요기능]

주요기능	상세 내용
구동 모터 토크제어	배터리 가용 파워, 모터 가용 파워, 운전자 요구(APS, Brake, Shift Lever)를 고려한 모터 토크 지령 계산
회생제동 제어	회생제동을 위한 모터 충전 토크 지령 연산, 회생제동 실행량 연산
공조 부하 제어	배터리 정보 및 FATC 요청 파워를 이용하여 최종 FATC 허용 파워 전송
전장 부하 공급 전원 제어	배터리 정보 및 차량 상태에 따른 LDC On/Off 및 동작 모드 결정
Cluster 표시	구동 파워, 에너지 Flow, ECO Level, Power Down, Shift Lever Position, Service Lamp 및 Ready Lamp 점등
주행 가능 거리 DTE(Distance to Empty)	배터리 가용 에너지, 과거 주행 연비를 기반으로 차량의 주행 가능 거리 표시, AVN을 이용한 경로 설정 시 경로의 연비 추정을 통하여 DTE 표시 정확도 향상
예약/원격 충전 공조	TMU와의 연동을 통해 Center · 스마트폰을 원격 제어, 운전자의 작동 시각 설정을 통한 예약기능 수행
아날로그 · 디지털 신호 처리 및 진단	APS, Brake S/W, Shift Lever, Air Bag 전개 신호 처리 및 판단

[4] 완속충전기[OBC : On Board Charger]

온보드차저(OBC)는 전압 배터리를 충전하기 위하여 차량에 탑재된 충전기이며, 차량 주차 상태에서 완속충전을 하거나, 휴대용 충전기로 가정용 플러그에 꽂아서 충전할 경우, 차량에 입력된 교류 전원(AC)을 직류 전원(DC)으로 변환하는 장치이다. 교류를 직류로 전환한다는 점에서 인버터와 비슷해 보이지만, OBC는 충전을 위한 장치이며, 인버터는 차량 가속 및 감속과 관련된 장치라는 점에서 그 역할이 다르다. 고전압 배터리 제어기인 BMU(Battery Management Unit)와 CAN 통신을 통해 배터리 충전(정전류, 정전압)을 최적으로 제어하고, 급속충전은 직류를 이용한다.

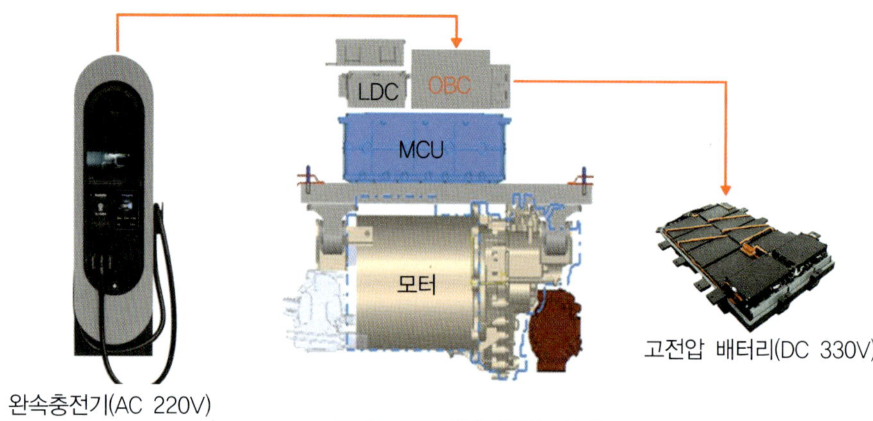

그림 50 | 완속충전 흐름

MEMO

4

고전압 배터리

4 고전압 배터리

1 배터리의 역할

전기자동차가 실질적인 성공을 거두려면 배터리 기술이 발전해야 한다. 안전, 충전 시간, 전력 전달, 극한 온도에서의 성능, 환경 친화성, 수명이 오늘날 전기자동차에 이용할 수 있는 충전식 배터리 기술의 문제이다.

전기자동차는 리튬이온 배터리, 리튬폴리머 이온 배터리를 제품에 채용하는 추세이다. 예를 들어, 도요타 자동차의 프리우스, 캠리, 하이랜더는 밀폐형 Ni-MH 배터리 팩을 사용하여 전기 모터에 전기를 공급하였으나 리튬이온 배터리와 비교할 때 Ni-MH의 전력 수준이 낮고 자가방전율이 높다.

그림 1 | Li-ion 배터리

보관 수명이 3년에 불과한 Ni-MH는 EV에 적합하지 않다. 기존 리튬이온 배터리는 특정한 높은 에너지를 제공하고 무게가 가볍다. 그러나 높은 가격, 극한 온도의 불용, 안전(리튬이온 배터리의 가장 큰 장애 요인임) 때문에 이 배터리는 적합하지 않다.

도요타는 안전에 대한 우려 때문에 리튬이온 배터리를 장착한 신형 장거리 주행 하이브리드의 출시를 연기한 경험이 있다. 기존 리튬이온 배터리는 수명이 3~5년이고 충전 주기는 1,000사이클이다. 다른 문제는 적절한 배터리 수명 범위를 보장할 수 있는 리튬이온 배터리의 크기이다. 랩톱이나 휴대폰의 경우 사용하는 동안 전원연결이 가능하기에 매체를 통하여 선전한 작동 시간보다 짧아도 용인되지만, 자동차에는 이러한 장치가 없다. 그러나 리튬이온 배터리는 메모리 현상이 없으므로 사용자가 임의대로, 주변 환경에 따라 수시로 충전하여 사용하여도 수명에 거의 영향을 미치지 않는다. 오히려 조금 쓰고 충전하고 조금 쓰고 또 충전하고 하면 Ni-계 배터리와는 정반대로 수명이 길어지는 효과가 있다. 이러한 이유 때문에 리튬이온 배터리가 Ni-계 배터리보다 훨씬 비싼데도 수요가 늘어나고 사용자가 찾게 되는 것이다.

메모리 효과란 니켈로 만든 배터리에서는 활물질로 사용된 NiOH에서 OH가 떨어졌다 붙었다 하면서 전하를 전달하는 현상이 바로 충전과 방전이라는 전기적 흐름으로 나타난다. 여기서 Shallow Charge-Discharge를 반복하면, 즉 조금 사용하고 다시 충전하고, 조금 쓰고 또 충전하고 하면 NiOH는 고용체를 형성하게 되는데, 이 고용체의 형성은 비가역적인 반응이므로 한 번 고용체가 생성되면 다시는 되돌아가지 못하게 되어 남아있는 용량을 사용하지 못하게 된다. 이와 같이 배터리가 마치 사용할 수 있는 용량의 한계를 기억하는 것과 같은 현상을 메모리 효과라고 한다. 따라서 Ni(니켈)을 포함하고 있는 배터리는 완전충전(100% 충전)하였다가 완전방전될 때까지 사용하는 것을 반복하는 것이 가장 좋은 사용 방법이다.

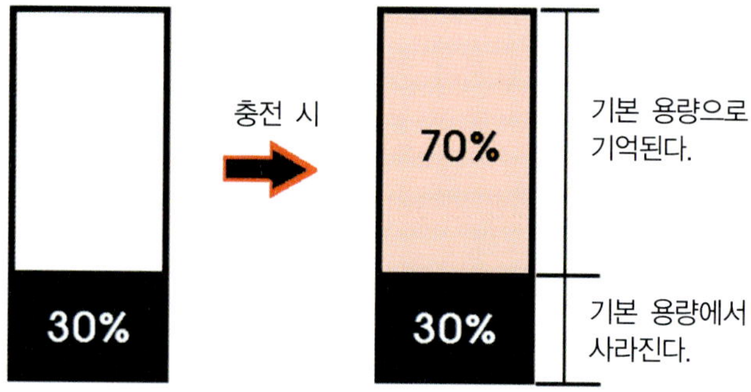

그림 2 | 메모리 효과(Memory Effect)

2 배터리가 갖춰야 할 조건

배터리가 터무니없는 가격대를 형성하고 있다면 정부의 보조금이 나온다고 할지라도 쉽게 구할 수 없는 상황에 처하게 된다. 특히 배터리는 수시로 교환해 주어야 하는 소모성 부품으로 가격이 비쌀 경우 그 부담감은 소비자들에게 큰 부담으로 전락할 수밖에 없다. 따라서 배터리가 갖춰야 할 조건은 다음과 같다.

① 자동차 자체의 보조금은 물론 배터리에 대한 보조금 또는 기술적 발전을 통한 생산성, 효율성 향상으로 배터리 자체의 가격을 낮추는 것이 시급하다.

② 안전성이다. 손안에 들어오는 작은 배터리 폭발로 크고 작은 사건 사고가 발생하는 것을 볼 수 있었다. 그런데 그 보다 수십, 수백 배 큰 자동차 배터리가 폭발하는 사고가 발생한다고 했을 때 그 피해는 엄청날 것으로 예상된다. 또한 교통사고 발생 시 충격으로 인한 배터리 폭발 등이 발생하지 않도록 하기 위해 단단한 내구성과 충격 흡수율을 높이기 위한 방안 등을 마련해야 한다.

③ 수명이다. 차량을 교체하는 시기가 각기 다르겠지만 5~10년 정도 사용한다고 봤을 때 배터리 수명 역시 이와 비슷하거나 그 이상의 수명을 지니고 있어야 한다. 이는 가격과도 밀접한 연관이 있다. 배터리 수명이 짧다고 하더라도 그 배터리 교환

비용이 적절한 가격에 책정된다면 사실 수명은 기준 이상만 유지해주면 된다.

④ 마지막으로 집적화이다. 무게나 부피 등을 줄일 수 있는 기술력이 필요하다. 배터리가 크고 무거울 경우 결국 배터리 효율 대비 사용시간은 턱없이 줄어들 수밖에 없다. 따라서 집적화된 기술력을 바탕으로 작고 가벼운 하지만 반비례하여 파워, 수명은 긴 배터리를 완성해야 한다.

⑤ 그 외에도 배터리 충전시간, 충전을 위한 인프라 구축 등 갖춰져야 할 부분이 많다. 이러한 점들만 보더라도 배터리와 관련한 문제가 해결되는 시점이 바로 전기자동차의 대중화로 이어지는 시점일 것이다.

기존 리튬이온 배터리의 충전 시에 리튬원자(분해된 리튬이온)는 양극 안쪽에 쌓이고 방전 시 떨어진다. 리튬이온이 양극에 붙거나 떨어질 때 양극의 흑연판이 이동하고 변형되어 흑연판이 10% 이상 분리되고 리튬이온 크기를 수용한다.

방전 시에는 이러한 과정이 반대로 진행된다. 배터리 전 수명에 걸쳐 이러한 반복적 이동 및 변형은 흑연판을 피로하게 하고 흑연구조의 균열을 일으킨다. 이러한 균열 때문에 입자 간 전기접촉이 상실되고, 따라서 배터리의 기능, 용량, 수명이 떨어진다.

흑연 대신에 나노 크기의 리튬 티타늄 산화물을 사용할 경우 리튬 티타늄 산화물은 "변형이 0"인 재료이다. 따라서 이 재료는 리튬이온이 입자로 들어가고 나올 때 모양이 변형되지 않는다. 리튬 티타늄 산화물 재료는 3차원 결정구조이다. 이 구조에는 크기가 원자와 거의 같아 리튬이온이 들어갈 수 있는 장소가 있다. 따라서 충전과 방전과정에서 응력이나 변형이 일어나지 않는다. 그러므로 흑연과 같은 재료를 파괴하는 입자피로가 없기 때문에 기존 리튬이온 배터리보다 자주 배터리를 충전하고 방전할 수 있다.

기존 리튬이온 배터리는 수명이 다할 때까지 약 1,000번 충전할 수 있으며 리튬 티타늄 산화물 재료를 사용하는 배터리는 2만 5,000번 이상 충전과 방전을 할 수 있다.

3 배터리의 구성요소

배터리에는 산화제인 양극 활물질과 환원제인 음극 활물질, 양극 활물질 간에 있어 이온 전도에 의해 산화반응과 환원반응을 중개하는 전해액, 양극과 음극이 직접 접촉하는 것을 방지하는 격리판이 필요하다. 또한 이것들을 넣는 용기(배터리캔), 배터리를 안전하게 작동시키기 위한 안전밸브나 안전장치 등이 필요하다.

고성능 배터리란 고전압, 고용량, 고출력, 긴 사이클 수명, 적은 자기방전, 넓은 사용온도, 안전하고 높은 신뢰성, 쉬운 사용법, 낮은 가격 같은 조건을 갖추어야 한다.

이와 같은 것을 모두 만족시키는 이상적인 배터리를 얻기는 어려우므로 가능한 이와 같은 조건을 만족시키는 용도에 따라 특징이 있는 배터리가 제조되고 있다. 고성능 배터리를 위해서는 그 구성요소가 우수한 특성을 나타내야 한다.

01 양극, 음극 활물질

음극(Negative Electrode)은 전자와 양이온이 빠져나오는 전극이고, 양극(Positive Electrode)은 전자와 양이온이 들어가는 전극이다.

에너지 밀도가 큰 배터리를 만들기 위해서는 기전력(EMF : Electro Motive Force)이 크고 용량이 큰 활물질을 사용한다. 배터리의 음극 활물질에는 아연이나 카드뮴, 납이 이용되어 왔지만 최근 개발되어 하이테크 배터리로서 각광받고 있는 리튬 배터리나 Ni-MH 배터리는 리튬 또는 그것과 같은 정도의 환원력을 가진 리튬을 삽입한 탄소재료나 수소흡장 합금에 흡장시킨 수소가 음극 활물질로 이용되고 있다.

리튬은 환원력이 가장 강한 재료이고 전기화학당량도 적어 음극재료로서는 가장 우수한 재료라고 할 수 있다. 리튬을 음극에 이용하는 배터리는 리튬의 극히 강한 환원력을 이용하고 있기 때문에 이것과 조합시키는 재료는 다양성이 풍부하다. 따라서 리튬 배터리는 다양성이 대단히 크고 그 진보도 급속하다. 개발 중인 2차 배터리에서는 금속 나트륨이나 아연 등의 금속과 더불어 철이나 바나듐 등의 산화환원계가 검토되고 있다.

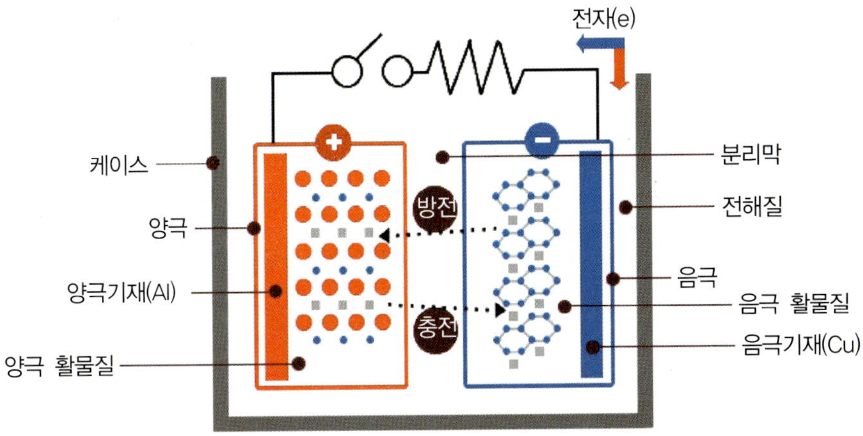

그림 3 | 배터리의 구성

2차 배터리의 양극에는 수용액계에서는 납, 니켈, 은 등과 같은 산화물이나 수산화물이 이용되고 있다. 또한 산화수은도 우수한 양극 활물질로서 소형 배터리에 이용되어 왔지만, 환경 면에서 현재는 이용되고 있지 않다. 리튬 2차 배터리에서는 비수용액이 이용되므로 망간이나 니켈, 코발트 등과 같은 산화물이 이용되고 있다. 그리고 바나듐 산화물이나 금속유화물 등도 검토되고 있다.

2차 배터리는 몇 번이고 충·방전을 반복할 수 있는 것이 요망된다. 이를 위해서는 충전하면 원래의 활물질 상태로 흔적을 남기지 않고 되돌릴 필요가 있다. 리튬이온 배터리에는 음극에는 탄소재료가, 양극에는 코발트산 리튬 등이 이용되고 있다. 이 배터리는 방전상태로 제조된 후 양극에서 리튬 이온을 빼고 음극의 탄소 내에 리튬을 삽입하는 충전과정이 있다. 이 배터리의 충·방전에서는 양극, 음극의 반응은 모두 리튬의 삽입 탈피라고 하는 토포케미컬(Topochemical) 반응이 된다. 토포케미컬 반응이 진행할 때 호스트 재료의 구조 변화가 완전히 가역이면 사이클 수명이 긴 배터리가 된다.

리튬이온 배터리에는 가역성이 높은 토포케미컬 반응을 하는 재료가 선택되고 있다. Ni－MH 배터리의 경우에도 충·방전에 수소가 양극과 음극간에서 왕래하는 반응이 진행한다. 최근에 개발된 리튬이온 배터리와 Ni－MH 배터리가 함께 토포케미컬 반응을 이용하고 있는 것은 흥미 있는 일이다. 이것과 연축 배터리를 비교해 보자. 연축 배터리에서는 다음과 같이 반응이 진행한다.

$$PbO_2 + 2H_2SO_4 + Pb = PbSO_4 + 2H_2O + PbSO_4$$

이와 같이 음극 활물질 Pb와 양극 활물질 PbO_2 이외에 유산과 물이 반응에 관여한다. 엄밀하게 말하면 유산과 물도 활물질이며 이것들은 전해질 용액으로서 존재한다. 배터리 반응이 진행하면 그것들의 농도가 변화한다. 따라서 일정량 이상의 전해액이 필요해진다. 한편, 리튬 배터리나 Ni-MH 배터리에는 전해질의 양이 극히 적어도 되게 된다.

02 전해액

전해액은 양극과 음극 사이에서 이온이 자유롭게 이동할 수 있는 통로 역할을 한다. 이온 전도성 재료는 배터리 내에서 전기화학 반응이 진행하는 장을 제공하는 한쪽의 주역으로서 불가결한 구성요소이다. 그러나 전술한 연축 배터리의 경우와 같이 기전반응에 관여하는 물질이 공존하는 경우를 제외하고 원리적으로는 그 양은 적어도 된다. 이 이온 전도체는 유산수용액이나 알칼리수용액, 리튬 배터리에 사용되는 비수전해액 등과 같이 용액이 이용되는 일이 많지만, 폴리머 전해질이나 무기고체 전해질, 이온 전도성 글라스 등도 검토되고 있다.

전해액은 이온 전도성이 높을 것이 요구되는 것 외에 충전 시라고 해도 양극이나 음극과 반응하지 않을 것, 배터리 작동범위에서 산화환원을 받지 않을 것, 열적으로 안정될 것, 독성이 낮으며 환경친화적일 것, 염가일 것 등이 요구된다. 배터리의 활물질은 분말로 만들어져 전해액에 점결제나 도전조제를 혼합해서 합제하여 이것을 집전체에 도포, 배터리의 전극이 된다. 이 합제전극이 효율적으로 기능하기 위해서는 합제 내의 이온 전도성이 높아야 한다.

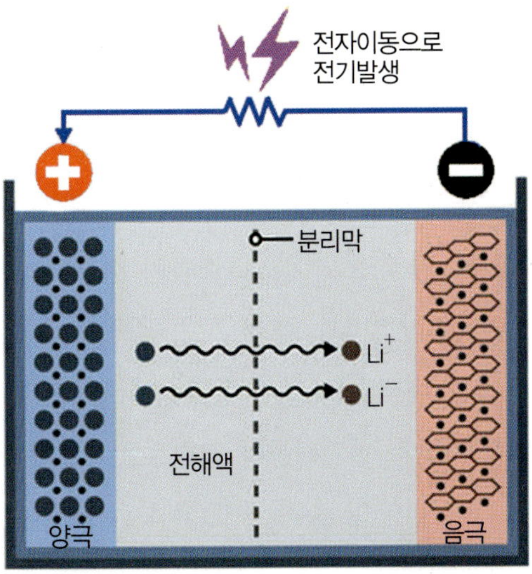

그림 4 | 리튬이온 배터리의 작용원리

03 격리판

이온의 이동은 자유롭다. 배터리의 기전물질은 산화제와 환원제이다. 이것들이 직접 접촉되면 자기방전을 일으킬 뿐만 아니라 반응이 급격히 진행되어 위험하다. 격리판은 양극과 음극 사이에 있어 양자의 접촉을 방지하고 있다. 물론 격리판도 이온 전도성을 나타내지 않으면 안 된다. 따라서 다공성 재료를 이용하여 그 구멍 속에 전해액이 침투하여 이온 전도성을 발현시킨다. 높은 이온 전도성을 나타내는 동시에 양극과 음극의 접촉을 방지하도록 다공재료가 연구되고 있다. 그리고 산화제인 양극과 환원제인 음극에 직접 접촉되므로 화학적으로 안정되어야 하는 것이 중요하다.

2차 배터리의 격리판 재료로서 현재 연축 배터리에는 글라스 매트 등이, 알칼리 2차 배터리나 리튬 배터리에는 폴리머의 부직포나 다공성막이 이용되고 있다.

최근 사용되고 있는 배터리는 전압이 높고 에너지 밀도가 높기 때문에 폭주하면 위험하다. 예를 들면, 리튬이온 배터리는 이상반응이 일어나기 시작하여 배터리 온도가 상승하면 다공막이 반응되고, 구멍이 막혀 그 이상의 반응이 진행하지 않게 되어 있다. 이와 같이 하이테크 배터리에는 격리판이 극히 중요한 재료로 되어 있다.

4 전기자동차 배터리의 종류와 특성

배터리 기술은 전기자동차의 핵심기술이라 할 수 있으며, 전기자동차의 특성으로는 가솔린자동차에 비해 유해가스가 나오지 않고, 소음이 적으며, 운전이 용이하고, 구조가 간단하여 고장률이 적으며, 운전경비가 적게 드는 장점이 있다.

그러나 현재 탑재되고 있는 배터리는 무겁고, 1회 충전 거리가 짧으며, 최고 속도와 가속력이 적은 결점이 있다. 따라서 전기자동차 전원으로서 갖추어야 할 배터리의 조건으로는 가볍고, 에너지 밀도(Wh/kg) 및 출력 밀도(W/kg)가 커야 한다. 재래형 배터리를 전기자동차용 전원으로 사용하기에는 성능이 상당히 떨어지기 때문에 우수한 성능의 신형 배터리를 개발하기 위해 선진 각국에서는 이의 연구개발에 적극적으로 나서고 있다.

전기자동차가 실용화되기 위한 전제로는 배터리 가격이 저렴하여야 하므로 우선 주재료인 전극재료가 자원적으로 풍부해야 하고, 폐배터리로부터 금속의 회전 및 리사이클이 용이해야 하며, 경제성이 좋아야 한다. 다음의 표는 현재 전기자동차용으로 사용되는 주요 배터리의 특성을 나타낸 것이다. 재래형 배터리로는 현재 널리 사용되고 있는 납축 배터리, Ni-Cd 배터리 등이 있고, 신형 배터리는 다양하다.

[배터리 종류별 특성]

배터리 종류 / 구분	납 (Lead Acid)	니켈카드뮴 (Ni-Cd)	니켈수소 (Ni-MH)	리튬이온 (Li-ion)	리튬이온 폴리머 (LIPB)
양극	이산화연	니켈계	옥시수산화 니켈	리튬금속 산화물	리튬금속 산화물 등
음극	납	카드뮴	MH(Metal Hydride)	탄소질	탄소질 등
전해질	황산	알칼리계	알칼리수용액	유기질	유기질 등
작동전압(V)	2	1.2	1.2	3.6~3.8	3.6~3.8
에너지 밀도 (Wh/kg)	35	50~60	60~80	90~120	180~200
자기방전율(%)	6	20~23	15~20	5	0.1
메모리 효과	없음	있음	있음	없음	없음

배터리 종류 / 구분	납 (Lead Acid)	니켈카드뮴 (Ni-Cd)	니켈수소 (Ni-MH)	리튬이온 (Li-ion)	리튬이온 폴리머 (LIPB)
각종 안전성	좋음	좋음	좋음	보통	보통
환경오염	有	有	無	無	無
장점	신뢰성, 저단가	고용량, 대전류 방전(납보다)	검증된 수명, 안전성, 저가	고에너지 밀도 경량, 적은 부피	리튬이온 장점, 안전성, Size Flexibility
단점	낮은 에너지 밀도, 고중량	환경문제, 메모리 효과, 낮은 에너지 밀도	급속충전 힘듦, 저온성능 낮음	안전성, 고가	고가

[배터리별 특징]

구분	종류	특징
1차 배터리	망간배터리	1868년 프랑스 르클량셰에 의해 발명된 역사가 오래된 배터리로서, 고부하, 고용량화용에 적합한 배터리 • 정극재료 : 이산화망간 • 부극재료 : 아연 • 전해액 : 물 • 전해질 : 염화암모늄, 염화아연 • 격리판 : 크라프트지
	알칼리 망간배터리	배터리 용량이 크고 내부저항이 적어서 부하가 큰 장시간 사용에 적합한 배터리이며, 원통형과 코인형으로 분류 • 정극재료 : 이산화망간 • 부극재료 : 아연 • 전해액 : 수산화칼륨 수용액 • 전해질 : 수산화칼륨, 수산화나트륨 • 격리판 : 부직포(폴리오레핀, 폴리아미드계)
	리튬 1차 배터리	리튬 1차 배터리는 60년대 들어 미국 NASA에서 우주개발용 전원으로 연구개발된 고에너지 밀도의 배터리로서, 오늘날 본격적으로 실용화가 되고 있는 것은 플루오르화 흑연·리튬 배터리와 이산화망간·리튬 배터리 • 정극재료 : 플루오르화 흑연, 이산화망간에 탄소 결착 • 부극재료 : 리튬 • 전해액 : r-부칠락톤, 1, 2디메톡시 에탄의 혼합 유기용매에 보론플루오로와 리튬의 전해질을 용해시킨 액체 • 격리판 : 폴리프로필렌, 올레핀계 부직포

<table>
<tr><th>구분</th><th>종류</th><th>특징</th></tr>
<tr><td rowspan="4">2차
배터리</td><td>납축 배터리</td><td>1859년에 발명된 배터리로서, 대부분의 자동차 기초 전원으로 이용되고 있으며, 저렴하게 제조 가능하고, 넓은 온도 조건에서 고출력을 낼 수 있다. 납축 배터리는 안정된 성능을 발휘하나 비교적 무겁고 에너지 저장 밀도가 높지 않다.
• 정극재료 : PbO_2
• 부극재료 : Pb
• 전해질 : H_2SO_4(수용액)
$PbO_2 + 2H_2SO_4 + Pb \rightleftarrows PbSO_4 + 2H_2O + PbSO_4$</td></tr>
<tr><td>니켈
카드뮴 배터리</td><td>• 납축 배터리와 가장 큰 차이점은 전해질로 황산 대신 알칼리수용액 사용
• 1899년에 발명되고 1960년대에 밀폐형 니켈카드뮴 배터리 양산기술이 확립되어 철도차량용, 비행기 엔진 시동용 등을 비롯하여 고출력이 요구되는 산업 및 군사용으로 널리 이용
• 밀폐형의 경우에는 전동공구 및 휴대용 전자기기의 전원으로 사용
• 메모리 효과(memory effect)와 유해한 카드뮴 사용으로 인해 점차 사용을 기피하고 있는 추세
• 정극재료 : NiooH
• 부극재료 : Cd
• 전해질 : KOH(수용액)
$2Ni(OH)_2 + Cd(OH)_2 \leftrightarrow 2NiOOH + Cd + 2H_2O$</td></tr>
<tr><td>니켈
수소 배터리</td><td>• '90년에 실용화하여 '92년에 대량생산이 개시된 2차 배터리
• 니켈-카드뮴 배터리에 비하여 에너지 밀도가 크고 공해물질이 없어서 무공해 소형 고성능 배터리
• 전기자동차용 등의 무공해 대형 고성능 배터리로 개발이 가능한 새로운 2차 배터리로서 주목받고 있다.
• 니켈카드뮴 배터리와 동작전압이 같고 구조적으로도 비슷하지만, 부극에 수소흡장합금을 채용하고 있어 에너지 밀도가 높다.
• 단점은 메모리 효과(memory effect)가 약간 있다.
- 정극재료 : NiooH
- 부극재료 : MH
- 전해질 : KOH(수용액)
$MH(s) + NiOOH(s) \rightarrow M + Ni(OH)_2(s)$</td></tr>
<tr><td>리튬이온
배터리</td><td>• 전압은 3.6V로 휴대폰, PCS, 캠코더, 디지털카메라, 노트북, MD 등에 사용
• 양산 배터리 중 성능이 가장 우수하며 가볍다.
• 일본 소니사가 가장 앞선 기술을 보유하고 있으며 가장 먼저 양산
• 리튬이온 배터리는 폭발 위험이 있기 때문에 일반 소비자들은 구입할 수 없으며, 보호회로가 정착된 PACK 형태로 판매
• 위험성만 제거되면 가볍고 높은 전압을 갖고 있어 앞으로 가장 많이 사용될 배터리</td></tr>
</table>

구분	종류	특징
2차 배터리		• 양극, 분리막, 음극, 전해액으로 구성되어 있고 리튬이온의 전달이 전해액을 통해 이루어짐 • 정상적인 조건하에서 500회 이상의 충전, 방전 수명 • 리튬이온 배터리에는 메모리 효과가 없다. • 전해액이 누수되어 리튬 전이금속이 공기 중에 노출될 경우 배터리가 폭발할 수 있고, 과충전 시에도 화학반응으로 인해 배터리 케이스 내의 압력이 상승하여 폭발할 가능성이 있어 보호회로가 필수 • 되도록 완전충전, 완전방전을 하지 않고 조금 사용하고 충전하고 하는 것이 더 좋다. $LiCoO_2 + Cn \Leftrightarrow Li1 - xCoO_2 + CnLix$
	리튬폴리머 배터리	• 전압은 3.6V로 폭발 위험이 없고 전해질이 젤 타입이기 때문에 배터리 모양을 다양하게 만들 수 있는 것이 장점 • 일부 휴대폰에 사용되고 있으며 리튬이온 배터리를 이을 차세대 배터리. 현재는 양산하는 곳이 적으며 국내에서도 많은 기업이 연구 개발 중 • 양극, 전해질, 음극으로 구성되어 있고 양극과 음극 사이의 전해질이 양극과 음극을 분리하는 분리막과 리튬이온의 전달 역할을 수행 • 고분자 겔 형태의 전해질을 사용함으로써 과충전과 과방전으로 인한 화학적 반응에 강하게 만들 수 있어 리튬이온 배터리에 필수적인 보호회로가 불필요 • 리튬이온 배터리의 단점인 안전성 문제, 제조비용의 고가, 대형 배터리 제조의 어려움, 고용량화의 어려움 등의 문제를 해결할 수 있는 배터리 $LiCoO_2(s) + C(s) = LI_{1-n}CoO_2(s) + CLi_x$
	아연공기 배터리	• 19세기 말부터 20세기 초에 걸쳐 거치형 공기 배터리가 개발되어 항로표지용 전원이나 각종 통신기기에 사용 • 단추형으로는 의료기(보청기) 용도로 사용하고 있으며, 고에너지 밀도와 큰 전기용량, 평탄한 방전 특성 - 정극재료 : 공기 중의 산소 - 부극재료 : 아연 - 전해액 : 수산화칼륨 수용액 - 격리판 : 폴리오레핀, 폴리아미드계 부직포
	리튬공기 배터리	• 양극 물질은 금속산화물 대신 공기(산소)를 사용하는 차세대 배터리 • 음극에서 리튬이 산화·환원반응하고, 양극인 공기극에서는 외부로부터 유입되는 산소의 산화·환원반응 • 리튬이온 배터리에 비해 에너지 밀도를 크게 높일 수 있어 차세대 배터리로 큰 관심 • 금속을 쓰지 않아 제작비가 싸고 무게도 가볍다. • 상용화하면 한 번 충전으로 600km 이상 달릴 수 있는 전기자동차 생산이 가능

01 리튬이온 배터리(Lithium-Ion Battery, Li-Ion Battery)

[1] 배터리의 특성

리튬이온 배터리는 리튬을 저장할 수 있는 물질을 양극과 음극의 재료로 사용하여 배터리가 충·방전을 하면서 리튬이온(Li^+)이 양극과 음극 사이를 이동함으로써 외부로 전기를 생성하는 방식의 배터리를 말한다. 리튬이온 배터리를 다른 표현으로 "흔들의자(Rocking Chair)" 배터리라고도 하는데, 리튬 이온이 흔들의자와 유사하게 앞·뒤로 왔다 갔다 하는 현상에서 기인한다. 양극재료는 일반적으로 층상 구조(Layered Structure)의 금속산화물로 구성되어 있으며, 대표적인 물질로는 $LiCoO_2$(LCO)가 있고, 터널구조의 물질로는 $LiMn_2O_4$가 많이 쓰인다.

양극에서 발생하는 전자의 집전체로는 알루미늄이 통상적으로 쓰인다. 음극재로는 층상 구조의 흑연이 대표적으로 쓰이게 되며, 이때의 집전체로는 구리가 쓰이고 있다. 리튬이온 배터리의 충·방전 거동에 있어서 리튬이온은 앞에서 언급한 원자와 원자 사이의 층상구조 사이에 삽입 및 탈리하여 이동을 하게 된다. 최초의 상업적으로 상품화한 리튬이온 배터리는 1991년 Sony社에서 만든 것으로 현재까지도 LCO가 양극재로 사용되고 있다.

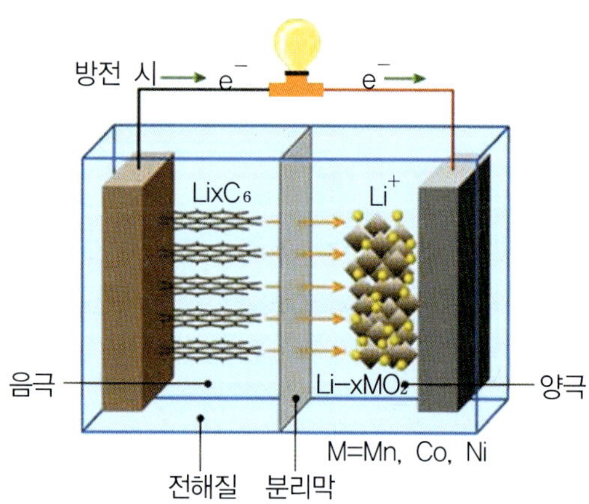

그림 5 | 리튬이온 배터리의 양·음극 내부반응 및 개요도

LCO의 경우 좋은 전기적 성능과 함께 제작의 용이성, 높은 안전성이 높이 평가가 되었으며, 최근의 연구에 의하여 여러 종류의 양극 재료들이 계속적으로 개발되고 있는 실정이다. 이 밖의 대표적인 재료로는 $LiFePO_4$(LFP), $LiMn_2O_4$(Spinel 구조), $Li(NiMnCo)O_2$(NMC) 그리고 $Li(NiCoAl)O_2$(NCA)가 있다.

각각의 양극재료들은 그 특성을 달리 하여 저가, 고온 내구 특성, 수명 및 고용량 그리고 고출력과 같은 각각의 장・단점을 보유하고 있다. 음극재료에 있어서 최초로 상용화된 재료는 코크스(Coke, 석탄으로 만든 연료)이며 고용리튬황 배터리랑 수명 및 고율 특성을 가진 흑연(Graphite)을 음극재로 사용하기 시작하였다. 최근에 이르러 $Li_4/3Ti_5/4O_4$(LTO : Spinel 구조)가 개발되기 시작하였으며 LTO의 경우 흑연에 비해 낮은 에너지 밀도를 가지고 있으나 높은 사이클 수명 및 좋은 온도에 따른 안정 특성에 있어 각광을 받고 있다.

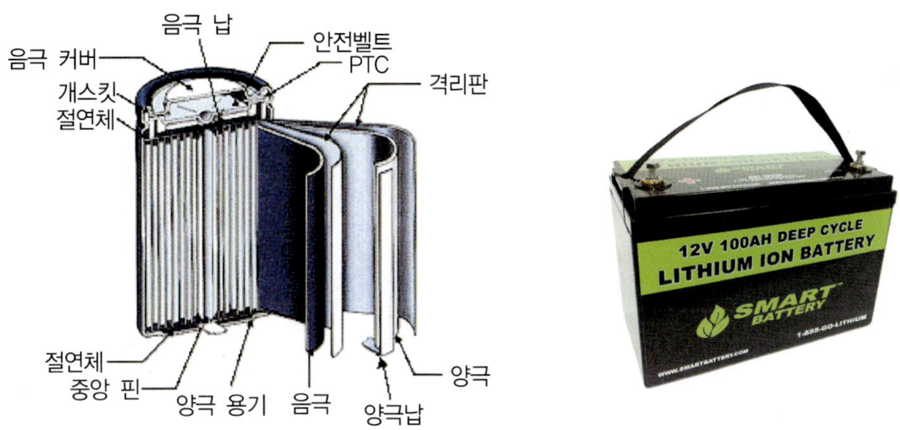

(a) 구조 (b) 외형

그림 6 | 리튬이온 배터리의 구조

[리튬이온 배터리의 특성]

구 분	특 성
고에너지 밀도	• 리튬이온 배터리는 같은 용량의 니카드(Ni-Cd, 니켈카드뮴) 혹은 니켈수소 배터리에 비해 질량이 절반에 지나지 않는다. • 부피는 니카드 배터리에 비해 40~50% 작을 뿐 아니라 니켈수소 배터리에 비해서도 20~30% 작다
고전압	하나의 리튬이온 배터리의 평균 전압은 3.7V로서 니카드나 니켈수소 배터리 3개를 직렬로 연결해 놓은 것과 같은 전압이다.

구 분	특 성
고출력	리튬이온 배터리는 1.5CmA까지 연속적으로 방전이 가능하다(1CmA란 배터리의 용량을 1시간 동안 모두 충전 또는 방전하는 전류를 말한다).
무공해	리튬이온 배터리는 카드뮴, 납 또는 수은과 같은 오염물질을 사용하지 않는다.
금속 리튬 아님	리튬이온 배터리는 리튬 금속을 사용하지 않아 더욱 안전하다.
우수한 수명	정상적인 조건하에서 리튬이온 배터리는 500회 이상의 충전/방전 수명을 지닌다.
메모리 효과 없음	• 리튬이온 배터리에는 메모리 효과가 없다. • 반면에 니카드 배터리는 불완전한 충전과 방전이 반복적으로 이루어질 때 배터리의 용량이 감소하는 메모리 효과를 보인다.
고속 충전	리튬이온 배터리는 정전류/정전압(CC/CV) 방식의 전용 충전기를 이용하여 4.2V의 전압으로 1~2시간 안에 완전하게 충전할 수 있다.

[2] 리튬이온 배터리의 장 · 단점

리튬이온 배터리의 가장 큰 장점은 높은 에너지 밀도에 있다. 비중량 에너지 밀도의 경우 ~240Wh/kg이며 부피 에너지 밀도는 640Wh/l로 높기 때문에 중량이나 부피에 민감한 전자제품(e.g. 핸드폰, 노트북, 친환경 차량)에 많은 관심을 받고 있다. 또한 리튬이온 배터리의 낮은 자가 방전율(2~8%/월), 높은 수명 사이클(1000사이클 이상) 그리고 넓은 작동 온도 범위(충전 시 0~45℃, 방전 시 −40~65℃)는 많은 제품에 적용하기에 매력적인 특성을 보유하고 있다. 다양한 제품군에 의하여 배터리 제조사들은 이에 맞는 형상(e.g. 각형, 원통형, 파우치형)을 제조하며, 사이즈 또한 제품의 특성에 맞게 다양하게 개발 중에 있다.

리튬이온 배터리의 정격 전압은 2.5~4.3V로 Ni-Cadmium(Ni-Cd) 배터리와 Nickel Metal Hydride(NiMH)에 비하여 일반적으로 3배 높은 전압을 보유하고 있다. 이로 인하여 동일 전압을 요구하는 제품의 경우 적은 수의 배터리를 사용할 수 있는 장점이 있다. 또한 고율 특성을 가지고 있어서 연속적으로 30C-rate 방전이 가능하며, 순간적으로 100C-rate로도 방전이 가능한 장점이 있어 고출력 사양의 제품군에 적합하다.

리튬이온 배터리의 단점으로는 일반적으로 2V 이하로 방전 시에 열화가 진행되며, 과충전 시(배터리 셀 전압 ~5V 이상) 액체 전해질의 화학적 분해 반응을 통하여 발열 반응 및 가스 발생의 원인이 된다. 이러한 특성으로 인하여 다른 타입의 2차 배터리와 달리 리튬이온 배터리의 경우 전기적 혹은 기계적 안전장치를 배터리 셀 내부에 구비하고 있다. C-rate는 전류의 크기를 나타내는 단위로서 5Ah 용량의 배터리 셀을 1시간동안 5A로 방전 시 1C라고 표현한다.

[3] 안전성 문제 내재

리튬이온 배터리는 구조적으로 발화 및 폭발 위험성을 내재하고 있다. 양극 활물질에 산소가 들어 있고, 액체 전해질이 고온에서 연료로 작용해 불이 붙는다. 보다 기술적으로 표현하면 ① 리튬 덴드라이트(Dendrite, 수지상) 생성, 분리막 결함, 과충전, 배터리 셀 충격 등의 이벤트가 발생할 때 큰 전류가 흐르고, ② 이는 분리막 용해, SEI(Solid Electrolyte Interphase, 고체 전해질 계면막) 분해, 음극 노출 등을 초래하며, 배터리 온도가 더욱 상승해 양극재 분해와 산소 방출로 이어진다. ③ 결국 산소, 열, 연료가 만나 액체 전해질이 연소한다. 현재는 열이 발생하지 않도록 제어하는 것이 최선이며, 60℃ 이하에서 사용하도록 권고한다. 전기차 환경에서는 냉각 시스템이 가동된다. 이에 반해 ESS의 내부 작동 온도가 높다 보니 최근 빈번한 화재 사고로 이어지기도 한다. 궁극적으로 고체 전해질로 가야 하는 이유다.

[4] 리튬이온 배터리의 원리

(1) 리튬이온 배터리의 충·방전 작용

리튬이온 배터리는 정극(양극, Anode)으로 Lithium Oxide계(예 : $LiCoO_2$)를 사용하고, 부극(음극, Cathode)으로 Carbon계(예 : Graphite)를 사용한다.

[리튬이온 배터리 구성]

양극재	양극 활물질	$LiCoO_2$, $LiMn_2O_4$, $Li(Ni_xCo_yMn_zO_2)$, $LiFePO_4$
	도전재	Corbon Black, Graphite
	바인더	PVDF(NMP)
	집전체	Al Foil

음극재	음극 활물질	Graphite
	바인더	PVDF(NMP), SBR/CMC(Pure H_2O)
	집전체	Cu Foil
전해액	Li염	$LiPF_6$, $LiBF_4$
	Solvent	EC/PC, DEC, DMC, EMC(MEC)
	Additives	BP, CHB, VC, FEC
분리막	PP, PE	
케이스	캔	Steel Can, Al Can(alloy), Al Sheet(Pouch)
	캡어세이(각형)	Cap Plate, 음극판, Gasket, Terminal Plate, Insulator, (Vent)
기타	Safety Vent, Lead Tab(Ni/Al), CID, Center Pin, 테이프류	

방전 시 리튬이온은 부극인 Graphite 격자구조 속에 있는 리튬이온이 빠져나와 분리막을 거쳐 정극의 결정구조 속으로 이동해 들어간다. 충전 시에는 산화물 정극에서 리튬이온이 빠져나와 분리막을 거쳐 탄소부극의 결정 속으로 이동하여 들어간다. 따라서 충・방전 시 리튬이온의 이동에 따라 결정구조는 크게 변한다.

전해질로 수용액 대신 유기용매를 사용한다.

$$\underset{\text{방전}}{\overset{\text{충전}}{\rightleftarrows}}$$

양극 : $LiMO_2 \leftrightarrow Li_{1-x}MO_2 + xLi^+ + xe^-$

음극 : $C + yLi^+ + ye^- \leftrightarrow Li_yC$

총괄반응 : $LiMO_2 + \frac{x}{y}C \leftrightarrow \frac{x}{y}Li_yC + Li_{1-x}MO_2$

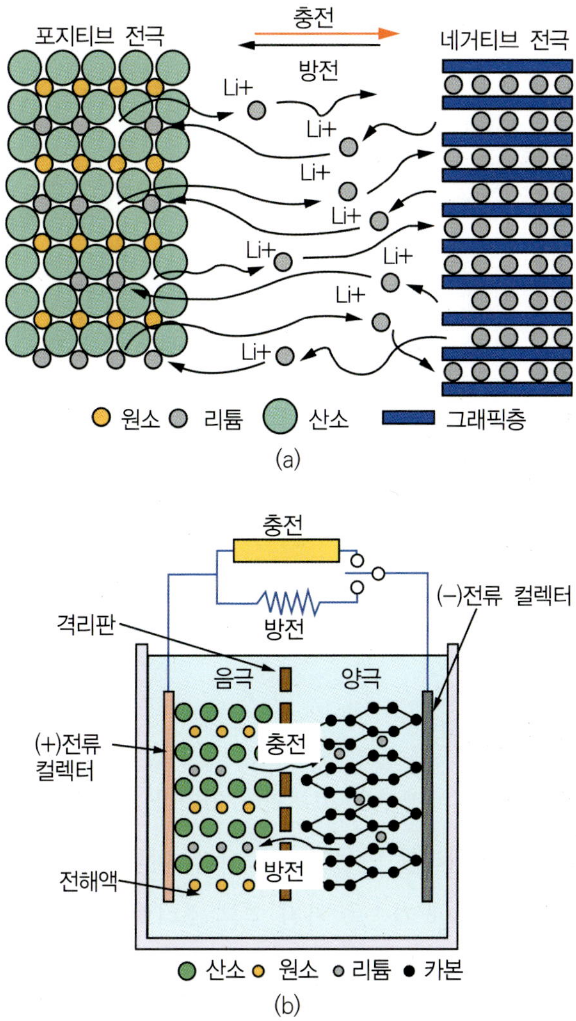

그림 7 | 리튬이온 배터리의 충·방전 작용

따라서 배터리 작동은 충·방전 시 양쪽 전극의 전위차에 따라 배터리 외부 회로에서의 전자 흐름과 배터리 내부에서의 이온 흐름이 동시에 일어난다. 충전은 외부의 전기에너지를 배터리 내부의 전기화학반응을 통하여 화학에너지로 바꾸는 것이다. 외부에서 음극(탄소전극)으로 전자가 들어가면 전해염의 리튬이온은 전자를 받아 환원되어 음극에 붙게 된다. 이때 양극에서는 전자가 외부 회로로 흘러나가며 전극 활물질은 산화되고 리튬이온을 잃게 된다. 방전은 충전의 역반응으로 외부 회로에 전기에너지를 공급한다.

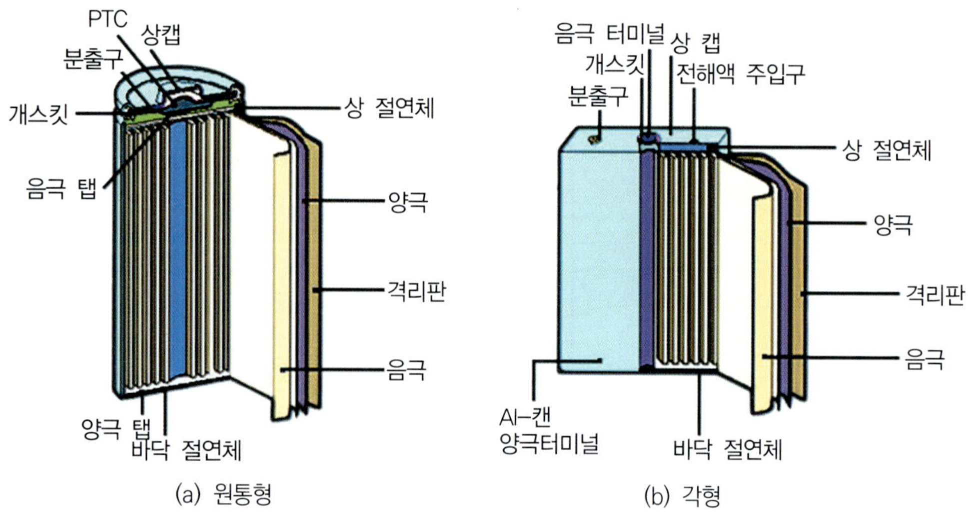

그림 8 | 리튬이온 각형, 원통형의 구조

(2) 리튬이온 배터리의 수명

리튬이온은 장수명을 가질 수 있도록 설계되어 있지만 수명은 수천회 충·방전이 가능하다. 무엇으로 리튬이온 배터리를 만들었나에 따라, 아니면 제작업체의 기술력에 따라 달라진다. 세계에서 가장 우수한 기술을 가진 일본 소니의 경우 4,000회의 충·방전에도 원래 용량을 유지한다. 배터리를 사용하는 온도도 중요하다. 리튬이온 배터리는 열에 매우 약하다. 사회적 문제가 되었던 노트북의 배터리 폭발사건도 모두 노트북의 온도가 너무 높게 올라가 배터리에 작용하였기 때문이다.

리튬이온 배터리는 열에 매우 약하기 때문에 온도가 높은 곳에서 사용하면 더욱 빨리 성능 저하가 올 수 있다. 리튬이온 배터리의 성능이 감소하는 주된 원인은 극 재료로 사용되는 탄소분자의 구조가 변하면서 탄소와 결합하는 리튬이온의 양이 줄어들기 때문인데, 여기에 열이 가해지면 그 변화되는 속도가 가속되기 때문에 성능이 급격히 떨어지게 된다.

(3) 리튬이온 배터리 오래 쓰는 법

되도록 완전충전, 완전방전을 하지 않고 조금 사용하고 충전하는 것이 더 좋다. 보통 배터리를 사용하다 보면 용량이 적어진 것을 느낄 수 있다. 이때 다시 완전충전, 완전방전을 하면 용량이 다시 살아나는 것을 알 수 있다. 이것하고 수명을 혼돈해서는 안 된다. 즉, 용량과 수명은 선형적인 관계가 아니라는 것이다.

용량이 다시 살아나는 이유는 이온이 흘러가는 통로에서 여러 가지 이유로 이온 중 여러 개가 극판까지 도달하지 못하게 되는 것이 많아지게 되는 것이다. 이때 완전충전, 완전방전을 해주면 다시 잘 흐르게 되는 것이다. 이것은 용량 문제이지 수명문제가 아니다. 리튬이온 셀은 일정 전압을 넘어서거나 낮아지면 셀이 손상된다. 즉, 과충전과 과방전은 수명에 치명적이라는 것이다. 결론적으로 장수의 비결은 "사용하고 자주자주 충전을 해주는 것"이다.

[5] 리튬이온 배터리의 4대 소재

리튬이온 배터리는 양극재 및 음극재와 분리막을 적층하고, 두루마리 형태로 감아서 용기에 삽입한 후 전해액을 주입하고 밀봉하여 제조한다. 양극재와 음극재가 배터리의 성능을 결정하고, 전해액과 분리막은 배터리의 안정성을 좌우한다. 고체 소재를 적층한 두께는 200㎛, 즉 0.2mm 이하에 불과하다. 리튬이온 배터리의 재료비 구성을 보면 27Ah PHEV 파우치 배터리의 경우 양극재가 30%로 가장 많은 비중을 차지하고, 그 뒤로 음극재가 17%, 전해액이 16%, 분리막이 14%로 3개 소재 비중이 비슷하다.

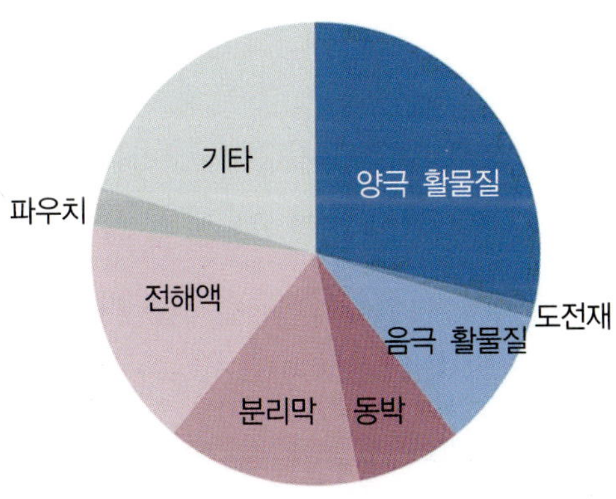

그림 9 | 리튬이온 배터리 원재료 구성

양극전극 리튬코발트 산화물, 알루미늄 호일

음극전극 흑연, 구리 호일

전해액 리튬염 유기용매

분리막 다공성 소재

리튬염 : 용매에 용해되어 전해질 내에서 리튬이온의 공급원으로 사용, $LiPF_6$ 가장 많이 사용

그림 10 | 리튬이온 배터리의 주요 구성품과 원재

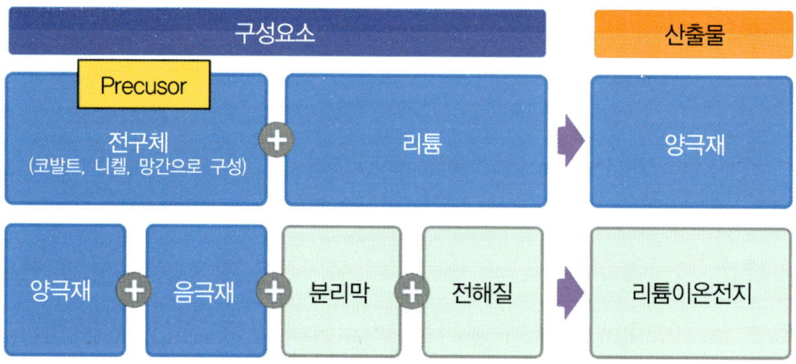

그림 11 | 리튬이온 배터리 구성요소 및 산출물

(1) 양극

양극은 리튬이 들어가는 공간이다. 리튬은 원소 상태에서 반응이 불안정하기 때문에 산소와 결합한 리튬산화물의 형태로 양극에 사용되고, 리튬산화물이 전극 반응에 관여하는 양극 활물질이다. 양극재는 집전체인 알루미늄박에 활물질, 도전재, 바인더를 섞은 합제를 코팅한 후, 건조, 압착하여 제작한다. 도전재는 리튬산화물의 전도성을 높이기 위해 첨가하고, 바인더는 활물질과 도전재가 알루미늄박에 정착하도록 도와주는 접착제 역할을 한다. 양극 활물질이 배터리의 용량과 전압을 결정한다. 리튬을 많이 포함하면 용량이 커지고, 음극과 양극의 전위차가 크면 전압이 커진다.

[리튬이온 배터리 양극 활물질 종류 및 특징]

구분	LCO	NCM	NCA	LMO	LFP
분자식	$LiCoO_2$	$Li(Ni, Co, Mn)O_2$	$Li(Ni, Co, Al)O_2$	$LiMn_2O_4$	$LiFePO_4$
구조	층상구조	층상구조	층상구조	스티넬구조	올리빈구조
		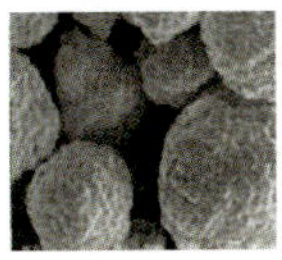	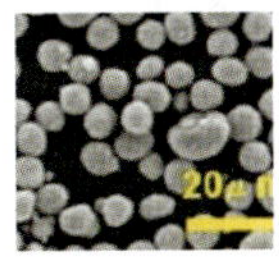		
용량 (mAh/g)	145	145~175	180	100	150
작동전압	3.7V	3.65V	3.65V	3.7V	3.15V
안전성	높음	다소 높음	낮음	높음	매우 높음
수명	상	중	상	하	상
난이도	쉬움	다소 어려움	어려움	다소 어려움	어려움

양극 활물질은 금속염의 구성 성분에 따라 LCO, NCM, NCA, LMO, LFP 등으로 구분한다. LCO는 에너지 용량과 수명 특성이 양호해 상업화 초기에 많이 쓰였다. LCO 중 고가인 코발트 일부를 니켈, 망간 또는 알루미늄으로 대체한 삼원계가 NCM과 NCA다. LFP는 철이 쓰이기 때문에 원재료가 가장 저렴하고 안전성이 우수하나 순도 및 전기전도도가 낮고, 에너지 용량을 늘리는데 한계가 있어 경쟁력을 잃고 있다.

(2) 음극

음극은 양극에서 나온 리튬이온을 저장, 방출함으로써 전기를 발생시키는 역할을 한다. 충전 시 음극이 리튬이온을 저장한다. 방전 시 양극과 음극을 도선으로 이어주면 리튬이온은 전해액을 통해 다시 양극으로 이동하게 되고, 리튬이온과 분리된 전자가 도선을 따라 이동하면서 전기가 발생한다. 음극재는 동박 위에 활물질, 도전재, 바인더가 입혀진다. 음극 활물질은 대부분 흑연이 사용되는데, 흑연은 구조적 안정성, 낮은 전자 화학 반응성, 많은 리튬이온 저장 능력, 저렴한 가격 등의 조건을 갖췄다.

[리튬이온 배터리 음극 활물질 종류 및 특징]

구분	천연흑연	인조흑연	금속계	저결정탄소
구조	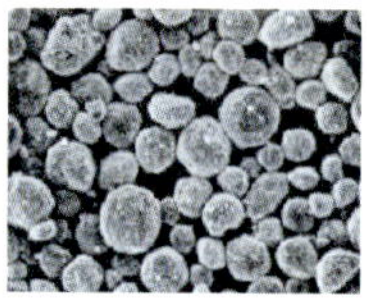	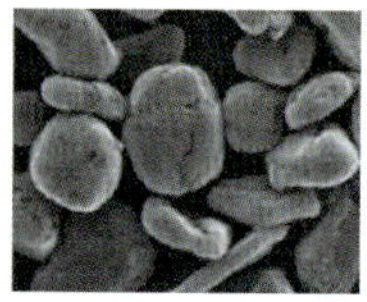		
원료	천연흑연	피치/코크스	SiOx, Si 탄소 복합계	피치/코크스, 열경화성수지
용량 (mAh/g)	350~360	320~340	600~1,600	200~250
출력	하	중	중	상
수명	중	상	하	중
장점	고용량	고수명	고용량	고출력

음극 활물질은 천연흑연, 인조흑연, 금속계, 저결정탄소(소프트카본, 하드카본) 등으로 구분된다. 천연흑연은 원가와 용량에서 강점을 가진다. 인조흑연은 고열을 가해서 흑연의 고결정 구조를 만들기 때문에 천연흑연보다 조직이 안정적이고, 수명이 2~3배 우수하다. 전기차용으로는 성능 향상이 유리한 인조흑연의 사용이 확대되고 있다.

(3) 전해액

전해액은 양극과 음극 사이에서 리튬이온이 이동할 수 있도록 하는 매개체다. 배터리 조립 공정을 거친 후 마지막에 전해액을 주입해 분리막과 전극에 스며들도록 함으로써 리튬이온이 전달되는 통로와 활물질-전해액 계면을 형성한다. 전해액은 리튬이온이 원활하게 이동하도록 이온전도도가 높은 물질을 사용한다.

전해액은 염, 용매, 첨가제로 구성된다. 염은 리튬이온이 지나가는 이동 통로이고, 용매는 염을 용해시키기 위해 사용되는 유기 액체이며, 첨가제는 특정 목적을 위해 소량으로 첨가되는 물질이다.

리튬염은 음이온의 크기가 크고 이온전도도가 우수한 $LiPF_6$(육불화인산리튬)를 상업용 전해액의 표준으로 사용하고, $LiBF_4$도 많이 쓰인다. 유기용매는 유전율과 점도가 높은 고리형 카보네이트(EC, PC 등)를 기본 용매로 하고, 유전율과 점도가 낮은 사슬형 카보네이트(DMC, DEC, EMC 등)를 보조 용매로 혼합해 제조한다. 기본 용매는 유전율이 높아 리튬염을 녹여 양이온과 음이온을 쉽게 분리시킬 수 있지만, 점도가 높아 전해액 내에서 리튬 양이온의 빠른 이동에 불리하기 때문에 점도가 낮은 보조용매를 첨가한다. 전해액에는 배터리의 수명 향상 또는 과충전 시 발화 억제 등을 위해 BP, CHB, VC, FEC 등 다양한 종류의 첨가제를 사용한다.

[리튬이온 배터리 리튬염 종류 및 특징]

종류	분자량 (MW)	녹는점 (℃)	분해온도 (℃)	이온전도도(㎳/㎝)	
				In PC	In EC/DMC
$LiPF_6$	151.9	200	80	5.8	10.7
$LiBF_4$	93.9	293	100	3.4	4.9
$LiASF_6$	195.9	340	100	5.7	11.1
$LiClO_4$	106.4	236	100	5.6	8.4
$LiCF_3SO_3$	155.9	300	100	1.7	-

(4) 분리막

분리막은 양극과 음극이 섞이지 않도록 물리적으로 막아주는 역할을 한다. 내부의 미세한 구멍을 통해 리튬이온만 이동하게 하고, 전자가 전해액으로 직접 흐르지 않도록 한다.

다공성 폴리에틸렌(PE)과 폴리프로필렌(PP)이 상용화돼 있고, 제조공정에 따라 습식과 건식으로 나뉜다. 습식법은 첨가제인 가소제를 추출할 때 발생한 기공을 확장하는 방식으로 강도, 탄성, 두께, 기공균일도 등에서 우수하다. 건식법은 압출 필름을 저온에서 잡아 늘려 결정계면에 미세 균열을 발생시키는 방식이며, 원가 경쟁력이 높다. 배터리 업체들이 고속의 자동화 조립 라인을 운영하는 경우 강도가 우수한 습식막이 적합하다. 폴리머 배터리의 경우 다공성 고분자막 표면에 세라믹 입자층을 코팅한 강화 분리막을 사용하는데, 고온에서도 분리막의 기계적 수축을 방지해 내구성과 내열성을 높여준다.

[리튬이온 배터리 분리막 종류 및 특징]

구분	건식막	습식막
구조	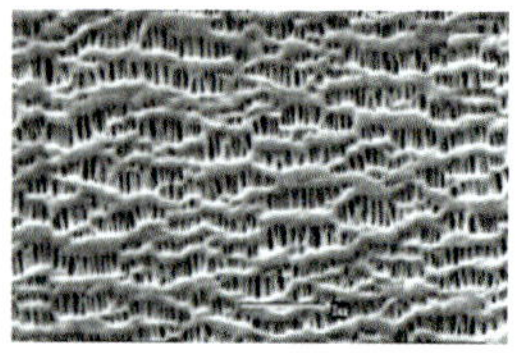	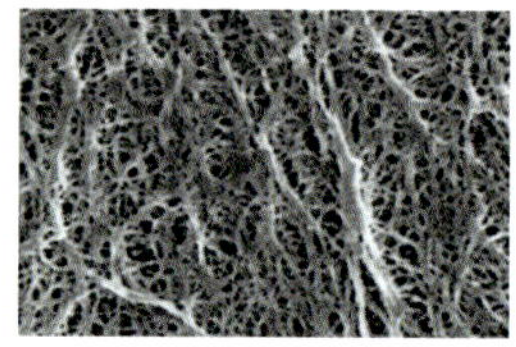
수지	폴리프로필렌, 폴리에틸렌	폴리에틸렌
두께	10~25㎛	10~25㎛
연신	일축(Uni-axial)	이축(Bi-axial)

[6] 차세대 리튬이온 배터리 개발

고용량, 고출력용 리튬 배터리 개발이 진행 중이다. 최근 테슬라의 경우 LFP(인산철) 배터리를 가성비 위주의 전기차에 적용하는 다양한 시도가 진행 중이다.

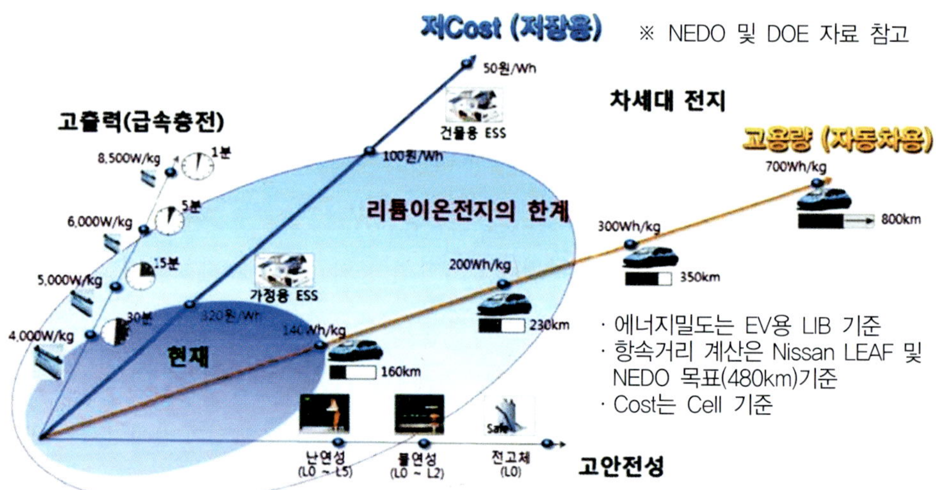

그림 12 | 차세대 리튬이온 배터리 개발

02 리튬폴리머 배터리(Lithium Polymer Battery)

리튬폴리머 배터리는 현재 일본에서 상용화되어 있는 액체 전해질형 리튬이온 배터리의 단점인 안전성 문제, 제조비용의 고가, 대형 배터리 제조의 어려움, 고용량화의 어려움 등의 문제를 해결할 수 있는 배터리이다. 리튬폴리머 배터리인 경우 리튬이온 배터리와 유사하나 리튬이온 배터리의 전해액을 고분자물질로 대체하여 안정성을 높인 것이 다르다. 또한 리튬폴리머 배터리는 음극으로 리튬금속을 사용하는 경우와 카본을 사용하는 경우가 있는데, 카본음극을 사용하는 경우를 구별하여 리튬이온폴리머 배터리로 표기하는 경우가 있으나, 대부분의 경우 편의상 리튬폴리머 배터리로 통용하고 있다.

전해질이 고체이기 때문에 전해질의 누수 염려가 없어 안전성이 확보되고, 용도에 따라 다양한 크기와 모양으로 배터리 팩을 제조할 수 있어 기존의 리튬이온 배터리에서 원통형 및 각형 배터리로 배터리 팩을 제작할 경우 배터리와 배터리 사이에 배터리 용량과 무관한 쓸데없는 공간이 생기는 문제를 해결함으로써 에너지 밀도가 높은 배터리를 제조할 수 있다. 또한 자기방전율 문제, 환경오염 문제, 메모리 효과 문제가 거의 없는 차세대 배터리라 할 수 있다. 특히 배터리 제조공정이 리튬이온 배터리에 비하여 비교적 용이해 대량생산 및 대형배터리 제조가 가능해 배터리 제조비용의 저렴화 및 전기자동차 배터리로의 활용 가능성이 매우 높은 배터리라 할 수 있다.

그림 13 | 리튬폴리머 배터리

그러나 리튬폴리머 배터리가 기술적으로 실현 가능하게 하기 위해서는 다음과 같은 문제가 선결되어야 한다.

① 전기화학적으로 안정해야 한다(과충·방전에 견디기 위해 넓은 전압범위에서 안정).

② 전기전도도가 높아야 한다(상온에서 1ms/cm 이상).

③ 전극물질이나 배터리 내의 다른 조성들과 화학적, 전기화학적 호환성이 요구된다.

④ 열안정성이 우수하여야 한다.

리튬폴리머 배터리는 리튬이온 배터리와 동작원리는 같으나 전해액에 유기용매와 겔상의 고분자를 사용하는 것으로 누액의 위험이 적고 안전성이 뛰어나며, 필름 형태의 재료를 중첩시켜 구성하므로 형상의 자유도가 높아 다양한 모양이 가능한 특징이 있는 반면에 리튬이온 배터리에 비해 체적 에너지 밀도가 떨어지며 제조공정이 비교적 복잡하여 아직까지 가격이 높다.

현재 휴대기기용(디지털카메라 등)으로 사용되고 있는 폴리머 배터리는 폴리에틸렌글리콜(Polyethylene Glycol)이나 폴리에틸렌 플로라이드(Polyethylene Fluoride)로 구성된 폴리머에 전기분해액을 포함시켜 교질화(겔화)한 것으로, 본질적으로는 리튬이온 배터리와 큰 차이가 없다. 하지만 전해질이 준고체 상태이기 때문에, 용액이 잘 새어나오지 않는다는 장점이 있다. 다른 방식의 2차 배터리에 비해 상당히 가볍고, 메모리 효과도 매우 적다. 모양도 비교적 자유롭게 만들 수 있기 때문에 이용이 증가하고 있다. 애플의 노트북인 맥북, 맥북프로에서 사용되기도 한다.

리튬폴리머 배터리는 음극과 양극 사이의 분리막이 리튬이온 배터리에서의 전극의 분리 역할 외에 이온전도의 매개체, 즉 전해질의 역할을 하는 배터리이다. 리튬폴리머 배터리는 전극재료 및 고분자 분리막의 종류에 따라 다음과 같이 구분할 수 있다.

[리튬폴리머 배터리의 분류]

	양극	전해질	음극	개발사
1	고분자	유기용매	리튬 or 고분자	Bridgeststone, Ricoh, Matsushida
2	고분자	고분자	리튬 or 고분자	Kanedo
3	무기재료	고분자	리튬 or 고분자	Yuasa, Hydro-Quedec, Ultralife
4	무기재료	겔형 고분자	리튬 or 고분자	LG, Bellcore, Hitachi Maxell, Sony, Toshibe

[1] 리튬폴리머 배터리 장 · 단점

(1) 장점

① 리튬이온 배터리의 우수한 성능 유지

② 리튬이온 배터리보다 가볍고, 얇게 만들 수 있다.

③ 셀의 두께가 1mm 정도여서 얇은 장치에 사용이 가능하다.

④ 액체 전해질의 누액 누수 및 폭발 위험성이 없고 고체 전해질이라 원하는 형태로 제작이 가능하다.

⑤ 셀당 출력 전압이 3.7V(리튬이온과 동일)이다.

⑥ 자체 방전율이 낮고(월 약 5% 정도), 이로 인해 보관 수명이 길다.

⑦ 친환경적이다(카드뮴이나 수은 같은 중금속 성분이 없다)

(2) 단점

① 얇은 외장재 형태라 외부 충격에 약하다(케이스가 보완을 해준다).

② 액체 전해질의 누수 및 폭발 위험은 없으나, 내부 연소가 발생해 불이 날 수도 있고, 배터리 팩이 부풀어 오른 경우는 건드리지 말고 바로 교체해야 한다.

③ 저온에서 성능이 잘 안 나온다.

[2] 전기화학적 원리

음극과 양극의 활물질(Active Material)이 리튬이온 배터리와 유사하기 때문에 전기화학적 원리는 같다. 배터리의 작동은 충 · 방전에 의해 리튬이온이 양극과 음극 사이를 이동하며 사이에 끼움에 의해 이루어진다. 배터리 작동에 의한 전극의 변화는 없기 때문에 안정적인 충 · 방전이 가능하다.

- 양극(anode): $LiCoO_2(s) = LI_{1-n}CoO_2(s) + ne^-$
- 음극(cathode): $C(s) + nLi^+ + ne^- = CLi_x$

$$LiCoO_2(s) + C(s) = LI_{1-n}CoO_2(s) + CLi_x$$

LIPB는 리튬이온 배터리(LIB)의 전극 구성과 비슷하며, 단지 전해질만 고분자 전해질을 사용하는 것이 다르다. 전해질은 고체 고분자 전해질, 유기용매와 염을 고분자에 혼합한 하이브리드 겔(Gel) 전해질이 있다.

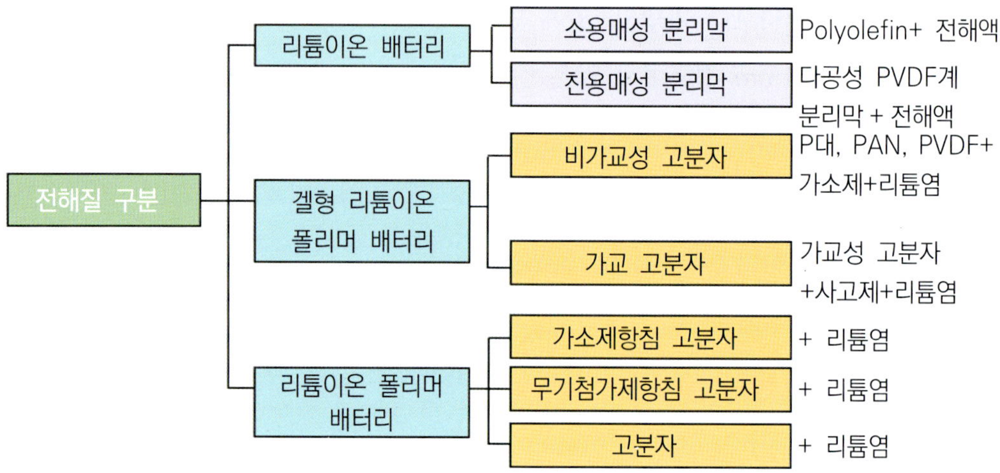

그림 14 | 전해질에 의한 배터리의 구분

[3] 리튬이온 배터리와 리튬폴리머 배터리와의 차이점

① 구조상의 특징에서 판상구조이기 때문에 리튬이온 배터리의 공정에서 나오는 구불구불한 작업이 필요 없으며, 각형의 구조에 매우 알맞은 형태를 얻을 수 있다.

② 전해액이 모두 일체화된 셀 내부에 주입되어 있기 때문에 외부에 노출되는 전해액은 존재하지 않는다.

③ 자체가 판상 구조로 되어 있기 때문에 각형을 만들 때 압력이 필요 없다. 그래서 캔(can)을 사용한 것보다 팩을 사용하는 것이 용이하다.

[리튬폴리머 배터리의 구성 특징]

항목	특징	비고
전극	양극재료의 다양성	전도성 고분자, 유기 황 화합물
	음극재료의 다양성	리튬화합물, 리튬합금 또는 금속

항목	특징	비고
형상	박막 가능	0.1mm 이하 가능
	성형성	-
	유연성	-
	포장 용이성	Can 사용 등에 의한 어려움 없음
물성	고전압	3~4V
	Bipolar 배터리 가능	2~3cell 연결가능
	고에너지 밀도	100~400Wh/kg
	긴 수명	1000회 이상 충·방전 가능
안전성	장기간 보관 가능	5~10년
	내열성	100℃ 이상
	누전해액 문제없음	-
	과충전 대응	-
	과방전 대응	-
환경문제	재료 공급 용이	-
	공해물질 사용 않음	유해금속 사용 않음
기타	저가	-
	생산 용이성	-

[배터리의 특징]

종류	장점	단점
리튬이온 배터리	• 고용량/고에너지 밀도 • 좋은 저온 성능 • 외장재의 견고함-기계적 충격 등에 강하다.	• 폴리머 배터리보다 무겁다. • 금속 외장재의 특성상 일반적으로 4~5mm 이하의 박형 얇은 배터리와 광면적 배터리를 제조하기가 어렵다.
리튬폴리머 배터리	• 고온에서의 안전성 • 얇은 외장재에 따른 무게의 경량화	• 얇은 외장재-기계적 충격에 약하다. • 저온에서 성능 저하 • 용량/에너지 밀도가 매우 낮다.

앞으로 휴대폰과 휴대용 컴퓨터의 기능을 통합하고 화상정보까지 결합된 휴대용 정보기기를 위해서는 전자회로의 집적화 및 통신속도 증대가 필수적이다. 이에 따라 이들 휴대용 정보기기를 구동시키기 위한 전력도 증가될 것이다.

리튬폴리머 배터리는 이러한 휴대용 정보기기의 전력의 심장부로서 폭발 위험성이 없고, 저렴한 가격의 폴리머를 사용하여 배터리의 생산단가가 저렴할 뿐만 아니라 필름과 같은 박막 형태로 제작이 가능하여 크기나 모양을 다양하게 조절할 수 있는 장점이 있기 때문에, 앞으로 리튬폴리머 배터리의 쓰임새는 더욱 다양해질 것으로 예상된다.

03 전고체 배터리(All Solid State Battery)

전고체 배터리는 전해질이 고체인 배터리다. 모든 소재가 고체가 된다. 2011년 동경공업대 Ryoji Kanno 교수가 상온에서 유기 액체 전해질과 동등한 수준의 높은 전도도 $(1.2x10^{-2}(Scm^{-1}))$를 가진 LGPS($Li_{10}GeP_2S_{12}$) 계열 황화물 고체 전해질을 개발하면서 중대한 계기가 마련됐다.

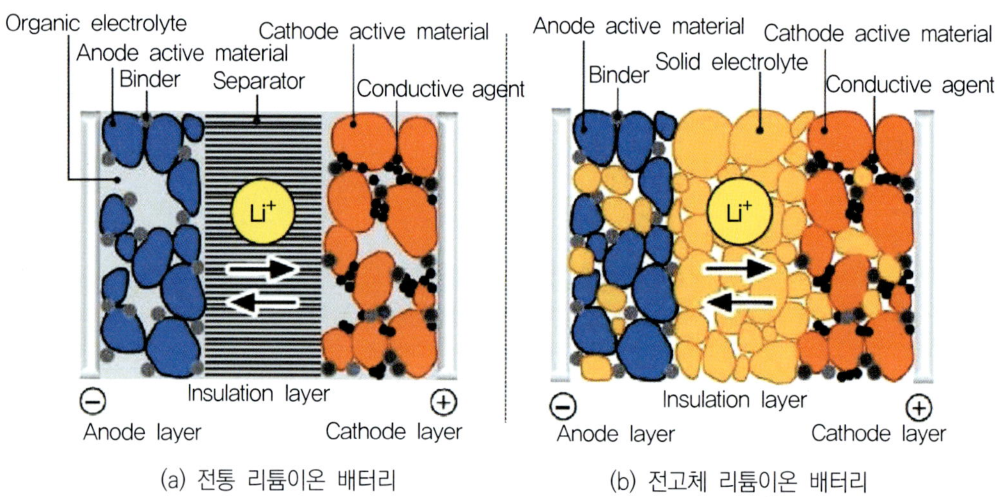

그림 15 | 전통 리튬이온 배터리와 전고체 리튬이온 배터리 개념도 비교

삼성전자 종합기술원이 전기차 배터리의 크기를 절반으로 줄일 수 있는 원천기술 "전고체 배터리(All-Solid-State Battery)"를 개발했다. 따라서 전기차는 전고체 배터리 기술을 통해 1회 충전에 800km 주행, 1000회 이상 배터리 재충전이 가능해졌다. 이 기술은 삼성전자 일본연구소(Samsung R&D Institute Japan)와 공동으로 연구한 결과이며, 세계적인 학술지 "네이처 에너지(Nature Energy)"에 게재됐다.

일반적으로 전고체 배터리에는 배터리 음극 소재로 “리튬금속(Li-Metal)”이 사용되고 있다. 하지만 리튬금속은 전고체 배터리의 수명과 안전성을 낮추는 “덴드라이트(Dendrite : 배터리를 충전할 때 양극에서 음극으로 이동하는 리튬이 음극 표면에 쌓여 나뭇가지 모양의 결정체가 자라는 현상(= Lithium Plating : 석출 현상)” 문제를 해결해야 하는 기술적 난제가 있다.

덴드라이트는 배터리를 충전할 때 양극에서 음극으로 이동하는 리튬이 음극 표면에 적체되며 나타나는 나뭇가지 모양의 결정체이다. 이 결정체가 배터리의 분리막을 훼손해 수명과 안전성이 낮아진다.

삼성전자는 덴드라이트 문제를 해결하기 위해 전고체 배터리 음극에 5마이크로미터(100만분의 1미터) 두께의 은-탄소 나노입자 복합층(Ag-C Nanocomposite Layer)을 적용한 “석출형 리튬음극 기술”을 세계 최초로 적용했다.

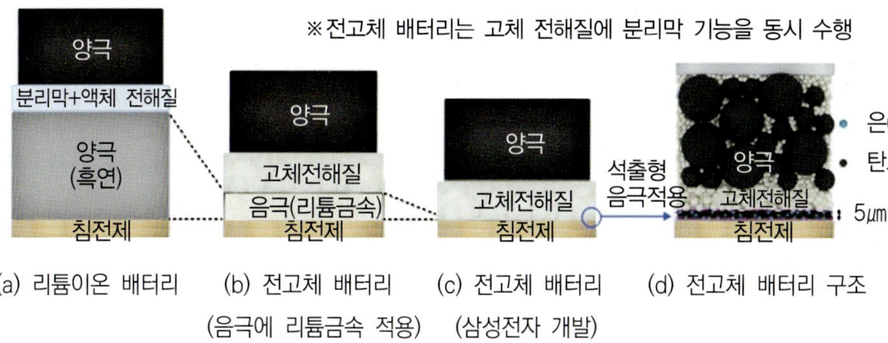

그림 16 | 삼성전자 종합기술원이 개발한 “전고체 배터리” 기술

이 기술은 전고체 배터리의 안전성과 수명을 증가시키는 것은 물론 기존보다 배터리 음극 두께를 얇게 만들어 에너지 밀도를 높일 수 있기 때문에 리튬이온 배터리 대비 크기를 절반 수준으로 줄일 수 있다는 특징이 있다.

[1] 전고체 배터리 장점

첫째, 폭발 및 발화 특성이 없어 안전성이 우수하다. 고체 전해질은 온도 변화에 따른 증발이나 외부 충격에 따른 누액 위험이 없다. 부피 팽창(Swelling)이 발생하지 않고, 열과 압력 등 극한 외부 조건에서도 정상 작동할 수 있다.

둘째, 높은 에너지 밀도를 구현할 수 있다. 이는 적층 가능한 바이폴라(Bipolar) 구조의 장점이다. 그림 17에서 보듯이 유기 전해액을 고체 전해질로 대체하면 집전체 양면에 음극과 양극이 결합된 바이폴라 전극을 제조할 수 있다. 바이폴라 전극의 적용으로 단 배터리에서 10V 이상의 고전압이 발현할 수 있다. 예를 들어, 리튬 이온 배터리에서 14.4V를 구현하려면 3.6V 배터리 4개를 배치해야 하는데, 전고체 배터리는 단 배터리로 가능하다. 단 배터리화의 효과로 분리막, 집전체, 셀외장재(파우치) 등이 감소해 셀 부피가 줄어들고, BMS를 최소화하기 때문에 부피당 에너지 밀도를 높일 수 있다. 또한 전고체 배터리의 안전성 장점으로 인해 배터리 팩에 냉각 및 안전 관련 부자재가 축소돼 팩의 에너지 밀도가 향상된다. 고전압, 고용량 신규 양·음극 소재 적용이 용이하다. 상용 유기 전해액에서는 채택하기 어려운 4.5V 이상 양극재를 적용할 수도 있다. 리튬메탈 음극재를 적용해 전고체 리튬메탈 배터리로 진화하면 400Wh/kg 이상, 1,200Wh/L 이상의 에너지 밀도를 구현할 수 있다.

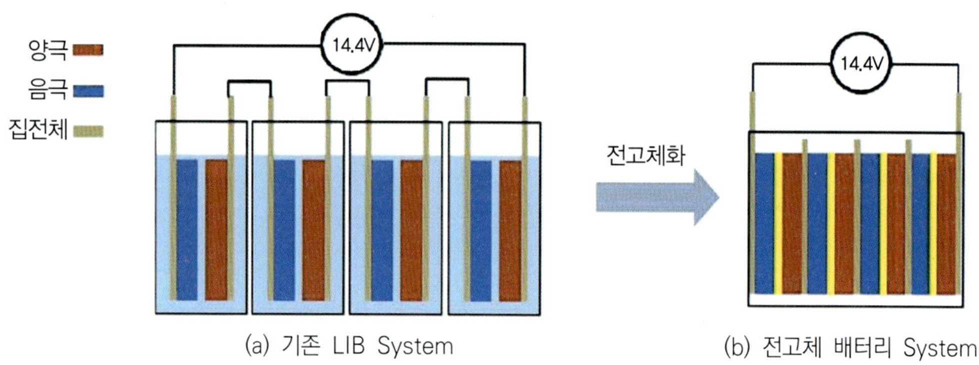

그림 17 | 전고체 배터리 바이폴라 전극

셋째, 고출력이 가능하다. 액체 전해질과 달리 리튬이온이 용매와 분리되는 탈용매 반응이 불필요하다. 충·방전 반응이 곧 고체 내 리튬이온의 확산 반응으로 반영돼 높은 출력이 기대된다.

넷째, 사용 온도가 넓다. 기존 유기 전해액에 비해 넓은 온도 영역에서 안정적인 성능을 확보할 수 있다. 특히 저온에서 높은 이온전도도가 기대된다. 전기차 사용자의 가장 큰 애로사항이 겨울철에 배터리 성능이 저하돼 주행거리가 줄어드는 것이었다. Tesla Model X를 충전 50% 상태에서 추운 밤에 세워두면 다음 날 아침 충전율이 30%로 내려간다. 전고체 배터리 시대가 오면 저온 환경의 불안 요인이 해소될 것이다.

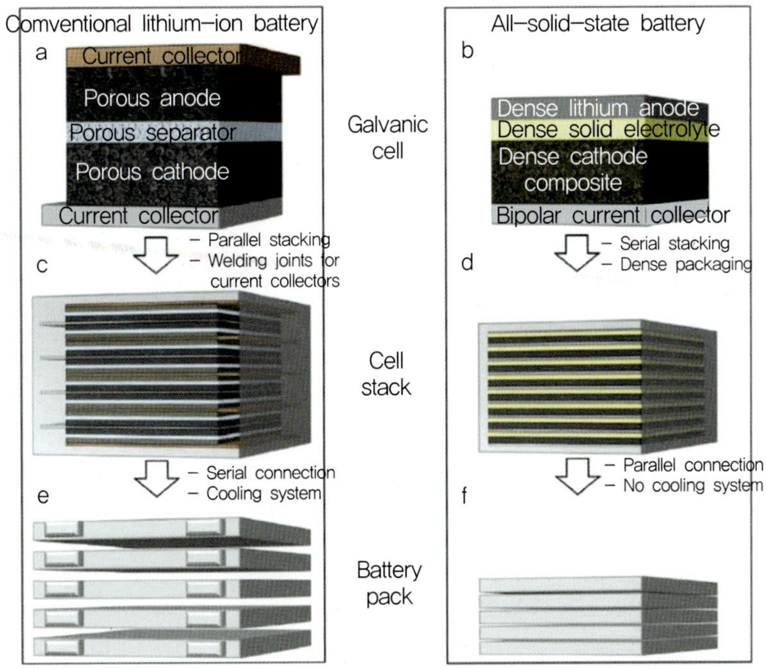

그림 18 | 전고체 배터리와 리튬이온 배터리 셀 및 팩 구조 비교

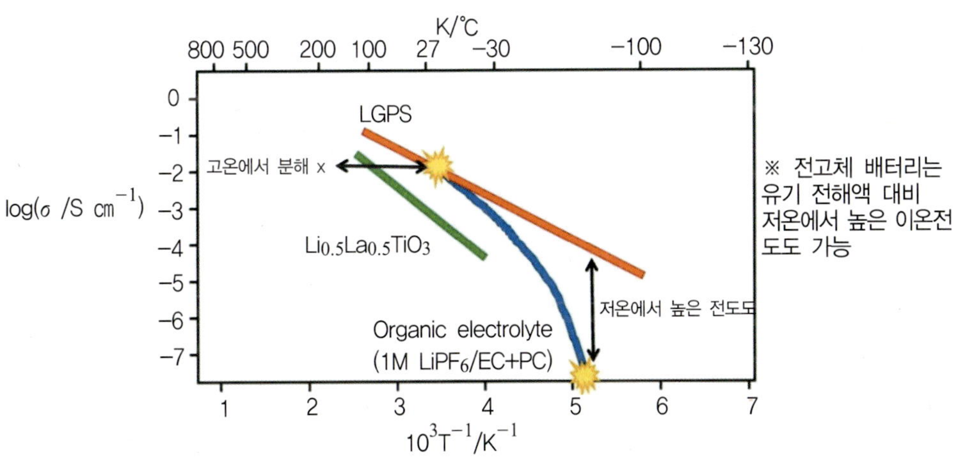

그림 19 | 전고체 배터리의 넓은 사용 온도

다섯째, 배터리 구조가 단순하고, 분리막이 필요 없다. 제조 공정상에서 슬러지 상태의 고체 전해질을 양극 활물질에 코팅한다. 액체 전해질의 주액 공정 없이 연속 공정을 통해 다양한 형태의 다층 구조 셀을 구현할 수 있다.

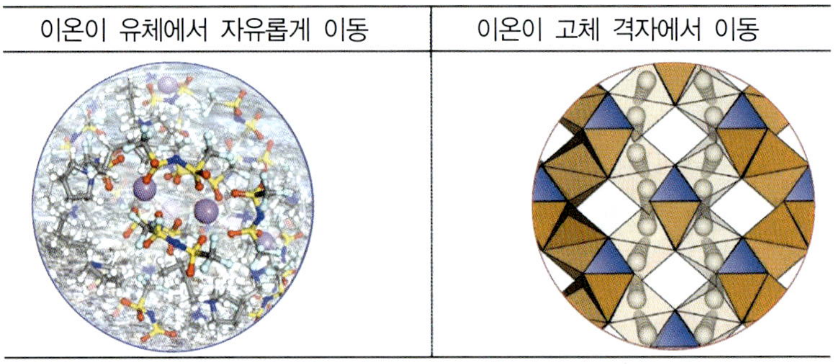

(a) 액체 전해질　　(b) 고체 전해질

그림 20 | 액체 전해질과 고체 전해질 비교

[차세대 배터리 장단점]

종류	구성요소	장점	단점
리튬 황 배터리	-양극 : 황 또는 황화물질 -음극 : 리튬금속 -전해질 : 유기계/고체 전해질	-고용량 및 낮은 제조원가 -기존 공정의 활용 가능	-지속적인 충·방전시 양극재(황)의 감소로 수명 저하 -황에 의한 제조설비의 부식
리튬 공기 배터리	-양극 : 공기(산소) -음극 : 리튬금속 -전해질 : 유기계/고체 전해질	-배터리 셀 구조 단순 -고용량 및 경량화 가능	-고순도 산소 확보 어려움 -산소 여과 장치, Blower 등 추가 장치로 인해 부피 증가
나트륨/마그네슘 배터리	-양극 : 금속화합물 -음극 : 나트륨/마그네슘 -전해질 : 유기계/고체전해질	-저가화 및 고용량에 용이	-양극재 후보물질 적음 -긴 충·방전 시간
전고체 배터리	-양/음극 : 기존 또는 타 차세대 배터리의 양/음극 활용 가능 -전해질 : 세라믹(황화물/산화물), 고분자, 복합재 등	-높은 안전성 및 고용량 가능 -다양한 애플리케이션(초소형 전자기기~전기차)에 활용 가능	-높은 계면 저항 -유해가스인 황화수소 발생(황화물계) 또는 낮은 저온 특성(고분자)

[차세대 배터리 종류별 특징]

구분	리튬이온	리튬메탈	전고체	리튬황	리튬에어
양극	Li(Ni, Co, Mn)O_2	Li(Ni, Co, Mn)O_2	Li(Ni, Co, Mn)O_2	Sulfur	Carbon
음극	Graphite	Li Metal	Li Metal /Graphite	Li Metal	Li Metal
전해액	액체	액체/고체	고체	액체/고체	액체/고체
분리막	PE	PE/×	×	PP/×	Membrane/×
동박	○	△	△	△	△
Wh/L	600	900	1,000	900	1200
Wh/kg	250	440	500	650	950
상용화(1~5)	5	2	3	1	1

5 고전압 배터리

01 고전압 배터리 시스템의 구성

고전압 배터리는 차량 내의 타 제어 시스템과의 통신을 통하여 다음의 항목을 제어한다.

① 에너지의 입·출력 제어 : 에너지 잔량 정보표시(SOC), 가용 입·출력 파워 제한

② 안전 제어 : 배터리 소손 및 폭발 등의 위험성 방지를 위한 제어

③ 배터리의 최적 동작 환경조성 : 냉각 제어 등

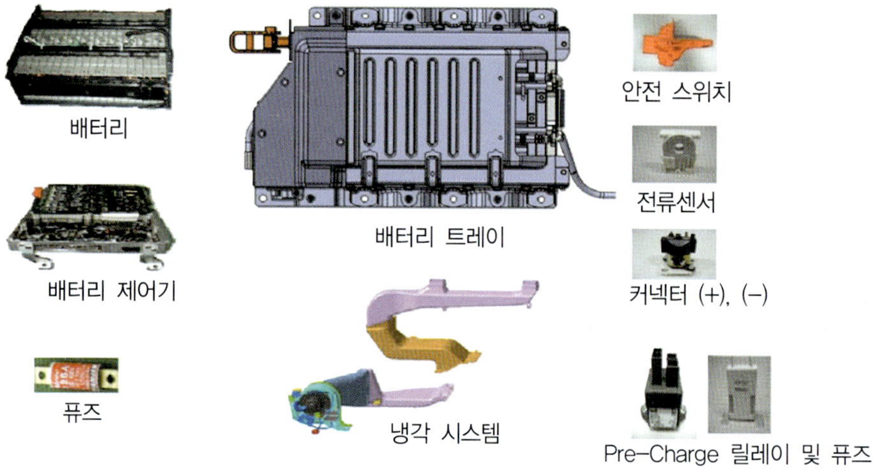

그림 21 | 고전압 배터리의 구성도

02 고전압 배터리 구성

전기자동차에 사용하는 고전압 배터리에는 제작 회사마다 다를 수 있지만 배터리의 기본 단위인 셀 패키징의 모양에 따라 원통형, 각형, 파우치형 세 가지로 나뉜다. 리튬이온 배터리(3.7~4.2V, 3000mAh 내외) 셀(Cell)이 약 96개 정도가 들어가고, 약 12개 정도의 셀을 하나로 묶은 모듈(Module)이 약 8개, 모듈 8개가 하나로 묶은 팩(Pack) 1개가 들어가 있다.

① 원통형 : 건 배터리와 같이 원통형 모양의 셀이다. 가격이 저렴한 장점이 있지만 모듈 구성 시 공간 효율이 낮고 수명이 짧다.

② 각형 : 납작한 알루미늄 상자 모양의 셀로서, 외부 충격에 강하고 모듈과 팩을 구성하기에 용이한 장점이 있지만, 무겁고 열 방출이 힘들다는 단점이 있다.

③ 파우치형 : 금속 셀이 아닌 비닐 재질 주머니에 소재를 담은 형태로서, 가볍고 다양한 모양으로 제조가 가능하다는 장점이 있지만, 상대적으로 안정성이 낮고 가격이 비싼 단점이 있다.

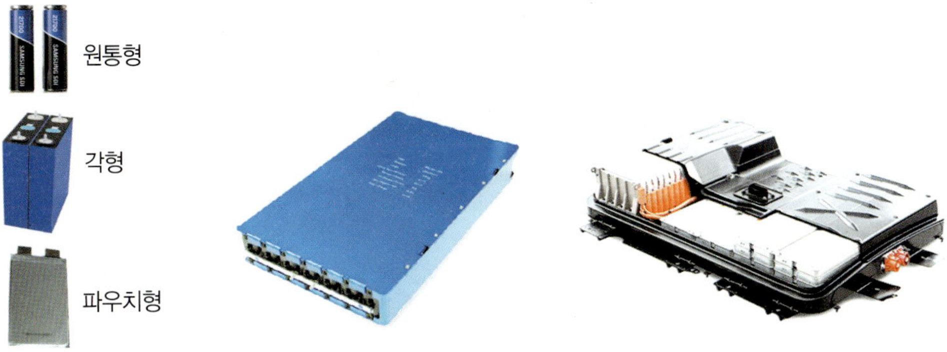

(a) 셀 (b) 모듈 (c) 팩

그림 22 | 셀, 모듈, 팩

03 배터리 팩(Pack) 어셈블리

[1] 외기온도센서

① 배터리 팩 상단에 장착되어 있다.

② 부특성 NTC 소자이다.

③ 배터리 주변 온도를 감지하여 BMS ECU(배터리 제어 유닛)로 정보를 입력한다.

④ 외기온도센서 규정 저항값 : 1kΩ±1%(25℃ 기준)

[2] 배터리 내부 모듈온도센서

① 배터리 팩 내부에 장착되어 있다.

② 부특성 NTC 소자이다.

③ 배터리 팩 내부 온도를 감지하여 BMS ECU로 정보를 입력한다.

④ 외기온도센서 규정 저항값 : 1kΩ±1%(25℃ 기준)

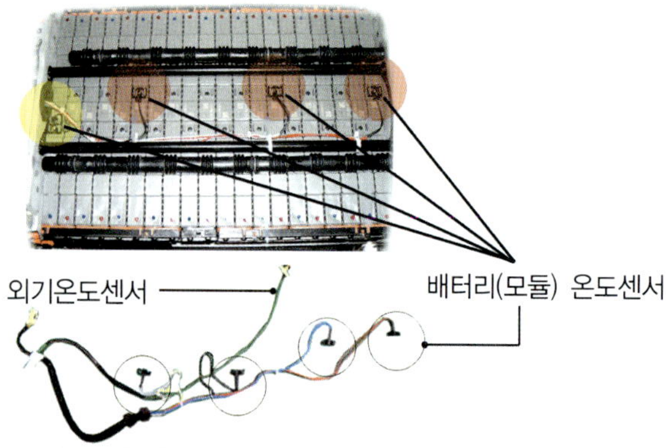

그림 23 | 외기온도센서, 배터리 온도센서

[3] 배터리 제어기[BMS ECU : Battery Management System ECU]

① 입·출력 에너지 제한 및 안전 제어 그리고 에너지 잔존 용량 계산 등을 한다.

② 고전압 배터리 제어를 위한 컴퓨터이다.

③ 배터리 성능 유지를 위한 전류 온도전압, 사용시간 등 각종 정보를 모니터링한다.

④ 종합적으로 연산된 배터리 에너지 상태 정보를 HCU(Hybrid Control Unit) 또는 MCU(Motor Control Unit)로 송신한다.

⑤ BMS는 배터리의 블록으로부터 전압을 모니터링하여 각각의 블록 전압을 확인할 수 있다.

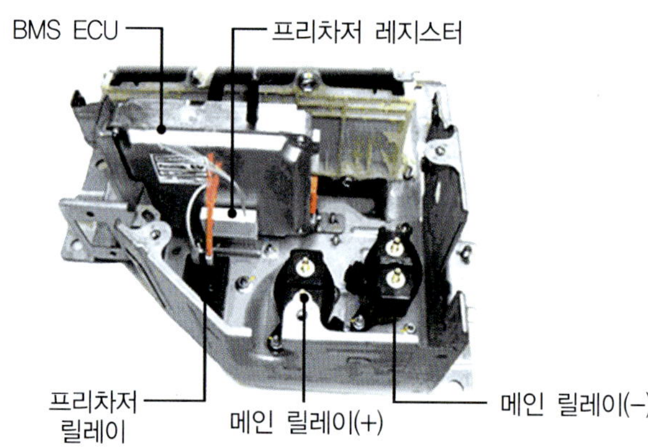

그림 24 | BMS, 프리차저 레지스터, 프리차저 릴레이, 메인 릴레이

[4] 메인 릴레이

① 고전압 배터리의 전원을 MCU(Motor Control Unit)측으로 공급한다.

② 이그니션 키가 ON되고 고전압 전기 동력 시스템이 정상일 경우 MCU는 메인 릴레이를 작동시키고 고전압 배터리 전원을 MCU 내부에 설치된 인버터로 공급한다.

③ 메인 릴레이 저항값은 약 25Ω 정도이다.

[5] 프리차저 릴레이 및 레지스터

① 프리차저 릴레이는 메인 릴레이 (+)와 병렬회로로 되어있다.

② MCU는 프리차저 릴레이를 먼저 동작하여 (+)전원을 공급한다.

③ 프리차저 레지스터는 인버터 손상을 방지한다.

④ MCU는 프리차저 릴레이 작동 직후 완만한 전압상승을 완료하고, 메인 릴레이(+)를 작동시켜 정상적인 전원 공급을 완료 즉시 프리차저 릴레이를 OFF한다.

⑤ 프리차저 릴레이 저항값은 약 110Ω 정도이고 프리차저 레지스터는 약 10Ω 정도이다.

[6] 전류센서

① 고전압 배터리 (−)케이블측에 설치되어 있다.

② 홀 효과를 이용해 배터리 전류량을 검출한다.

[7] 세이프티 플러그

① 고전압 배터리 전원을 임의로 차단시킬 수 있는 전원 분리 장치로 과전류 방지용 퓨즈를 포함하고 있다.

② 고전압 전기 동력 시스템과 관련된 부품을 탈・부착하거나 정비 점검 시 세이프티 플러그를 탈거하면 고전압을 차단시킬 수 있다.

③ 이그니션 ON 상태에서는 세이프티 플러그를 탈거하지 말아야 한다.

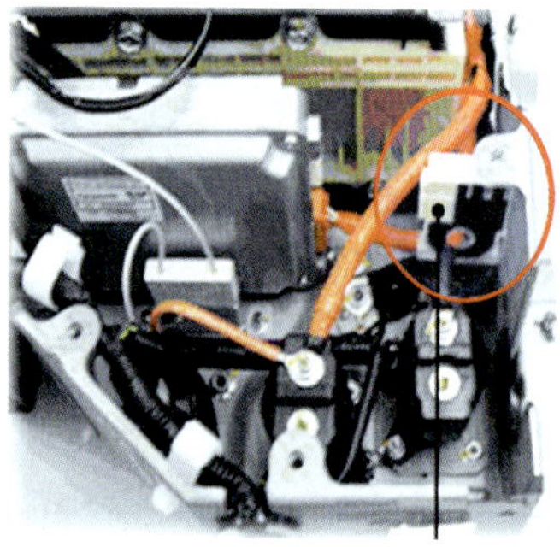

그림 25 | 전류센서

그림 26 | 세이프티 플러그

04 고전압 배터리 주요 제어 특성

[1] SOC 제어 특성

하이브리드 모드 제어를 위한 최적의 배터리 사용 영역에서 제어한다.

SOC 영역	제어 내용
고 SOC 영역	방전 지향, 충전 금지
동작 SOC 영역 : ~70%	방전 지향, 충전 허용
최적 SOC 영역 : 55%~65%	충·방전 제어
동작 SOC 영역 : 20%~	충전 지향, 방전 허용
저 SOC 영역	충전 지향, 방전 금지

[2] SOC[State of Charge] 게이지

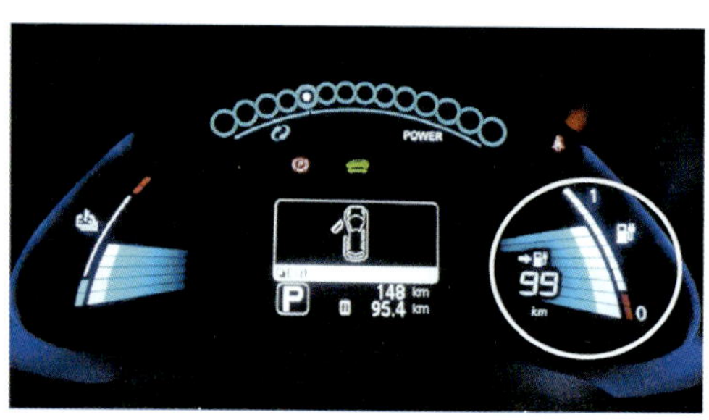

그림 27 | SOC 게이지

게이지수	SOC(%)	게이지수	SOC(%)
28	≥ 77	13	56
27	75	12	55
26	73	11	54
25	71	10	53
24	69	9	52
23	67	8	51
22	65	7	50
21	64	6	47.5
20	63	5	45
19	62	4	42.5
18	61	3	40
17	60	2	37.5
16	59	1	35
15	58	0	〈 35
14	57		

6 배터리 열 관리 시스템(BTMS : Battery Thermal Management System)

01 종류

[1] 공랭식[Air Cooling]

공기 냉각에는 두 가지 일반적인 유형이 있다. 첫 번째는 외부 공기를 직접 사용하여 열에 전달하는 수동 공기 냉각이며, 다른 하나는 배터리 시스템에 들어가기 전에 외부 공기를 예열하거나 냉각할 수 있는 능동 공기 냉각이 있다. 이러한 유형의 냉각은 달성하기 쉽고 비용이 적게 들지만 냉각 효과가 떨어진다. 홍광 미니 전기차와 같은 주류 소형 전기차와 초기 인기 전기차는 모두 이 배터리 냉각 방식을 사용하였다.

[2] 수냉식[Liquid Cooling]

냉각수 시스템은 공랭식에 비해 비열 용량과 열 전달량이 훨씬 높아 공랭식 시스템을 수십 배나 능가하는 경우가 많다. 이렇게 뛰어난 열 성능 덕분에 작동 온도가 훨씬 낮아진다. 또한 배터리 팩 내의 온도 차이를 줄여준다. 액체 냉각 솔루션은 배터리 효율, 안정성 및 전반적인 내구성을 크게 개선하는 데 기여하고, 배터리의 발열량이 큰 경우에 사용된다.

① 직접 수냉식 : 냉각 플레이트가 모듈에 그대로 닿아 냉각시키는 방법이다.

② 간접 수냉식 : 간접 수냉식은 냉각 플레이트가 열계면 소재를 통해 모듈을 냉각시켜 주는 방식이다.

[3] 냉매 직접 냉각

직접 냉각은 냉매를 열 전달 매체로 사용하여 기체-액체상 변화 과정에서 많은 양의 열을 흡수하여 냉장 액체에 비해 열 전달 효율을 3배 이상 높이고 배터리 시스템에서 열을 더 빨리 제거하지만, 이중 증발기 시스템으로 배터리 가열, 응축수 보호 기능이 없으며, 냉매 온도를 쉽게 제어할 수 없고, 냉매 시스템 수명이 좋지 않다.

02 수냉식의 장 · 단점

① 장점 : 물의 열용량이 높고, 냉각 플레이트가 모듈 또는 셀에 맞닿아 물이 계속 순환하므로 모든 셀들이 고르게 냉각될 수 있다.

② 단점 : 가격이 비싸고, 누수의 위험이 있어 매우 정밀한 설계가 필요하다.

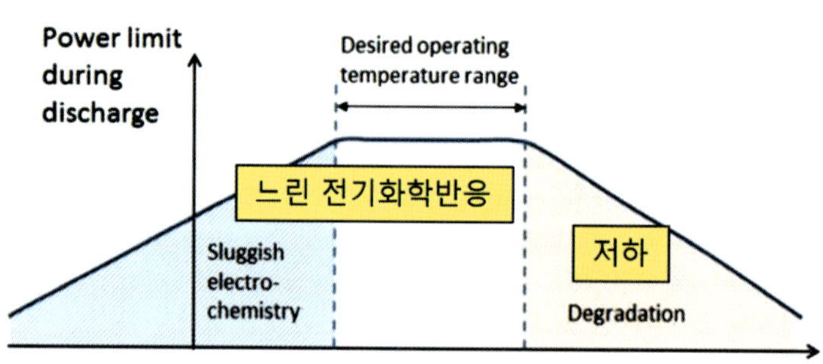

그림 28 | Li-ions Battery Pwer vs | Operating for HEVs

03 침수식 배터리 팩

침수식 배터리 팩이 연구 개발 중에 있다. 3M Novec Engineered Fluid(Dielectric Liquid, 유전체)

액체 유전체는 액체 상태의 유전체 물질을 사용하는데, 주요 목적은 방전을 방지하거나 신속하게 냉각하고, 유전체 액체는 고전압 응용 분야에서 전기 절연체로 사용한다.

① 배터리 열 폭주 차단 가능성이 있다.

② 구조 복잡, 가격 상승, 누수 등 단점도 많다.

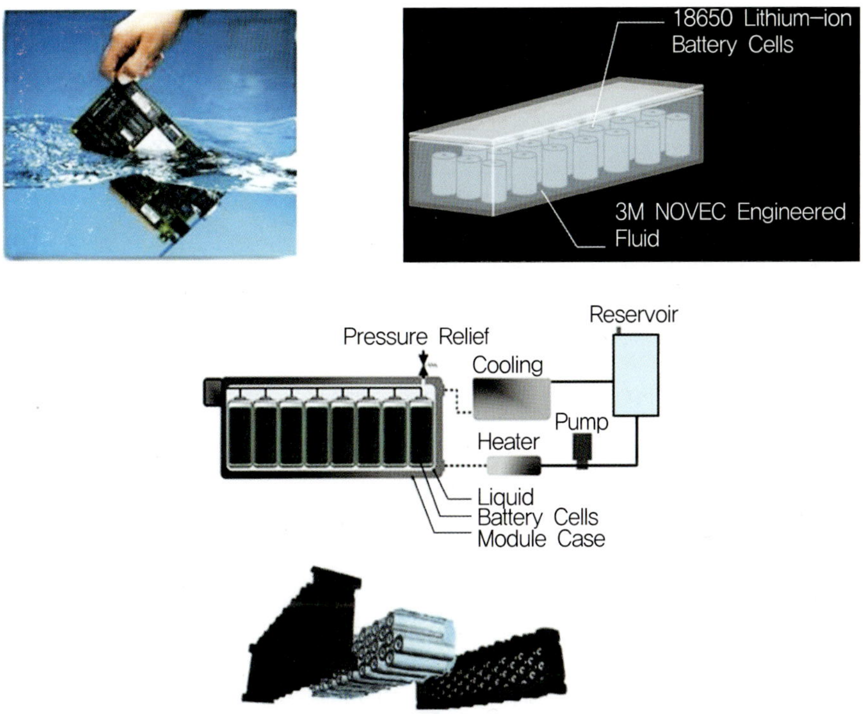

그림 29 | 침수식 배터리 팩

참고 유전체(誘電體, Dielectric)

전기장 속에서 편극이 되지만 전기를 통하지는 않는 절연체인 물질로서 유전체를 사용하면 전기장을 약화시키게 된다.

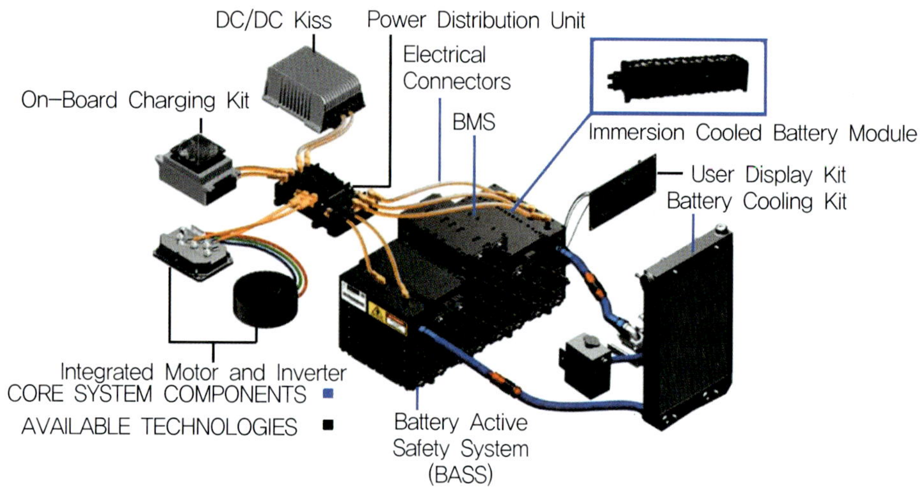

그림 30 | 배터리 냉각 시스템

7 Global 제조사 배터리 적용 현황

[2023년 글로벌 전기차용 배터리 판매실적]

순위	제조사명	매출액		출하량	
		M$	M/S	GWh	M/S
1	CATL	20,100	28.5%	141.1	32.7%
2	LGES	11,410	16.2%	71.5	16.5
3	BYD	6,540	9.3%	48.7	11.3%
4	SK on	5,400	7.7%	30.2	7.0%
5	SDI	4,910	7.0%	21.9	5.1%
6	Panasonic	2,800	4.0%	21.0	4.9%
7	CALB	1,720	2.4%	16.0	3.7%
8	Guoxuan	1,690	2.4%	11.8	2.7%
9	EVE	1,550	2.2%	11.6	2.7%
10	Farasis	930	1.3%	6.0	1.4%
11	Sunwoda	770	1.1%	4.9	1.1%

순위	제조사명	매출액		출하량	
		M$	M/S	GWh	M/S
12	SVOLT	460	0.7%	3.2	0.7%
13	AESC	380	0.5%	1.7	0.4%
14	PPES	320	0.5%	1.1	0.3%
Others		11,470	16.3%	41.1	9.5%
장규모(Pack 기준)		70,450	100.0%	431.8	100.0%
Top 10 비중		81.0%		88.0%	

출처: SNE리서치

[주요 제조사 배터리]

제작사	배터리 업체	배터리 타입	배터리 형태	비고
테슬라	CATL	LFP(리튬, 인산, 철)	원통형	배터리 기술 중국 우수
GM	LG에너지솔루션	NCM(니켈, 코발트, 망간)	파우치형	배터리 기술 한국 우수
포드	LG에너지솔루션	↑	파우치형	
중국	CATL, BYD 등	LFP(리튬, 인산, 철)	각형, 원통형	
BMW	-	LFP 적용 예정	각형→원통형	
벤츠	-	LFP 적용 예정	-	
폭스바겐	-	CATL 적용 예정	CTP : Cell To Pack	
일본	도요타	전고체	-	배터리 기술 도요타 우수

[주요 경쟁사 배터리 개발 현황]

구분	주요내용	비고
포드	• SK온의 포드와 합작사 '블루오벌 SK', NCM(니켈, 코발트, 망간) 배터리를 생산 • 테네시 공장은 43기가와트시(GWh) 규모이며, 주행거리 400km 이상의 고성능 전기차 70만 대 생산 양 • 17개 생산 라인으로 이루어졌고 단폭(300mm)· 장폭(600mm) 배터리 셀을 모두 생산 • 배터리 업체와의 협업을 통해 업계에 차츰 진입 • CATL과 파트너십을 강화하며 미국 미시간주에 약 35억 달러(4조 5400억 원) 규모의 투자, 공장 설립 추진 중 • 공장이 완공되면 지분은 전량 포드가 갖고, CATL은 배터리 기술 및 노하우를 제공	

구분	주요내용	비고
스탈란티스	• LG에너지솔루션의 스텔란티스 합작법인(40GWh)과 오하이오주 GM 합작법인 1공장(35GWh), • 삼성SDI 역시 스텔란티스와 2025년부터 연산 23GWh 규모의 NCA 배터리를 생산	
GM	• 테네시주 GM 합작법인 얼티엄셀즈, 2공장(35GWh) 등도 모두 NCM 배터리를 생산	
폭스바겐	• 독일 잘츠기터에 배터리 공장설립 → 스페인 등 유럽 전역으로 확대 • 배터리 셀 생산에 집중하지만, 중국 CATL의 셀투팩(CTP : Cell To Pack) 기술도 개발 • 200억 유로(약 27조 3300억원)를 투자해 유럽 전역에 6개의 배터리 공장을 짓겠다고 밝힘 • 각 공장의 생산 능력은 연산 40기가와트시(GWh)에 목표 → 240GWh의 배터리를 2030년까지 확보. 주행거리 400km의 고성능 전기차 370만 대를 생산할 수 있는 양 • 통합 각형 배터리(Unified Prismatic Cell)를 생산하며 2030년까지 전체 전기차 80%에 적용해 배터리 비용을 최대 50% 줄일 계획 • 2021년 3월 파워데이 행사를 통해 배터리 내재화를 재차 선언 • 스웨덴 노스볼트와 긴밀한 협업을 통해 유럽에 2030년까지 총 6개의 배터리 공장 설립	
BMW	• 전고체 배터리 자체생산 준비. 삼성SDI 23년 양산 투자 27년 생산, 배터리의 화재 발생 가능성이 낮아지며 음극을 흑연·실리콘 대신 리튬금속을 적용할 수 있어 에너지 밀도를 높일 수 있다. 2031년 80억 달러 시장 전망 • BMW 각형 → 원통형 대비 에너지 밀도 20%, 주행거리 30% 향상, 가격 반값 2025년~ • 독일 라이프치히에 고전압 배터리를 생산하는 공장을 짓기 위해 약 8억 유로(1조 1000억 원)를 투자 → 1년에 1000만 개 수준	
벤츠	• 'EQA'와 'EQB' 등에 2024~2025년부터 LFP(리튬, 인산, 철) 배터리를 탑재 • LFP 배터리는 NCM 배터리에 비해 부피가 크다. 또 한 번 충전해 갈 수 있는 주행거리도 400km 안팎이다. NCM 배터리는 최근 500km 이상 가는 차도 속속 등장하고 있다. LFP 배터리는 방전 시 리튬이온이 빠져나가도 결정 구조가 열화되는 현상이 적어 화재 위험성도 더 낮다.	
테슬라	• 엘앤에프(한국업체)와 2024~2025년까지 2년간 하이니켈 양극재 6만~7만 톤 계약 체결 → 29억 달러(약 3조 8000억 원)에 체결 → 모델 Y 52~55만 대 생산량 → 니켈 함량 80% 이상의 양극재로, 고가의 코발트 대신 니켈 함유량을 높여 보다 저렴하게 배터리를 제작	LFP 계열

구분	주요내용	비고
	• 캐나다의 리튬 채굴 업체 시그마 리튬 인수 입찰 경쟁에 뛰어들 예정 • 호주 '마그니스 에너지 테크놀로지'로부터 리튬이온 배터리 주요 소재인 흑연을 공급받는 계약 • 탄산리튬 생산 공장도 브라질에 건설 중 • 미국 텍사스 리튬정제 공장을 직접 짓는 데 필요한 인허가도 승인 • 전기차 공정 일원화를 실현한다는 구상(수직계열화) • 모델3보다 저가인 2만 5000달러 안팎의 전기차를 내놓을 계획	

8 배터리 팩 신기술(CTP 적용 : 중국, BMW 등)

① 중국 BYD사 CTP(Cell To Pack) : 긴 각형 셀(Blade Cell)을 이용한 모듈 없이 팩 구조 완성

② 재료비, 무게, 부피 절감

③ 기존 초음파용접 및 각종 부품을 획기적으로 절감

④ 원통형 배터리에만 적용 가능하다.

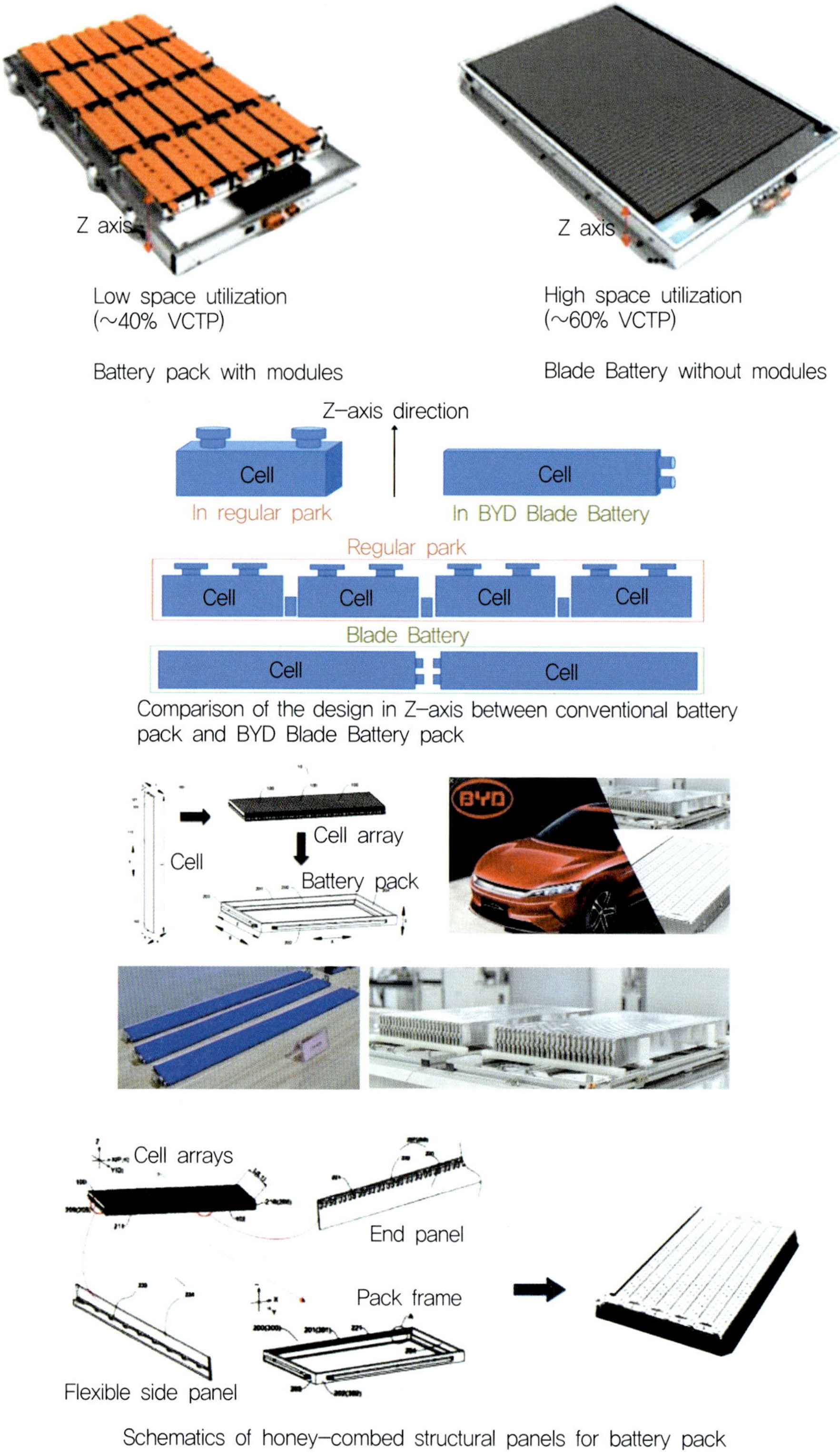

그림 31 | 블레이드 각형 셀 이용한 팩(출처 : BYD)

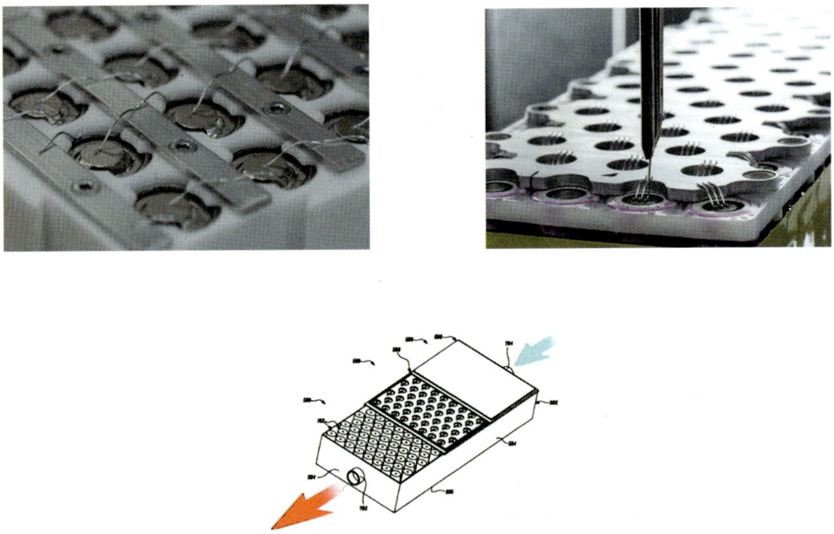

그림 32 | Wire Bonding or Ribbon Bonding

9 배터리 안전성

배터리 화재 또는 폭발이 일어나는 원인은 다양한 원인이 있으며 현재 제조 시 결함들이 원인으로 밝혀지고 있다. 연도별 화재 건수는 2018년 3건, 2019년 7건, 2020년 11건, 2021년 24건, 2022년 43건, 2023년 72건 등이다. 이는 전기차 사용자가 증가함에 따라 사고 비율도 비례해 증가하는 것으로 분석된다.

전기차의 경우 일단 불이 나면 일반 내연기관 차량보다 화재 진압이 훨씬 까다롭다. 전기차에 탑재된 리튬 배터리 화재 시 1000도가 넘게 치솟는 "열폭주" 현상이 발생한다. 분말소화기를 사용하더라도 분말이 리튬배터리 내부에 미치지 못하고 냉각 효과도 거의 없다. 특히 니켈 비율이 높은 "하이니켈 양극재"는 용량이 큰 대신 열 안정성이 낮은 단점이 있어 열폭주에 더 취약하다.

배터리 제작결함이 아니라면 배터리 노후화로 인한 덴드라이트(배터리 리튬 침전물이 음극 표면에 쌓여 결정체를 만드는 현상)로 침전물이 전극을 따라 자라면서 분리막을 찌르거나 파손해 화재가 일어나는 것일 수도 있다.

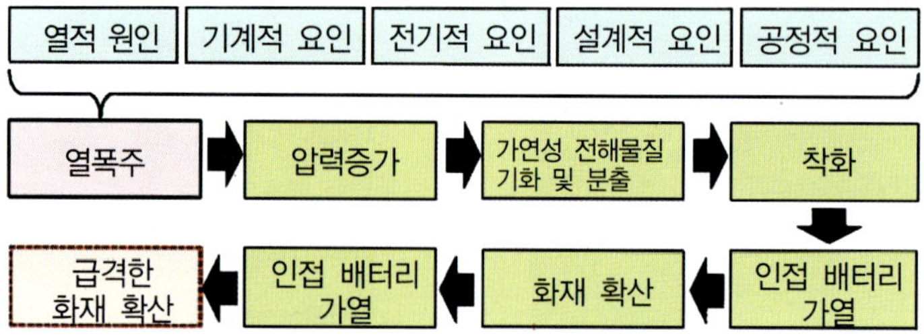

그림 33 | 배터리 화재 또는 폭발원인

참고 열폭주

온도 변화가 그 온도 변화를 더욱 가속시키는 상태로 온도가 상승함에 따라 연쇄적인 부반응으로 이어져 제어할 수 없을 정도로 온도가 상승하는 현상

그림 34 | 전기차 배터리 화재

MEMO

5

충전 시스템 및 공조 시스템

5 충전 시스템 및 공조 시스템

1 충전 시스템

EV 충전 시스템은 EV가 활용되기 위해서는 꼭 필요한 중요한 국가 인프라이다. EV 충전 시스템은 충전 방식, 연결 방식, 통신 및 제어 방식에 따라 구분하고 있으며, 충전 방식에 따라서는 접촉식(Conductive), 유도식(Inductive) 및 배터리 교환 방식(Battery Swapping)으로 구분할 수 있다.

전기적 연결 장치는 주유기에 해당하는 커넥터(Connector) 및 주유구에 해당하며 EV에 장착되는 인렛(Inlet)이 있으며, 단상 및 삼상 교류용, 직류 전용 그리고 교류 및 직류가 함께 있는 콤보(Combo)형이 있다.

비접촉식 충전 방식은 충전소 바닥에 교류를 발생시키는 급전 선로를 자성재료(Core)와 함께 매설하고 자동차 바닥부에는 지하에서 발생한 교류에 의한 자기장을 받아 유도전류를 발생시켜 에너지를 전달받는 집전장치에서 발생된 전류는 정류기를 거쳐 배터리로 충전되는 방식이다.

01 충전 시설 설치 기준

[1] 전기차 전용 주차 구역 설치 의무화 기준

지난 2022년 1월 28일부터 친환경자동차법 시행령 개정안에 따라 공공건물, 공중 이용 시설, 공동 주택 등에는 전기차의 충전 시설과 전용 주차 구역을 설치해야 한다.

① 아파트 및 공동주택은 세대 수가 100세대 이상일 때, 충전 시설을 의무로 설치해야 한다.

② 신축하는 공공시설은 총 주차 대수의 5% 이상, 기축 시설은 총 주차 대수의 2%에 전기차 전용 주차 구역을 설치해야 한다(이때, 기축 시설은 해당 법률 시행일인 2022년 1월 28일 이전에 건축 허가를 받은 시설을 의미).

③ 100세대 이상 아파트와 기숙사는 시행령 기준 3년 이내에 총 주차 대수의 5%를 전기차 전용 주차 구역으로 지정하고, 충전 시설을 설치해야 한다. 즉, 2025년 1월까지는 설치가 마무리되어야 한다.

[2] 콘센트형 전기차 충전기

거주하고 있는 아파트나 주택에 충전기가 충분하지 않다면 콘센트형 충전기를 활용할 수도 있다. 콘센트형 충전기는 설비비용이 기존 설치형보다 저렴하고, 전기차 전용 주차 구역과 상관없이 220V 콘센트에 연결해 사용할 수 있는 것이 장점이다.

설치형 충전기는 설치비용이 많이 들기 때문에 서울시는 콘센트형 충전기 비용을 1기당 최대 50만 원까지 지원하고 있다. 설치를 원하는 공공 주택 대표자나 관리자 등은 서울시 홈페이지에서 신청할 수 있다.

[3] 전기차 충전 관련 과태료

2024년 2월 기준, 전국 전기차 충전기는 총 30만 5,309기이다. 하지만 여전히 전기차 수에 비교해 충전 시설은 부족한 상황인데, 부족한 충전 시설에 주차를 해두고 제때 출차하지 않는 차량이나 충전 시설에 내연차를 주차하거나 물건을 적재해 충전을 방해하는 등의 행동으로 차주 간 분쟁이 생기기도 한다. 이를 방지하기 위해 친환경자동차법 시행령으로 충전을 방해하는 행위에 자동차 과태료를 부과한다.

(1) 급속충전 시설 1시간 이상 주차 금지

친환경자동차법 시행령에 따르면 전기차 급속충전기가 설치된 시설에 1시간 이상,

완속충전 시설에 14시간 이상 주차할 수 없다. 이를 어겼을 시 충전 방해 행위에 해당해 과태료 10만 원을 부과한다.

(2) 전기차 충전 시설에 일반 차 주차 금지

전기차를 위한 충전 시설에는 전기차와 하이브리드차 외의 차량을 주차하면 안 된다. 또한 충전 시설에 물건을 쌓아 두거나 통행로를 막는 등의 행위로 전기차의 충전을 방해한다면 10만 원 이하의 과태료를 부과한다. 그리고 충전 시설을 고의로 훼손했을 때는 20만 원 이하의 과태료를 부과한다.

02 충전의 종류

전기차 배터리 손상을 막기 위해 배터리 용량의 80% 충전 이후에는 급속충전이든 완속충전이든 전류량이 줄어들어 속도가 떨어진다. 충전기 설치 장소는 주거지에는 완속, 공공기관에는 주로 급속이 설치되어 있다. 많은 사람들이 이용하는 마트와 백화점 등은 주로 완속충전기가 설치되어 있다.

[전기차 완속 · 급속 · 초급속충전 비교]

구분	용량	충전전압	충전시간	충전기 설치장소
완속	40kW 미만	220V AC	약 4~8시간	주거지
급속	50~100kW	450V DC	30~60분	공공기관, 공용시설
초급속	100kW 초과	800V DC	30분 이내	공공기관, 공용시설

[1] 완속충전

완속충전은 교류(AC) 전력을 OBC라는 전원 변환 장치를 통해 직류(DC)로 바꿔 전기차 배터리를 충전하는 방식이다. 전류를 변환해야 하므로 급속충전기보다 충전 속도가 느린 편이고, 80% 충전까지 최소 4시간에서 8시간 소요된다.

참고 교류 및 OBC

① 교류(AC : Alternating Current) : 시간의 흐름에 따라 주기적으로 크기와 방향이 변하는 전류

② 직류(DC : Direct Current) : 전류가 한 방향으로만 흐르는 형태를 말한다. 전류의 크기는 일정하며, 방향이 변하지 않는다.

③ OBC(On Board Charger) : 고전압 배터리의 충전을 위해 외부 AC 전원을 DC 전원으로 변환시키는 장치

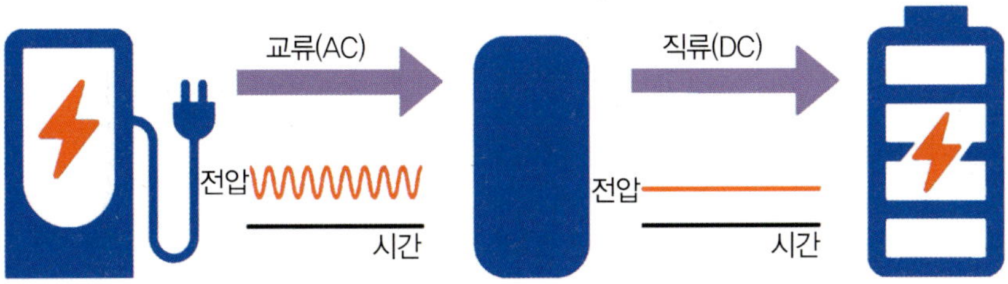

그림 1 | 완속충전

그림 2 | 완속충전 방법

(1) 완속충전 시 전원 흐름

① 완속충전 시 전원 흐름 : 완속충전기(220V AC) → OBC(고전압 DC) → 고전압 정션블럭 → 배터리

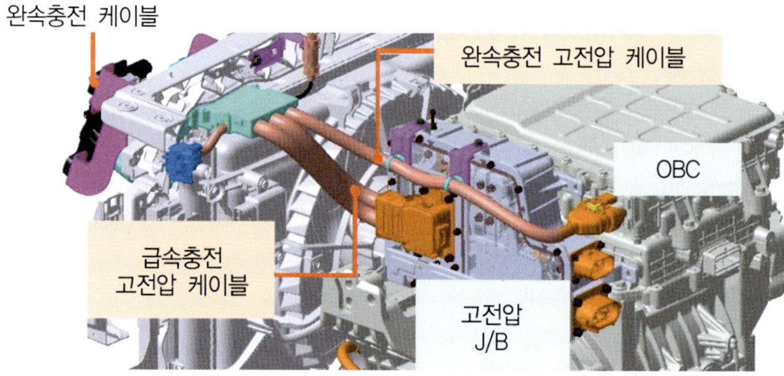

그림 3 | OBC, 고전압 케이블, 완속충전 케이블, 고전압 정션블럭

② 충전 시 OBC가 IG3 릴레이를 구동하여 충전에 필요한 제어기(VCU, BMS, 계기판 등)를 작동시킨다.

③ 100% 충전 설정(AVN 설정) 시 97%까지 실제 충전(AVN은 100%로 표시)

④ IG3 릴레이 역할

㉮ IG OFF 상태에서 배터리 충전 · 공조(즉시 및 예약) 제어 필요

㉯ IG3 릴레이는 이러한 제어 시 관련 제어기에 전원을 공급하는 역할

㉰ 각 릴레이는 병렬회로로 구성되어 어느 하나의 릴레이가 구동되면 각 제어기로 전원 공급

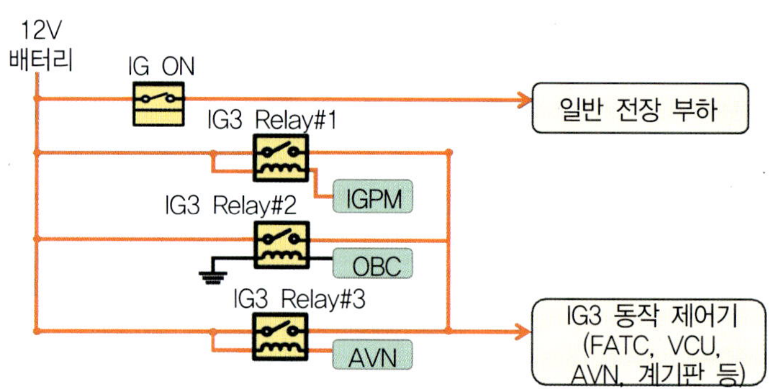

그림 4 | IG3 릴레이

(2) 충전 케이블

① 완속충전 케이블

㉠ 일부 스탠드 타입의 완속충전기의 경우 개인 케이블을 사용하여 충전

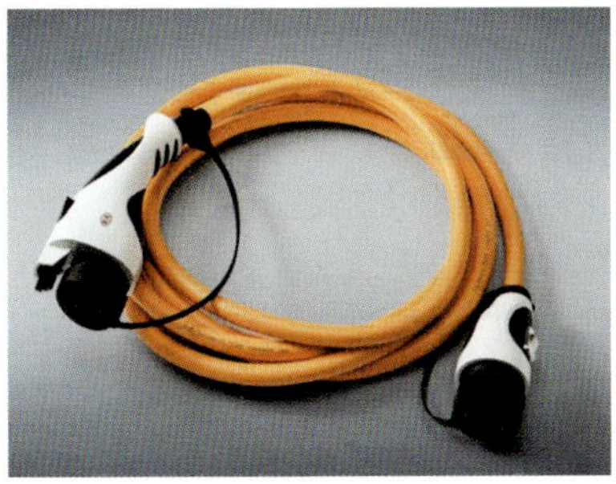

그림 5 | 완속충전 케이블

㉡ 충전 타입(AC 5핀 <현대/기아 등> 또는 7핀 <르노 삼성, 테슬라>)에 맞도록 개인 케이블 사용

② 휴대용 충전 케이블(ICCB)

㉠ 220V 콘센트용 충전 케이블, 케이블 연결 시 결재 없이 바로 충전 가능

㉡ ICCB 충전 시간(내수 220V, SOC 0→100% 충전, 상온 기준) : 기본형 31시간/경제형 19시간

㉢ 충전소까지 이동이 어려운 경우 가정용 220V를 이용해 충전

㉣ 후면 스위치 : 차량 연결 전 누르면 전류 조절 / 충전 중 누르면 충전 중지(케이블 잠금 자동 해제)

㉤ 레이 EV의 ICCB 타 차량과 혼용 불가, 이외의 모든 ICCB 혼용 가능

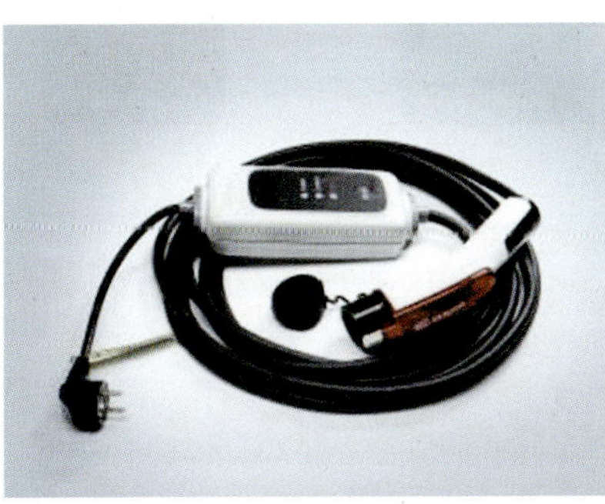

(a) 휴대용 충전 케이블(1세대) 쏘울/레이EV 적용

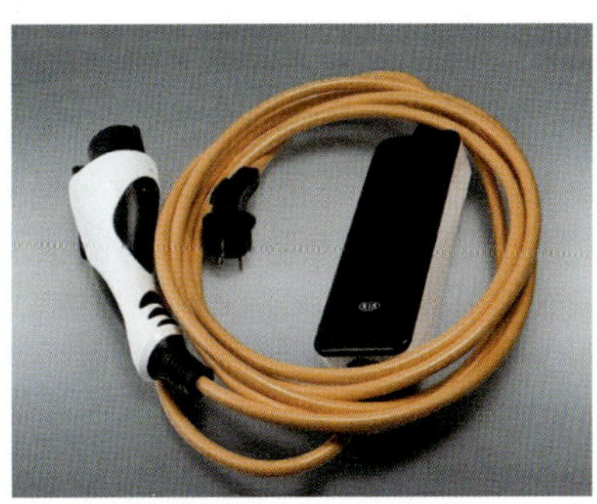

(b) 휴대용 충전 케이블(2세대)

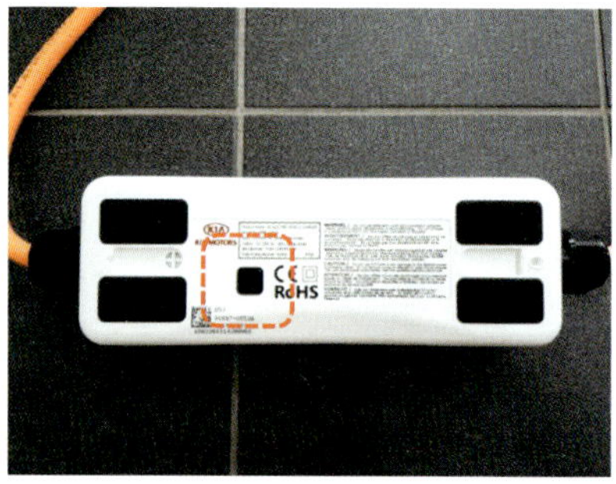

(c) 전류 조절 및 충전 중지 스위치

그림 6 | 휴대용 충전 케이블(ICCB)

(3) ICCB 케이블 연결 시

상태	전원플러그 연결	차량 연결 후	충전 중	충전 중(5분 이후)
화면 : 정상 시			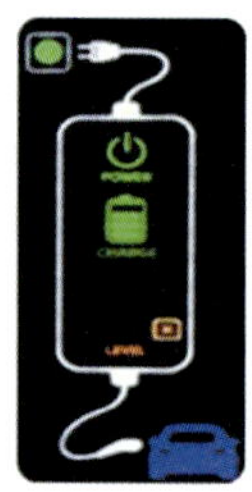	

상태	차량 연결 전	차량 연결 후	차량 통신 고장	충전 플러그 온도 이상
화면 : 고장 시	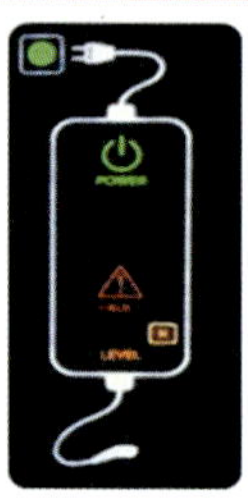	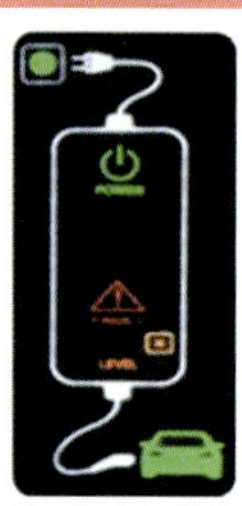	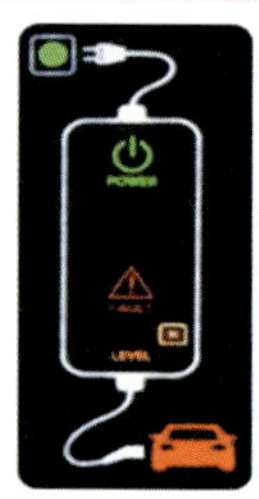	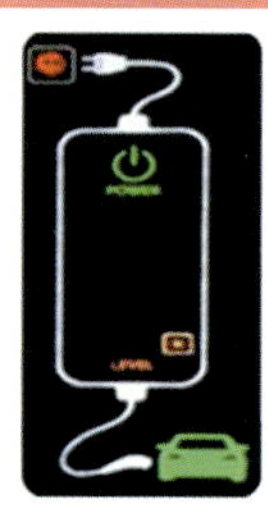
설명	온도 이상 : 내부 고장	누설 : 과전류 발생, 내부 온도 이상 발생	-	-

(4) 충전 커넥터 잠금(완속 Only)

① LOCK(LED OFF) : 개인 소유의 ICCB 또는 완속충전 케이블 도난 방지 기능(도어

언-락 시에만 케이블 분리 가능)/도어 언-락 후 15초 이내에 분리하지 않으면 다시 잠긴다.

② AUTO(LED ON) : 공용 충전기를 사용하여 충전 시 사용(충전 완료 시 케이블 분리 가능)

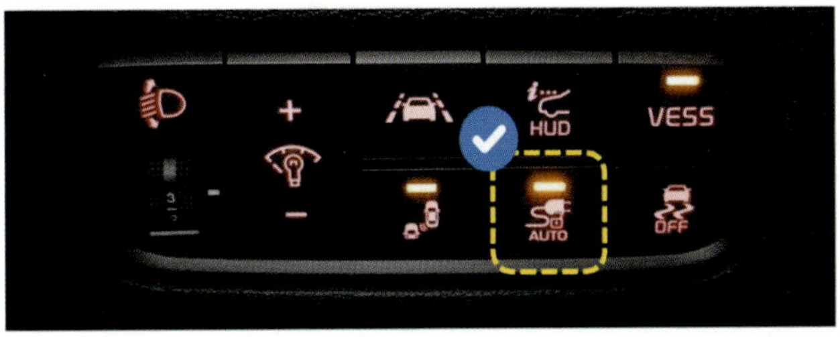

그림 7 | 스위치를 눌러 LED 점등 시 AUTO 모드

[커넥터 잠금 동작]

구분	Lock 모드	Auto 모드
충전 전	○	×
충전 중	○	○
충전 완료 후	○	×

(5) 완속충전기 종류(공용, 비공용)

① 스탠드형(약 7kW) : 공용 충전기, 개인 과금

그림 8 | 스탠드형

② 벽부형(약 3kW) : 비공용, 개인용 충전기, 개인 과금

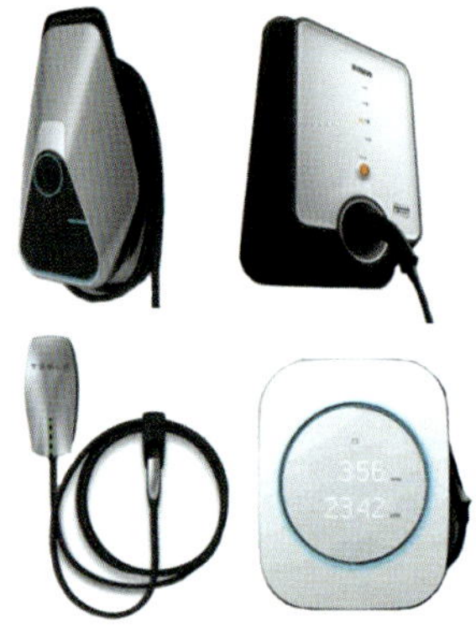

그림 9 | 벽부형

③ 이동형(약 3kW) : 비공용, 개인용 충전기, 개인 과금

그림 10 | 이동형

④ 휴대용(약 3kW) : 개인용 충전기, 공동 주택 등에서 사용 시 도전으로 법적 처벌 가능

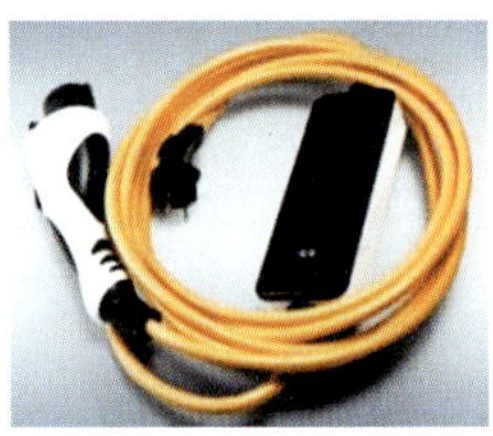

그림 11 | 휴대용

(6) 파워큐브

충전 손잡이를 전자 태그에 인증하여 충전하며, 사용자 개인에게 전기 요금 부과(업체명 : 파워 큐브 코리아)

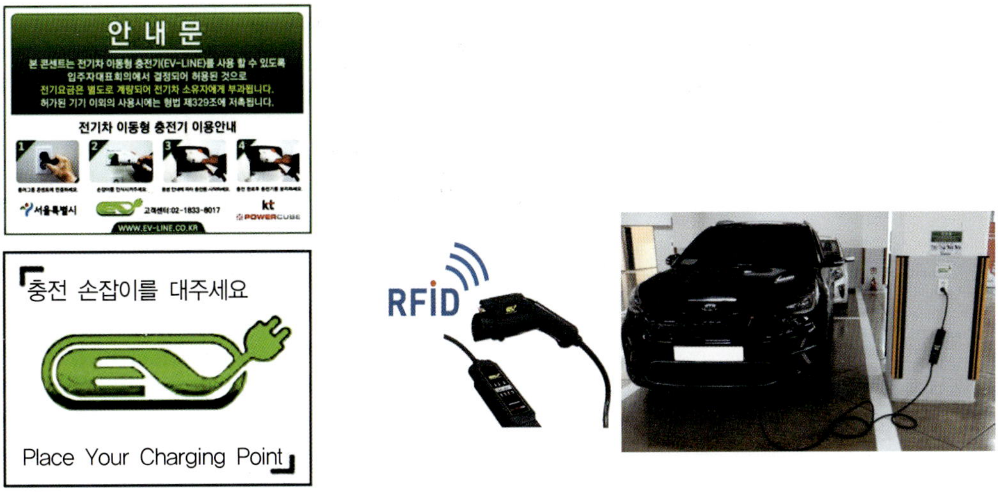

그림 12 | 파워큐브

[2] 급속충전

(1) 개요

① 급속충전은 직류(DC) 전력을 전기차 배터리(DC)에 직접 공급해 충전하는 방식이다.

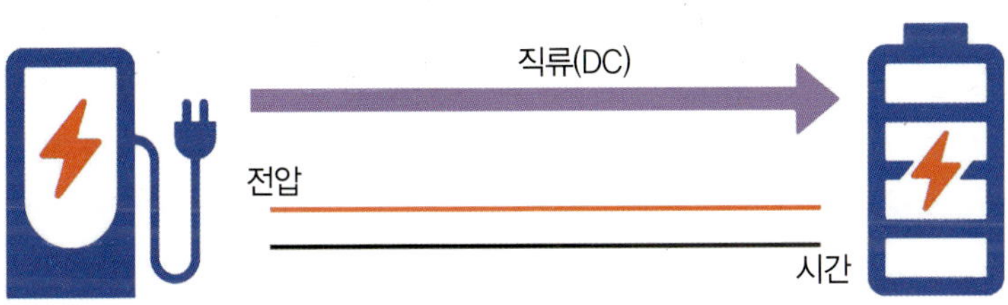

그림 13 | 급속충전

② 대부분 50kW급

③ 전기차 급속충전기는 0→80% 충전까지 30분~1시간 이내로 소요된다.

④ 충전 용량이 100kW 이상의 초급속충전기는 완전충전까지 30분도 걸리지 않는다.

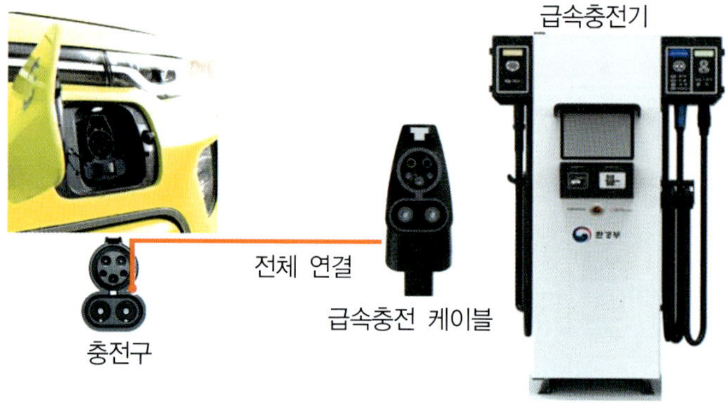

그림 14 | 급속충전 방식

⑤ 급속충전 시 전원 흐름 : 급속충전기 → OBC(IG3 릴레이 작동) & 고전압 정션 블럭 → 배터리

⑥ 급속충전은 SOC 80%부터 배터리 보호를 위해 충전 느려짐

(2) 급속충전기의 종류

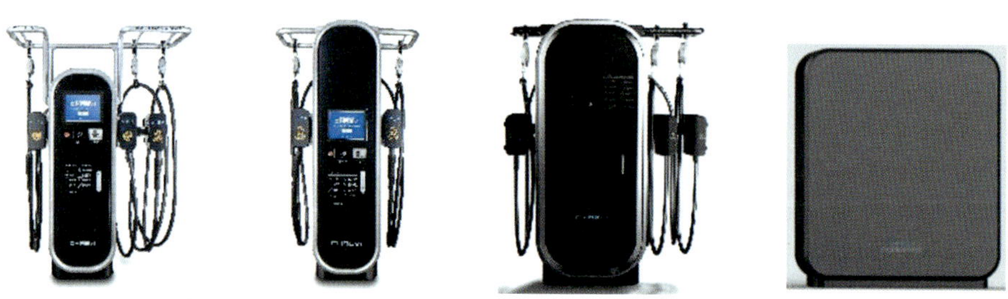

(a) 50kW급 (b) 100kW급 (c) 200kW급 (d) 400kW급

그림 15 | 급속충전기

(3) 충전 조건

① 도어 언락(충전 도어 Open), Key ON 또는 OFF(Ready에서 충전 불가), 변속레버 P 위치

② 충전 상태를 계기판 및 대시보드 상단의 3개의 램프로 표시

③ 예약 충전 설정 시 설정 시간에 충전 시작

(a) 충전 표시 램프 (b) 충전 상태(계기판)

그림 16 | 충전 상태

(4) 급속충전과 완속충전의 차이점

급속충전(공용충전)은 다음과 같은 제한이 있다.

① 공용으로 사용하기 위해 1회 최대 40분의 시간제한

그림 17 | 40분 제한

② SOC 약 80%부터 배터리 보호 등의 이유로 천천히 충전

그림 18 | 배터리 충전 상태

[3] 초고속[급속] 충전기의 E-pit

① 전기차 생태계 구축을 위해 국내 최초 고속도로 휴게소에 마련한 초고속 충전소
② 전국 고속도로 휴게소 12곳에 총 72기 구축
③ 화성휴게소 E-pit 충전소에서 현대자동차 '아이오닉 5' · 기아 'EV6' 충전 시연 진행
④ 350kW급 초고속 충전설비, 800V 초고속 충전 → '아이오닉 5'와 기아 'EV6'는 18분 이내에 배터리 용량 10%에서 최대 80%까지 빠른 속도로 충전

그림 19 | E-pit 충전소

[4] 회생제동

전기자동차는 엑셀 페달의 밟는 양에 따라 모터에 의한 토크를 비례적으로 발생시켜 주행하고 있다. 감속 또는 제동 시 모터를 발전기로 작동시켜 주행 시의 운동에너지를 전기에너지로 변환시켜 줌으로써 이 에너지를 전지에 충전할 수 있다.

이는 제한적인 배터리 가용 시간을 보완해주는 시스템으로 전기자동차에 있어서 중요한 기술이라고 할 수 있다. 특히 회생 브레이크 시스템은 엑셀 페달을 밟지 않을 때 발생하는 엔진 브레이크의 상당분과 브레이크 페달을 밟을 때 발생하는 감속 시 에너지를 회생시키는데, 이 경우 구동 바퀴만 브레이크가 강하게 작용하기 때문에 회생 브레이크 에너지가 너무 강하면 차의 안정성에 영향을 미치게 된다.

이러한 안전문제를 해결하기 위해 ABS 등을 함께 설치하여 제어하는 회생 브레이크 시스템이 탑재되고 있으며, 주행 중 감속 시 바퀴가 모터를 회전 → 구동 모터의 제어를 발전기로 바꿔 배터리 충전, 레이 및 쏘울 EV는 변속 레버의 "B-레인지"로 회생제동량을 증대하며, SK3 EV는 조향 핸들에 있는 패들 스위치로 회생제동량을 조정한다.

[5] 신규 개발된 충전 시스템

(1) 800V 전용 급속충전 시스템

800V 전용 급속충전 시스템은 3분대의 충전 시간으로 100km 주행이 가능

(2) 양방향 충전기(Smart Grid)

① 2017년 한국 최초로 전기차 탑재형 양방향 충전기 개발

② 충전식 친환경차를 전력망과 연결시켜 주차 중 유휴 전력을 이용하여 전력망을 통해 전기차를 충전

③ 주행 후 남은 전기를 전력망으로 다시 송전(방전)

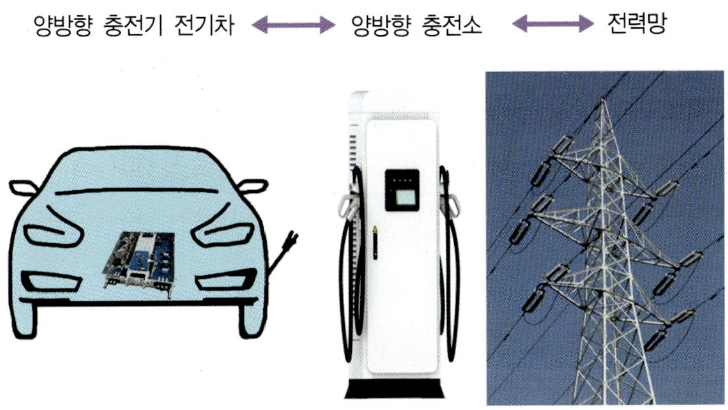

그림 20 | 양방향 충전 방식

[6] 고전압 배터리 충전

(1) 충전 흐름

① 충전기 연결 시 차량으로 고전압 및 CP, PD 신호 OBC로 전달 → IG3 릴레이 → 충전 시작

② CP(Control Pilot) 신호 : OBC와 충전기 통신 유무 확인 - 충전기 연결 시 6V

③ PD(Proximity Detection) 신호 : OBC와 케이블 연결 유무 확인 - 케이블 연결 시 1.5V

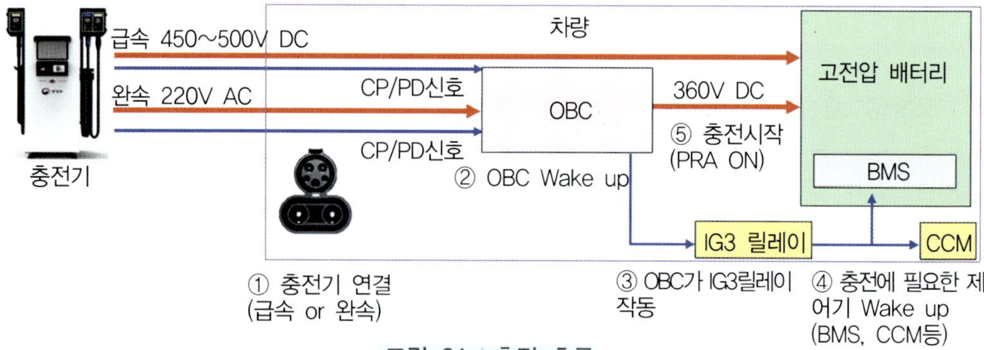

그림 21 | 충전 흐름

(2) 충전구 각 단자 구성 및 역할

구분	콤보1 충전구
이미지	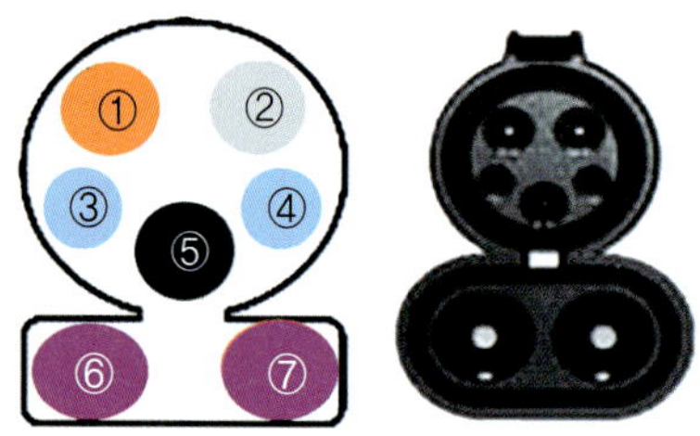
특징	단상(5핀+2핀), 내수/북미 적용

구분	콤보1
1	AC 220V
2	AC 220V
3	PD 신호선
4	CP 신호선
5	접지
6	DC(+) 370V(급속 전용)
7	DC(-) 370V(급속 전용)

① CP 규정 전압 : 0V(충전기 연결 안됨), 6V(충전기 연결 / 충전 중), 9V(충전기 연결 / 충전 준비)

② CP 규정 듀티 : 0%(충전기 연결 전), 20%(충전 중), 100%(케이블 언락 버튼 누름)

③ PD 규정 전압 : 1.5V(케이블 연결), 4.5V(케이블 탈거), 2.5V(케이블 언락 버튼 누름)

(3) 충전 표시등

① 3개의 충전 표시등으로 충전 상태 표시

② 추가적으로 예약 충전 상태 및 보조 배터리 충전 등의 고전압 관련 작동 여부 표시

그림 22 | 크러쉬 패드 상단의 충전 표시등(동승석부터 1,2,3)

충전 표시등			내용	
1	2	3		
소등	소등	소등	미충전 상태	
점멸	소등	소등	충전 중	0~33%
점등	점멸	소등		34~66%
점등	점등	점멸		67~99%
점멸	점멸	점멸	충전 중 이상 발생	
소등	소등	점멸	예약 공조 작동 중 보조 배터리 충전 중	
소등	점멸	소등	예약 충전 설정 시(3분간 점멸 후 소등)	

(4) 즉시 충전 버튼(완속 Only)

① 예약 충전을 해제하고 즉시 충전하기 위해서 충전 케이블 연결 후 3분 이내에 즉시 충전 버튼 누름

② 일회적인 해제로 예약 충전 설정이 해제되지 않음

③ 또는 AVN에서 예약 충전 설정 해제

예약 충전 설정 시 중간 램프 3초간 점멸

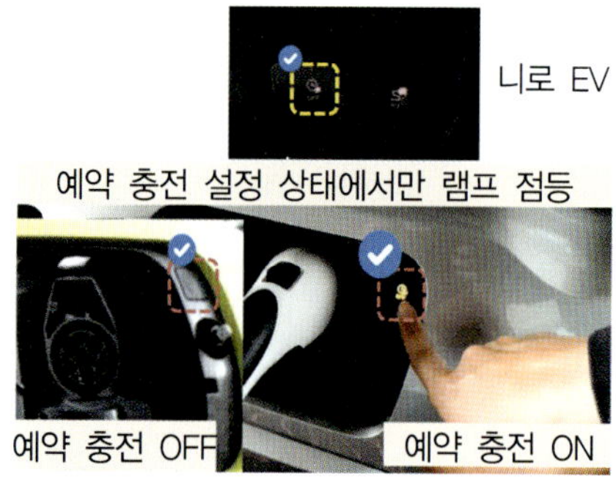

즉시 충전 버튼(위치가 니로 EV와 다름) : 실내로 들어가지 않고 바로 모드 전환 가능

그림 23 | 예약 충전 ON/OFF

03 충전 시 주의 사항

[1] 충전 케이블이 안 빠질 경우

① 기본적으로 도어 언락 상태에서만 해제 - 언락 실시(케이블 미탈거 시 15초 후 다시 잠김)

② 고장 시 비상 해제 케이블을 당기고, 충전 케이블의 잠금 해제 버튼을 눌러 케이블 탈거

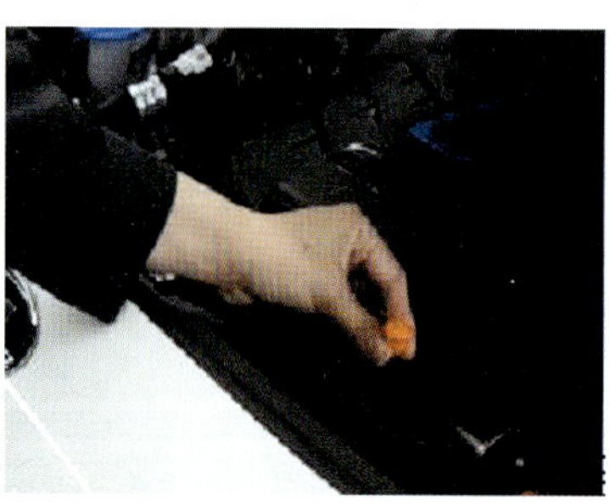
① 비상 해제 케이블 당김

② 잠금 해제 버튼 누르고 당김

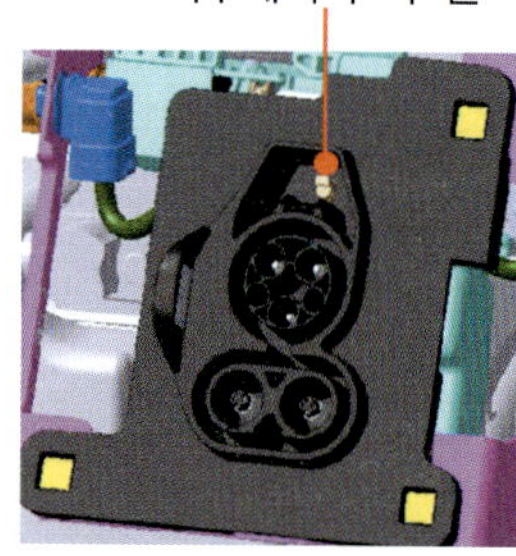
③ 액추에이터 락 핀(케이블 잠금 장치)

그림 24 | 충전 케이블이 안 빠질 경우

[2] 충전 안 될 때 진단

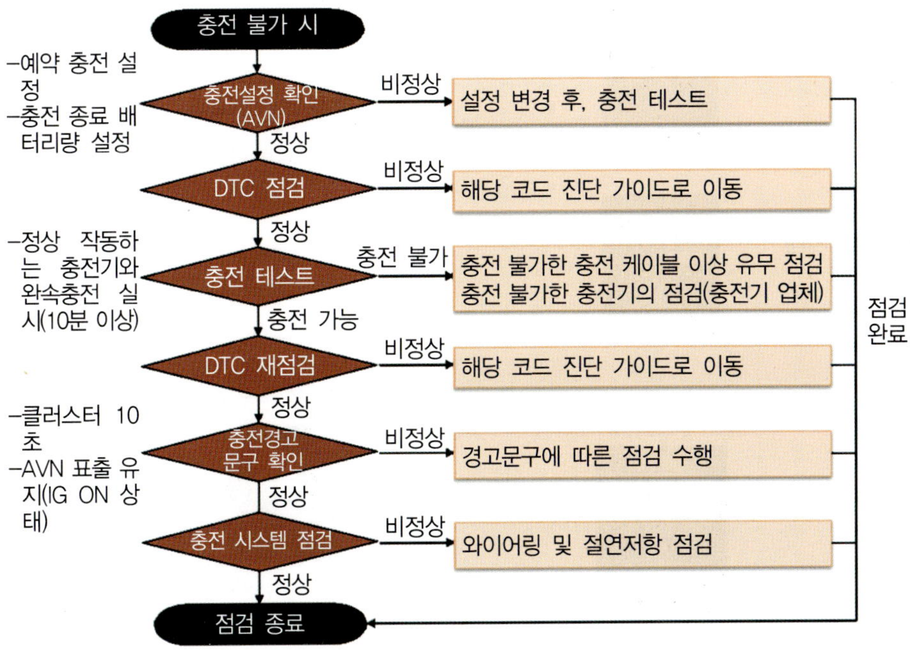

그림 25 | 충전 안 될 때 진단

(1) DTC(경고등) 확인 및 충전 테스트

① 각 제어기별 고장 코드 확인

② 다른 충전기에서 충전 확인/충전기 고객 센터 등을 통한 결재 & 카드 오류 등 확인

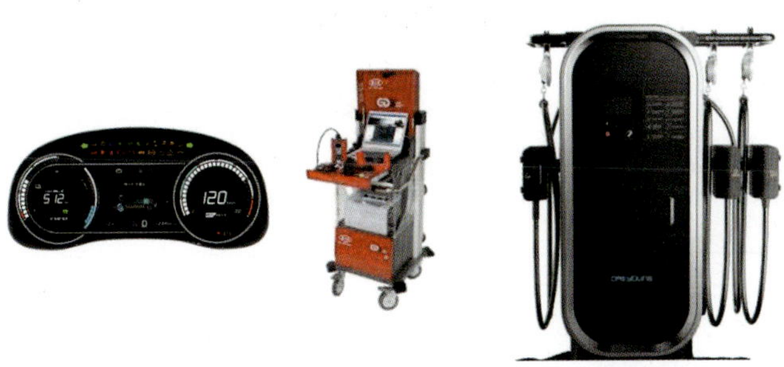

그림 26 | DTC(경고등) 확인 및 충전 테스트

구분	주요 내용	
내용	계기판 메시지	점검 항목
완속충전기 상태 확인		• 외부 완속 및 급속충전기에 문제가 있는 경우 • 외부 완속충전기에서 충전을 중지한 경우 • 충전 케이블이 손상된 경우 충전기 또는 케이블에 문제가 없는지 확인
급속충전기 상태 확인		
케이블 연결 상태 확인		• 충전 커넥터가 차량에 정상적으로 연결되지 않은 경우  • 충전 케이블의 잠금 해제 버튼이 눌려 있는 경우 충전 커넥터 분리 후 재연결, 커넥터 손상 또는 이물질 확인, 정품 케이블 사용

(2) 충전 케이블 관련 센서 출력 확인

센서명	센서값	단위
☑ 인렛 Auto/Lock 모드	Lock Mode	-
☑ 인렛 잠금 액추에이터 상태	Locked	-
☑ 인렛 잠금 액추에이터 동작 실패 상태	Normal	-
☑ 충전 커넥터 체결 상태	CONNECT	-
☑ PD 상태	Normal	-

정상값 LED 점등 상태에서 확인

센서명	센서값
☑ PD 상태	Plug Open
☑ 충전 커넥터 체결 상태	DISCONNECT

케이블 탈거 상태

센서명	센서값
☑ PD 상태	Normal
☑ 충전 커넥터 체결 상태	CONNECT

케이블 연결 상태

그림 27 | Auto 스위치

(3) 충전 케이블 점검

① PD 신호 점검 : 충전 케이블의 PD-접지, 단자 저항 측정(규정값 약 150Ω)

② 충전 케이블의 락 버튼 누르고 PD-접지 단자 저항 측정(규정값 약 480Ω)

③ 케이블 잠금장치 고장 시 완속충전은 가능하지만 급속은 불가

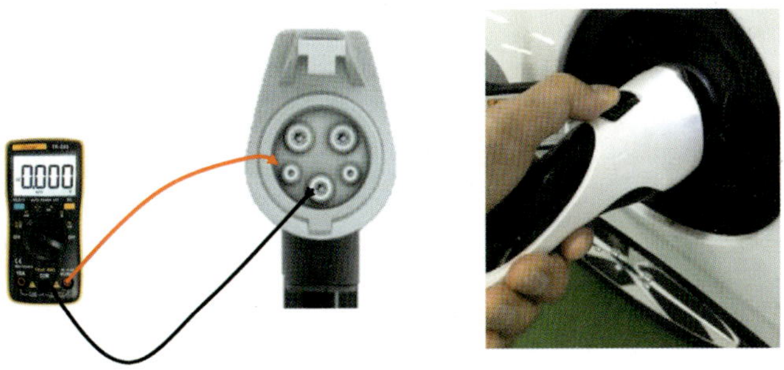

그림 28 | 충전 케이블 점검

[3] 충전 불가 시 진단하기

(1) 충전 설정 확인

① 예약 충전 설정(즉시 충전 버튼 누름) 또는 충전 배터리량이 낮게 설정된 건 아닌지 확인

② 보조 배터리 완전 방전 시 OBC Wake-Up 불가로 충전 불가, P-레인지 확인

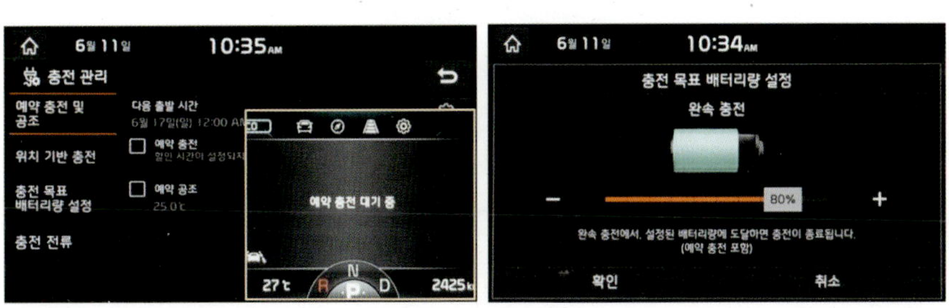

그림 29 | 충전 설정 확인

[4] 전력 소비량 이해

① SK3 EV는 기본형 64kWh(경제형 39.2kWh)

② 위 등급표를 보면 31.4kWh/월, 즉 만충된 SK3 EV로 이 냉장고를 2달 동안 사용 가능

③ 집에서 쓰는 전기로 보면 … 겨울과 여름 전기 사용량 비교

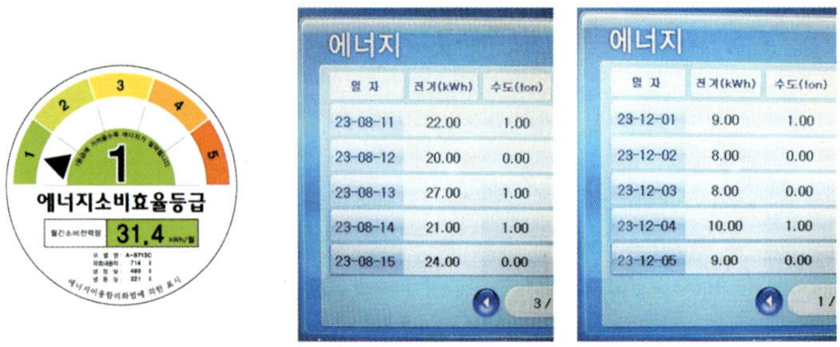

그림 30 | 겨울과 여름 전기 사용량 비교

04 충전 단자

그림 31 | EV 충전기

① J1772, AC3상, 차데모, CCS1 모두 사용함

② J1772 + 차데모 → CCS1

③ J1772 + 차데모 → CCS1

④ NACS 표준 정립

[충전 단자 종류]

구분	미국·한국	유럽	일본	중국	Tesla(미국)
완속 (AC)	Type 1 (J1772)	Type 2 (Mennekes)	Type 1 (J1772)	GB/T	NACS(North American Charging Standard)
급속 (DC)	Combo(CCS1)	Combo(CCS2)	CHAdeMO ChaoJi(미정)	GB/T or ChaoJi 또는 GB/T개정판(미정)	
통신방식	PLC		CAN		CAN
출력범위	150kW 대응기기가 일반적, 350kW 대응기기가 설치 시작		50kW 대응기기가 일반적, CHAdeMO는 90kW 대응기기가 설치 시작		250kW 대응

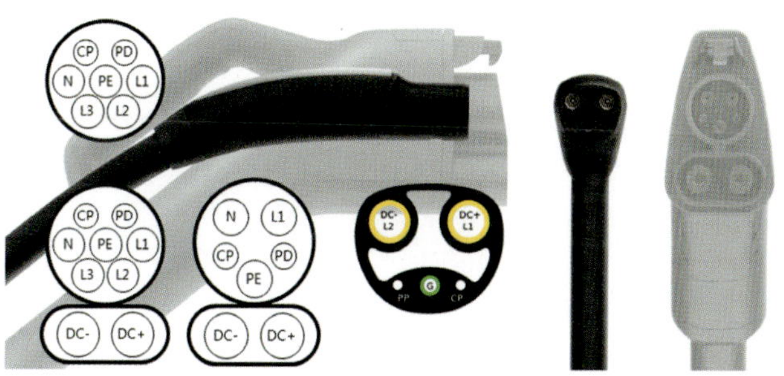

그림 32 | 충전단자 비교

[1] 충전회로[완속]

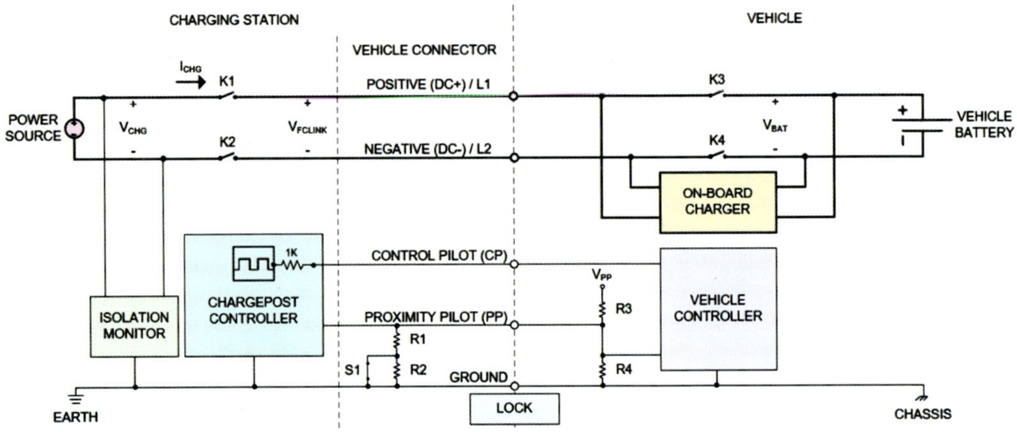

그림 33 | 충전회로(NACS)

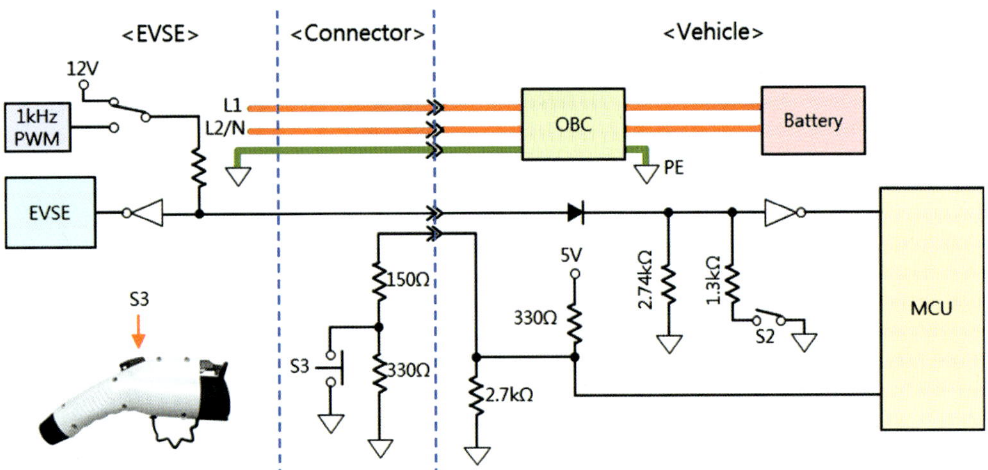

그림 34 | 충전회로(완속)

[2] 충전회로 비교

① CCS1과 NACS의 공통점 : SAE-1772-1009 국제 표준을 따름

② 차량 및 충전기의 PD 단자 저항 측정

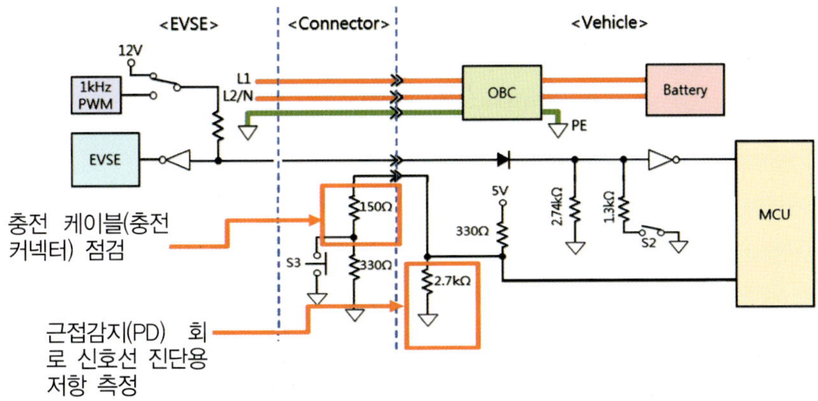

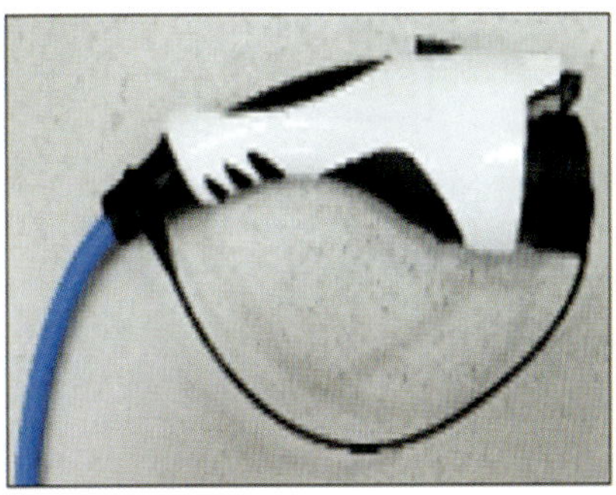

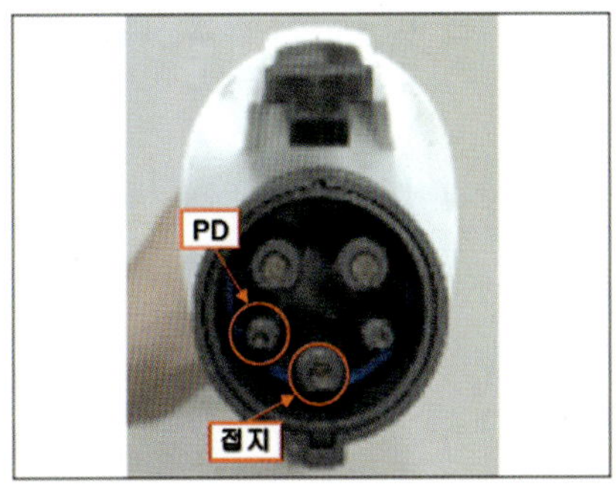

충전 케이블(충전 커넥터) 점검						
점검항목	점검조건	(+)프로브		(-)프로브		정상값
		커넥터	단자	커넥터	단자	
저항점검 (충전 커넥터)	충전 커넥터 외관 파손 여부를 확인 후 근접감지(PD) 저항을 측정한다.	충전 커넥터	PD	충전 커넥터	GND	약 150Ω

근접감지(PD) 회로 신호선 진단용 저항 측정						
점검항목	점검조건	(+)프로브		(-)프로브		정상값
		커넥터	단자	커넥터	단자	
저항점검 (충전 단자(차량)→ 충전단자)	점화스위치 “OFF”	충전 단자(차량)	PD	충전 단자	GND	약 2.7㏀

그림 35 | 충전회로 비교

[3] 충전회로(급속)

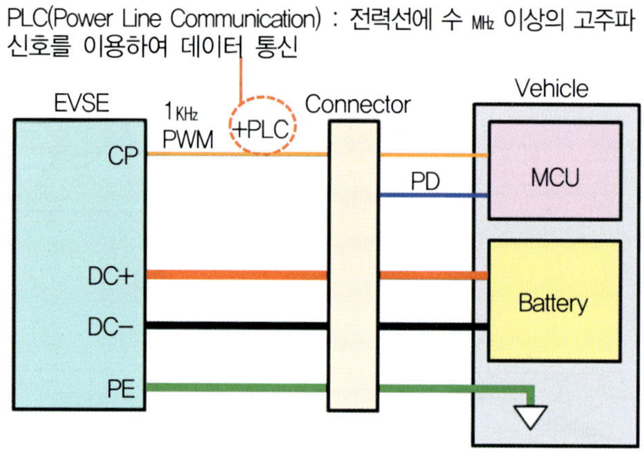

그림 36 | 충전회로(급속)

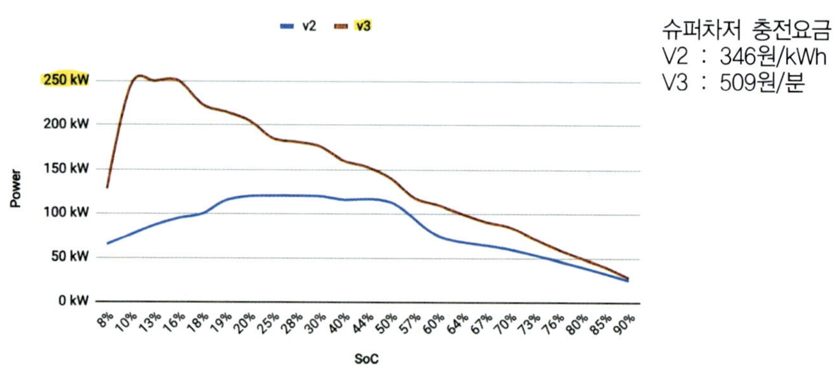

그림 37 | Tesla Supercharger V2 vs V3 on Model 3 Power comparison

[4] EV6 V2L[Vehicle to Load] 기능

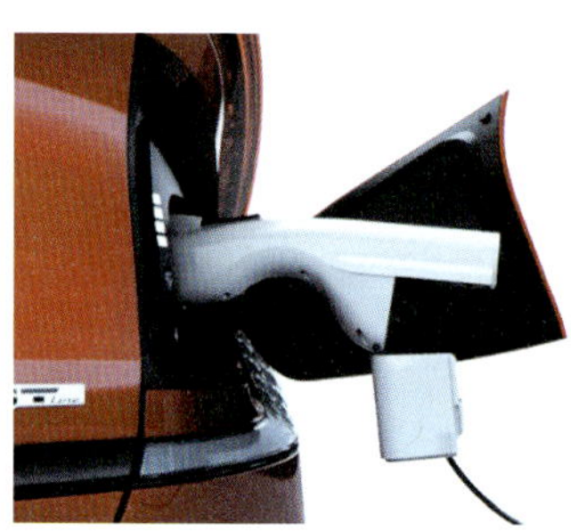

그림 38 | V2L

V2L란 전기자동차에 탑재된 배터리의 전력을 외부로 끌어다 사용할 수 있는 기술이다. 일반 가정용 전자기기를 전기차에 꽂아 사용할 수 있다. V2L은 통합 충전 시스템과 차량 충전 관리 시스템을 통해 별도의 추가 장비 없이 외부로 전력을 공급할 수 있다.

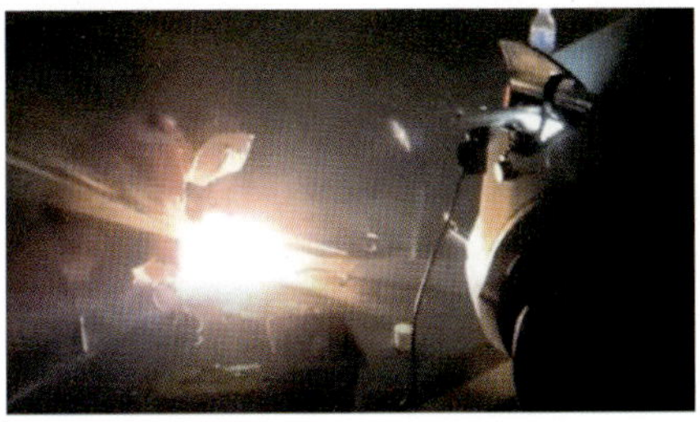

그림 39 | V2L 기능

[가전제품 소비전력]

전자레인지	에어컨	전기밥솥	진공청소기	건조기	다리미
1,000W	1,430W	1,030W	1,016W	700W	1,265W

2열 시트 중앙 하단에 장착된 실내 V2L은 시동 ON 및 유틸리티 모드에서만 사용 가능하고, 충전 중에는 사용이 불가하다. 조건을 확인하고 콘센트 우측의 램프에 녹색이 점등되어야 정상 작동된다. 적색은 콘센트가 연결되었지만 작동 조건이 불만족했다는 의미이다. 실외 V2L은 충전 중일 때를 제외하고 충전구에 커넥터만 연결하면 언제든 사용 가능하다. 후면의 스위치를 눌러 녹색 램프가 점등되면 편하게 V2L 기능을 사용할 수 있다. V2L 사용 시 주의해야 할 것은 실내/실외 V2L로 사용할 수 있는 전력은 220V/16A로 약 3600W(3.6kW)까지 사용 가능하고, V2L 전기 사용 설정(방전 제한)을 높게 하면 V2L 작동이 안 될 수도 있으며 시동 상태, 충전 상태 등 조건이 맞지 않으면 V2L 작동이 안 될 수도 있다.

[5] 충전회로 점검[완속]

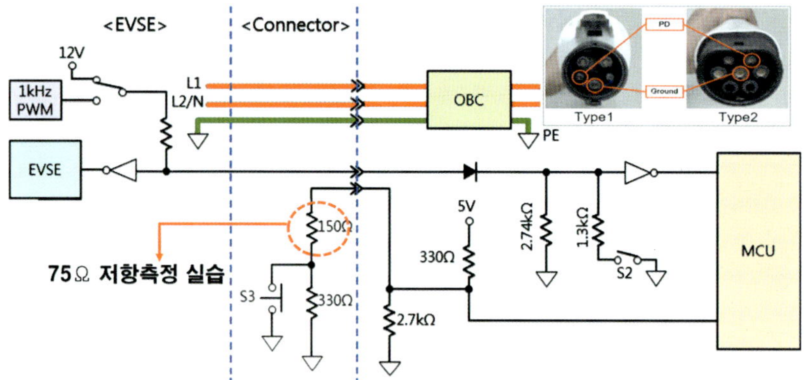

V2L 전용 커넥터 점검						
점검항목	점검조건	(+)프로브		(-)프로브		정상값
		커넥터	단자	커넥터	단자	
저항점검(충전 커넥터)	V2L 전용 커넥터 외관 파손 여부를 확인 후 근접감지(PD) 저항을 측정한다.	V2L 전용 커넥터	PD	V2L 전용 커넥터	Ground	Type1 : 약 75Ω Type2 : 약 62Ω

그림 40 | 충전회로 점검(완속)

2 공조 시스템

01 히트펌프(Heat Pump) 시스템

친환경 차량의 보급에 따라 공조 장치도 변화되어 왔다. 가장 큰 차이는 엔진이라는 핵심 열원의 존재 유무이다. 전기자동차에서도 냉방은 동일한 시스템을 적용할 수 있다. 그러나 난방은 다른 이야기가 된다. 일반적인 내연기관 자동차에서 난방은 엔진으로부터 열을 가져간 고온의 냉각수가 HVAC 내부에 있는 히터 코어 열교환기를 통해 공기의 온도를 높일 수 있기 때문에 난방에 충분한 열원을 별도의 추가 장치 없이 공급하는 것이 가능하지만, 전기자동차의 경우는 내연기관 엔진만큼 열원이 충분하지 않기 때문에 결국은 보조 수단으로 전기에너지를 사용하는 PTC 히터를 적용할 수밖에 없다.

문제는 전기자동차에 에너지원인 전기를 사용하기 때문에 특히 겨울철 난방이 필요한 시기에는 배터리 용량의 많은 부분을 난방을 위해 사용하게 되므로 전체적으로 주행거리 감소, 즉 전기차 연비를 감소시키는데 많은 영향을 줄 수밖에 없다는 것이다. 바로 이러한 점 때문에 전기자동차에서 히트펌프 시스템이라는 냉/난방 시스템이 도입되어 적용되고 있다.

히트펌프 시스템은 응축기를 객실 내부에 배치하여 객실 내 응축기가 되고, 증발기는 객실 외부에 배치하여 객실 외부 증발기가 된다. 겨울에는 히트펌프 시스템이 가동된 후, 캐빈 컨덴서가 열을 방출하고, 차가운 외부 공기가 핫 캐빈 컨덴서를 통과하여 따뜻한 열기로 변한다.

최신 히트펌프 관리 기술은 구동 모터, 온보드 충전기, 인버터에서 배출되는 폐열을 회수할 뿐만 아니라, 배터리 팩과 완속충전기에서 더 많은 폐열을 회수한다. 따라서 수집된 에너지는 난방, 환기 및 공조 시스템의 효율성을 높이고 배터리 소모를 최소화한다.

구분	하이브리드	PTC	히트펌프
냉방		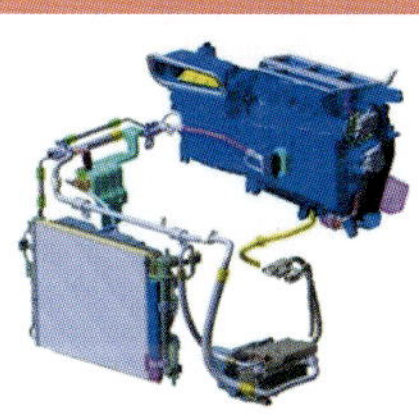	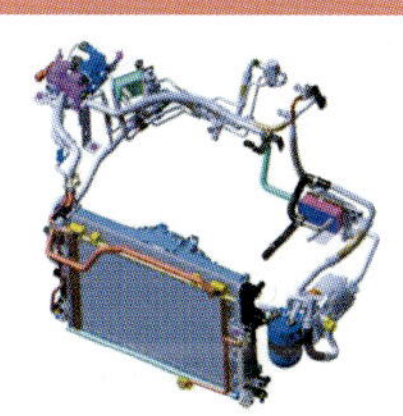
난방	• 엔진 냉각수 폐열 이용 • HVAC 내부에 히터코어 설치	• 고전압 PTC로 난방	• 히트펌프로 난방 제어 • PTC로 히트펌프 보조 • HVAC 내부에 실내 콘덴서 적용
형상	• 고전압 전동 컴프레셔	• 고전압 전동 컴프레셔	• 고전압 전동 컴프레셔 • 히트펌프 적용

※ 용어 설명
HVAC : Heating, Ventilation, Air Conditioning
PTC : Positive Temperature Coefficient

02 히트펌프 시스템의 장 · 단점

전기자동차의 경우 겨울철 차량 내부 난방을 위해 PTC 히터를 이용하여 전기에너지를 열에너지로 변환하여 자동차 실내에 열을 공급하는 방식으로 난방하고 있지만, 이러한 방식은 에어컨보다 히팅에 전력 소비가 많아 배터리 1회 충전 주행거리를 급격하게 감소시킨다. 그러므로 실외 열원으로부터 열에너지를 흡수하여 실내에 열을 공급할 수 있는 히트펌프를 적용함으로써 겨울철 난방에 필요한 전기에너지를 줄여서 동일한 배터리 용량에서 주행거리 감소라는 치명적 단점을 극복할 수 있게 해준다.

히트펌프는 저온에서 열을 흡수하여 고온으로 열을 방출하는 특성을 가지게 됨으로써 히트펌프에서 사용한 전기에너지에 비해 더 많은 열을 난방에 공급할 수 있다. 일반적인 히트펌프 난방 용량은 전기히터의 효율 36%에 비해 2~3배의 효율을 나타낸다. 다만 히트펌프가 가지고 있는 단점 중 외부 공기 온도가 낮을 경우 충분한 난방 용량 확보에 실패할 수 있고, 또 외부 공기 온도가 낮고 상대 습도가 높은 경우에는 실외기 표면에 성에가 발생하여 전체 시스템 효율이 떨어지는 경우가 있다.

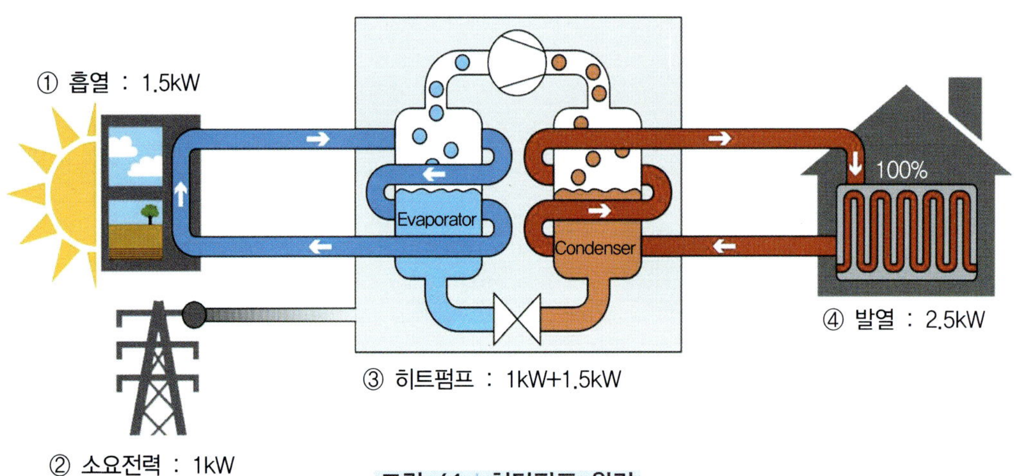

그림 41 | 히터펌프 원리

03 히트펌프 원리

[1] 냉방 모드

냉방 모드는 압축기의 고온 고압의 기체가 실내의 응축기를 통과한다. 이때 응축기와 팽창밸브는 상태변화 없이 통과하게 된다. 실외기에서 열 교환을 끝내면 냉매는 중온 고압의 액체가 되고 팽창밸브를 지나 저온 저압의 액체가 되고, 냉매는 증발기를 통과하여 저온 저압의 기체가 되어 다시 압축기로 들어가게 된다. 냉방 모드는 내연기관 차량과 동일한 냉방 사이클이라 볼 수 있다. 그리고 밸브 및 칠러를 통해 배터리와 열 교환을 한다.

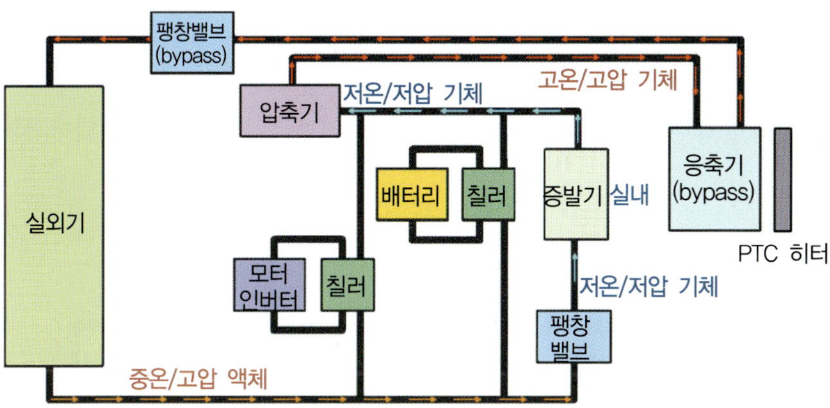

그림 42 | 냉방 모드

[2] 난방 모드

난방 모드는 압축기의 고온 고압의 기체가 실내기를 지나 팽창밸브까지 공급된다. 이때 오리피스관을 동해 저온 저압 액세가 되어 실외기로 들어간다. 실외기를 통과하면 저온 저압의 액체/기체가 혼재되어 있으며 모터/인버터 칠러를 통과한다. 이때 모터와 인버터의 전장 폐열을 통해 열 교환을 하고, 압축기로 들어가기 전 어큐뮬레이터를 통과하여 기체 상태의 냉매만 압축기로 들어간다.

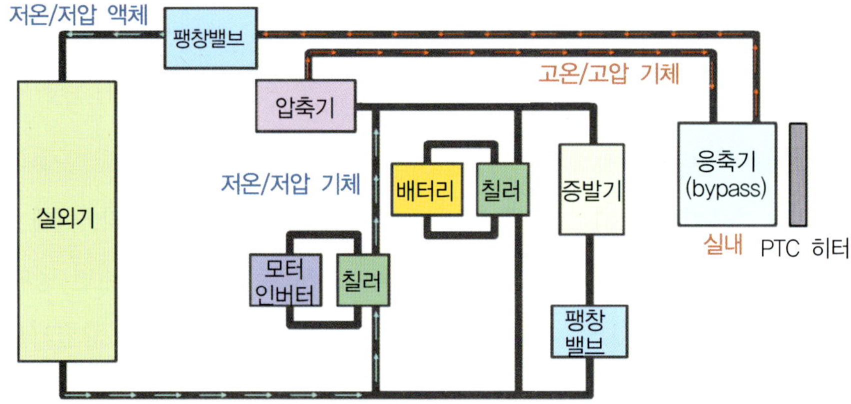

그림 43 | 난방 모드

[3] 난방 중 제습 모드

난방 중 제습 모드는 난방과 냉방을 같이 진행하는 사이클로 팽창밸브를 통과한 저온 저압의 냉매가 실외기를 통과함과 동시에 또 다른 경로로 증발기로 유입되어 실내 제습을 한다.

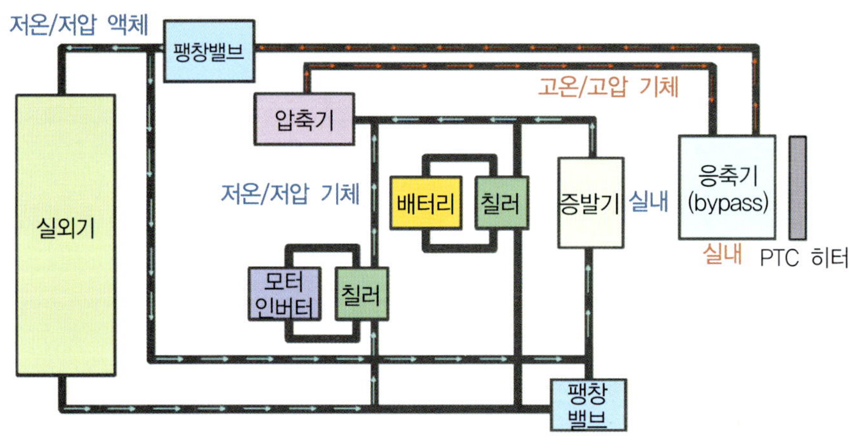

그림 44 | 난방 중 제습 모드

04 히트펌프 구성부품

히트펌프는 실내기, 실외기, 압축기, 팽창밸브, 4way밸브(또는 시스템 구성에 따라 3way밸브)로 구성된다. 여기서 펌프라는 용어가 사용된 것은 히트펌프가 열을 자체적으로 생산하는 것이 아니라 저온의 열원으로부터 열을 흡수하여 고온의 열원으로 열을 운송하는 원리를 가지므로 히트펌프라 한다.

증발기일 때 열을 흡수하여 열교환기를 통과하는 공기의 온도를 낮추게 되어 냉방 기능을 갖고 응축기가 되면 냉매가 가진 열을 방출하게 되면서 열교환기를 통과하는 공기의 온도를 높이게 되어 난방 기능을 하기 때문에, 히트펌프는 위 일반적 냉방 시스템의 증발기에 해당하는 부분이 증발기(Evaporator)와 응축기(Condenser) 역할 두 개를 다 한다고 생각하면 될 것 같다. 즉, 일반적인 자동차의 냉방 시스템에서 냉매 흐름을 반대 방향으로 흐르게 하면 냉방 시엔 증발기로, 난방 시엔 응축기로 사용하는 원리이다. 다만 압축기에서 냉매의 입구, 출구 방향을 바꿀 수 없기 때문에 냉매 순환 배관에서 4way밸브를 이용하여 냉매의 흐름을 제어하는 방식으로 구현할 수 있다.

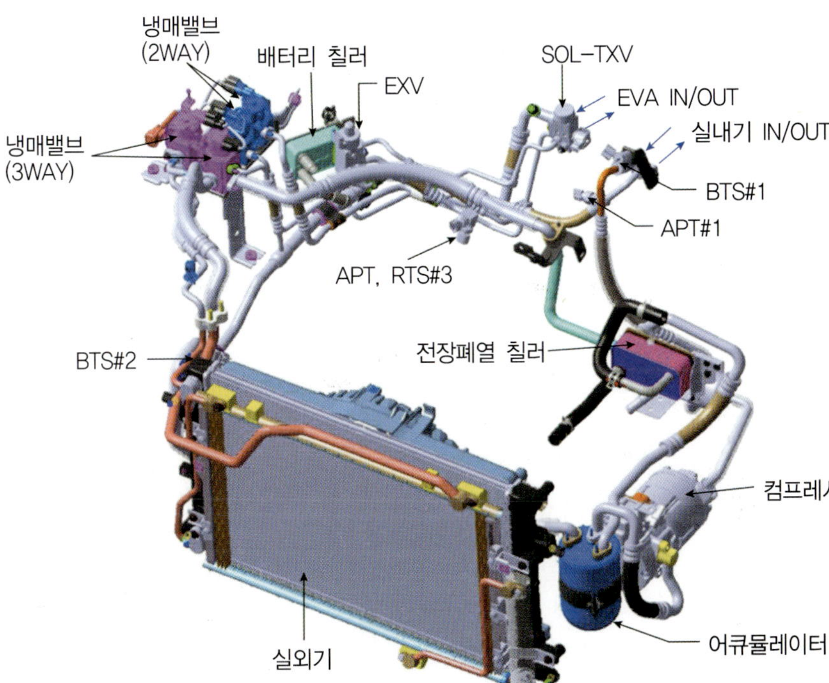

- APT : 에어컨 압력센서
- RTS : 냉매 온도센서

그림 45 | 히트펌프 구성부품

05 냉매 절환밸브

히트펌프 시스템을 구성하기 위해서 다양한 전환밸브를 사용하여 냉매의 유로를 변경해 준다. 총 4개의 냉매 전환밸브는 엔진룸 우측에 함께 정렬되어 있다.

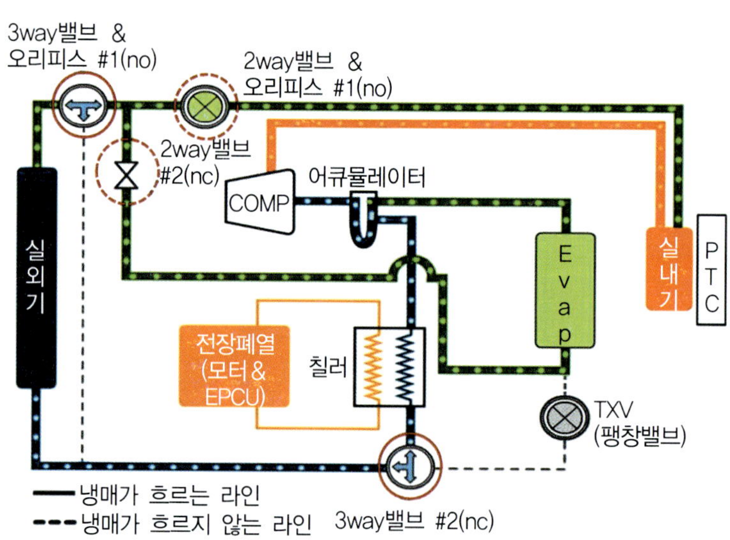

그림 46 | 냉매 절환밸브

06 전자 팽창밸브(EXV) vs 온도조절 팽창밸브(TXV)

전자 팽창밸브(EXV : Electric Expansion Valve)는 전자제어 방식으로 냉매의 유량을 정밀 제어하여 시스템 전체의 작동 효율과 성능을 향상시키는 역할을 한다. 전기차 전자 팽창밸브(EXV)는 전기차의 에어컨, 히트펌프 시스템과 같은 공조 시스템 및 배터리 열 관리 시스템에 적용된다. 컨트롤러, 액추에이터, 센서 등 세 부분으로 구성되며 스텝모터(Step Motor)나 솔레노이드 액추에이터(Solenoid Actuator)를 이용하여 구동되고, 컨트롤러를 이용하여 능동적으로 개도가 조절된다.

온도조절 팽창밸브(TXV : Thermal Expansion Valve)는 온도감응 소자를 이용하여 냉매의 온도에 따라 수동적으로 개도가 조절된다. 센서의 온도감지는 열전대 또는 열저항(Thermocouple or Thermal Resistance) 방식으로 저온에서의 열 변화를 정확하게 반영하여 보다 정확한 유량조절이 가능하다.

전자 팽창밸브(EXV)는 온도조절 팽창밸브(TXV)와 비교 시 부하변동 폭이 큰 냉매 시스템에 효과적인 대응이 가능하고, 양방향 전자 팽창밸브를 시스템에 적용할 경우 구조적으로 보다 간단한 시스템의 구성이 가능하다.

(a) 온도조절 팽창밸브

(b) 전자 팽창밸브

그림 47 | 팽창밸브

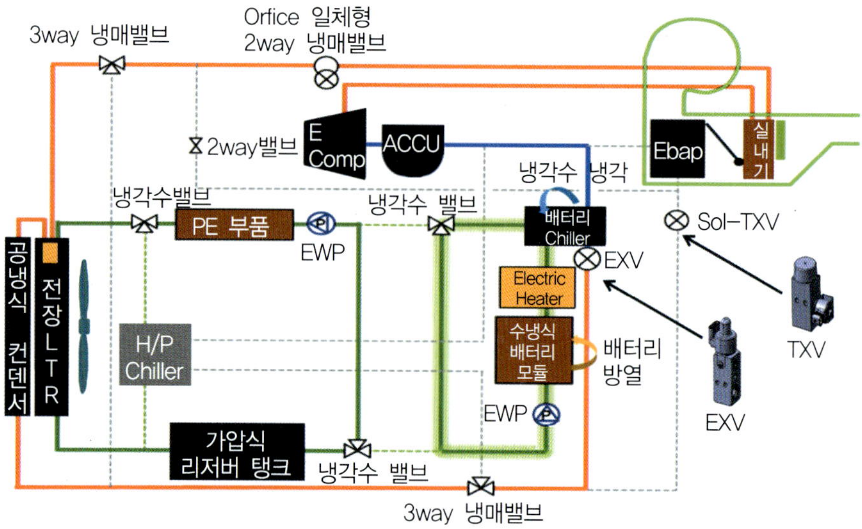

- TXV : Thermo eXpansion Valve(솔레노이드 팽창밸브)
- EXV : Electronic eXpansion Valve(전자식 팽창밸브)

그림 48 | 팽창밸브 설치위치

07 전기차 공조 시스템 구분

구분	NON-HP PTC사양(미적용)	NONN-HP 실내기 사양	히트펌프 사양
개략도	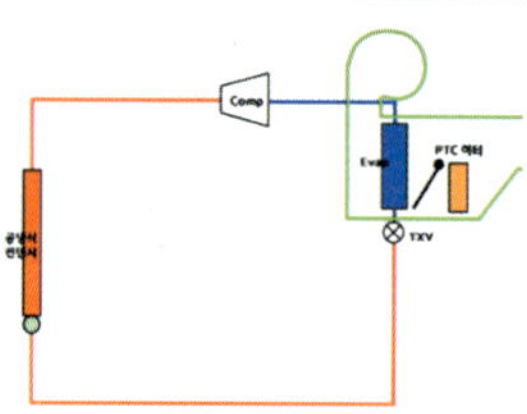	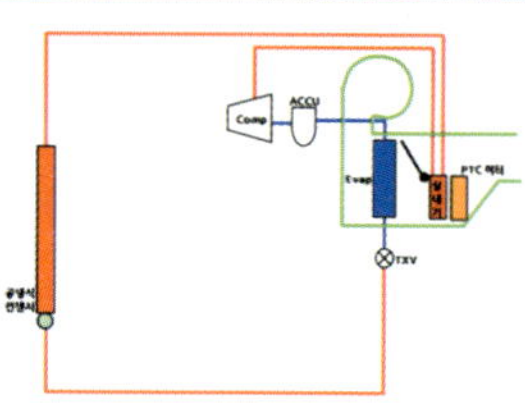	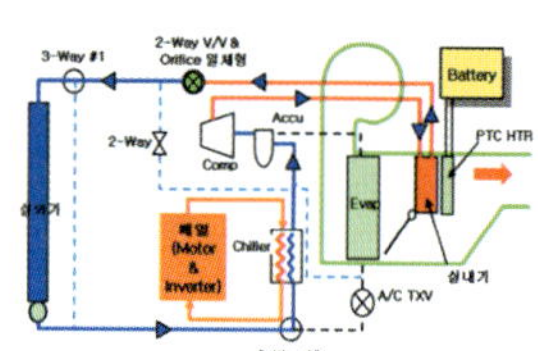
냉방	A/C 시스템	←	←
난방	고전압 PTC 히터	고전압 PTC 히터+실내기	고전압 PTC 히터+히트펌프
배터리 냉각	배터리 칠러	←	←
배터리 승온	수가열 히터	←	←
공조 효율	△	○	◎

MEMO

6

전기자동차 핵심부품

6 전기자동차 핵심부품

1 PE(Power Electric) 구성부품

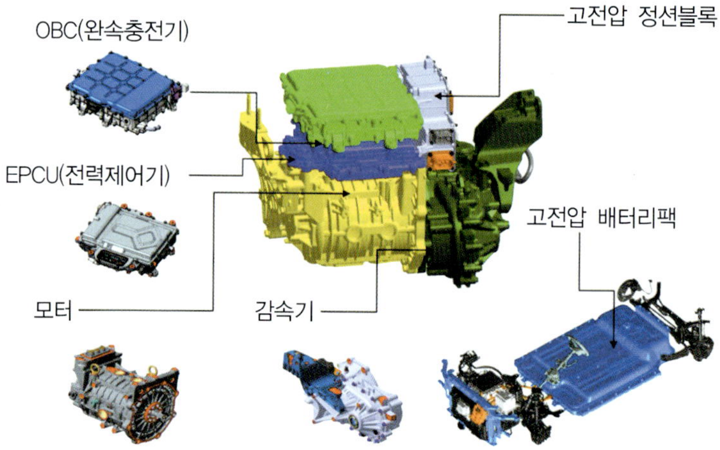

그림 1 | PE 구성부품

01 BMS(Battery Management System)

배터리 관리 시스템은 최고 수준의 안전과 효율성을 보장한다. BMS는 세 가지 기능 모듈, 즉 배터리 관리 장치(BMU : Battery Management Unit), 셀 모니터링 장치(CMU : Cell Monitoring Unit), 배터리 정션 박스(BJB : Battery Junction Box)로 구성돼 있다. BMS의 기능 중 하나는 배터리 팩 내의 모든 리튬 이온 셀이 반드시 전압, 전류, 온도로 정의된 안전한 작동 영역(SOA : Safe Operating Area) 내에서 작동하도록 하는 것이다. 다소 엄격한 SOA 범위를 벗어나 작동하면, 배터리에 치명적인 고장이 발생하거나 더 심한 경우엔 열폭주 같은 심각한 결과로 이어질 수 있다. BMS는 크게 3가지 기능을 수행하는데 이를 통해 배터리를 최적의 상태로 유지하고 수명은 더 늘릴 수 있다.

① 모니터링 : 배터리 시스템 내 센서를 통해 측정한 전압, 전류, 온도 등을 모니터링한다. 이를 통해 SOC(충전 상태), SOH(수명)을 예측한다.
② 셀 관리 : 배터리 셀 간의 편차를 줄이는 셀 관리(밸런싱)를 수행한다.
③ 제어 : 배터리가 과충전, 과방전, 과전류가 발생하지 않게 제어한다.

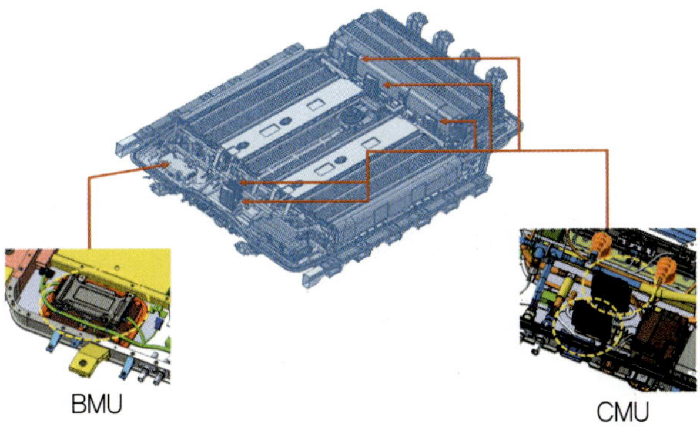

그림 2 | BMU 및 CMU

[1] BMU(Battery Management Unit)

BMU가 CMU와 BJB의 정밀한 측정값에 입각한 결정을 내림으로써, 배터리의 안전을 보장하고 성능을 향상시킨다. BMU는 배터리의 전압, 전류, 온도 등을 측정하여 각 셀의 상태를 파악하고, 이 내용을 바탕으로 배터리의 충전 및 방선 속도를 조절하며, 과충전, 과방전, 과열, 단락 등 위험 상황을 예방한다. 이 같은 측정이 없으면 감지되지 않은 배터리 과열 등 안전 관련 위험을 배제할 수 없으므로 안전과 성능이 저하된다. 서비스홀이 있어 정비성이 향상되었다.

[2] CMU(Cell Monitoring Unit)

Cell 전압 센싱, Cell 밸런싱, 배터리 모듈 온도를 센싱하여 BMU에 전송한다.

[3] BJB(Battery Junction Box)

기존의 BJB에는 기계적 구성 요소만 포함되어 있어 외부에는 220VAC 완속 충전 스탠드가 연결될 수도 있고, 400V 급속 충전이 연결될 수도 있다. 220VAC는 OBC를 통해 AC/DC 컨버팅되어 고전압 정션박스로 입력된다. 또한 400V DC는 바로 고전압 정션박스로 입력된다. 고전압 정션박스로 입력된 DC는 고전압 배터리로 연결되며, DC 라인에 분기되어 인버터, PTC 히터, 전동식 컴프레셔, LDC 등으로 연결되어 있다. 고전압 정션박스 내부 결선은 대부분 버스바로 연결되며, 분배의 역할뿐만 아니라 퓨즈, 릴레이 등을 통해 고전압 계통을 보호하는 역할도 한다.

그림 3 | 기존 정션박스 내부

지능형 배터리 정션박스(BJB)라고 하는 보다 현대적인 아키텍처(Architecture)로 전환할 수 있게 해 준다. 지능형 BJB는 BJB 자체에 액티브 실리콘 장치를 도입하여 고전압 모니터링, 전류 감지 및 절연 감지(일반적으로 BCU에 의해 수행됨)를 수행한다. 지능형 BJB 아키텍처에는 몇 가지 분명한 장점이 있다. 고전압 및 저전압 영역을 명확하게 분리한다.

모든 고전압 신호가 BJB에서 직접 측정되므로 BCU가 완전 저전압 설계가 된다. 팩 모니터는 전용 데이지 체인 인터페이스를 사용하므로 데이지 체인 방식으로 인해 비용이 많이 드는 디지털 아이솔레이터 장치를 사용할 필요가 없다. 데이지 체인 통신은 트랜시버와 같은 다른 구성 요소(CAN 등)가 필요하지 않으며 통신 프로토콜을 제어 및 구동하기 위해 추가 MCU가 필요하지 않다는 추가적인 장점도 함께 제공된다. 팩 모니터를 BJB 안팎에 배치하면 고전압 신호에 즉시 액세스할 수 있으며, 더 이상 여러 개의 긴 와이어를 BCU로 다시 배선할 필요가 없다. 전류를 측정하고 션트 전류 감지를 수행할 수 있다.

지능형 BJB는 전압, 전류 및 절연 저항 팩 모니터를 통해 배터리의 고전압을 직접 측정하는 데 도움이 된다. 일반적인 팩 모니터에는 여러 개의 전압 및 전류 측정 채널이 있으며, 이 채널은 퓨즈와 계약자 사이에서 전압을 측정하고 BJB의 차단 전압을 점검할 수 있다. 팩 모니터는 배터리 팩 전류를 측정할 수 있으므로 과전류 보호 기능이 시스템에 통합되어 있다.

BJB는 배터리 시스템의 한 부분으로, BMS의 팩 레벨(pack-level) 감지 메커니즘이자 고전압 배터리와 구동계(Drivetrain) 사이의 연결고리다. 총 배터리 전압과 배터리 안팎으로 흐르는 전류를 측정하고 기록해 SOC를 정확하게 계산할 수 있도록 한다. 이를 통해 운전자는 배터리로 몇 킬로미터를 갈 수 있는지 파악하고 정확한 거리를 계산할 수 있다. 또한 BJB는 과전류 감지는 물론 접촉기, 절연 모니터링 같은 안전에 중요한 기능을 수행한다.

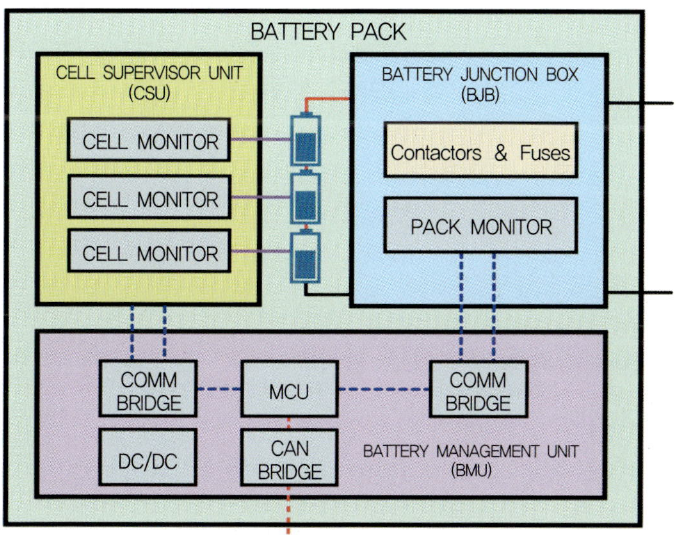

그림 4 | BJB와 BMS의 구성

02 전력 변환 시스템 개요

① 전력의 형태(AD/DC)를 사용하는 용도에 따라 변환시키는 시스템 → EPCU

② EPCU(Electric Power Control Unit, 통합전력 제어장치)는 차량 내 전력을 제어하는 장치를 통합하여 효율성을 높여주는 역할을 하며, 내부에는 VCU, MCU(인버터), LDC 일체로 구성되어 있고 OBC는 별도로 설치되어 있다.

그림 5 | EPCU

입력→출력	관련 부품	제어내용	비고
AC→DC	OBC	완속 충전기(AC 220V)→고전압 배터리 충전(DC 250~450V로 승압)	별물형
DC→AC	MCU(인버터)	고전압 배터리(DC 360V)→구동모터 구동(3상 AC)	EPCU 일체형
DC→DC	LDC	고전압 배터리(DC 360V)→저전압 배터리 전력 공급(DC 12V)	

03 전력 변환

① AC 220V 전원을 완속 충전기로 입력받아 DC 250~450V로 변환하여 고전압 배터리를 충전한다.

② 고전압 배터리의 SOC에 따라 OBC 충전 전압을 조절한다.

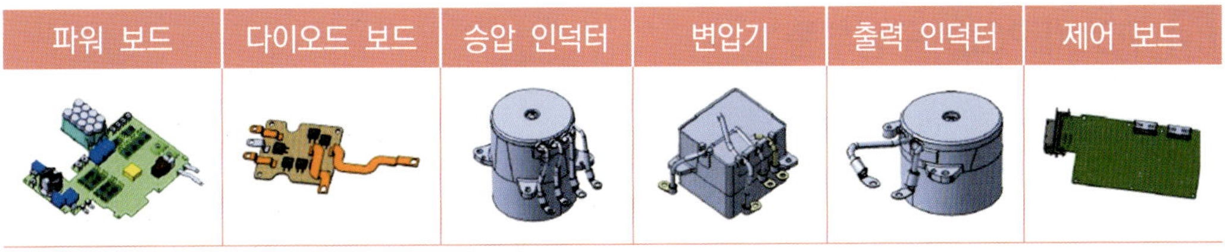

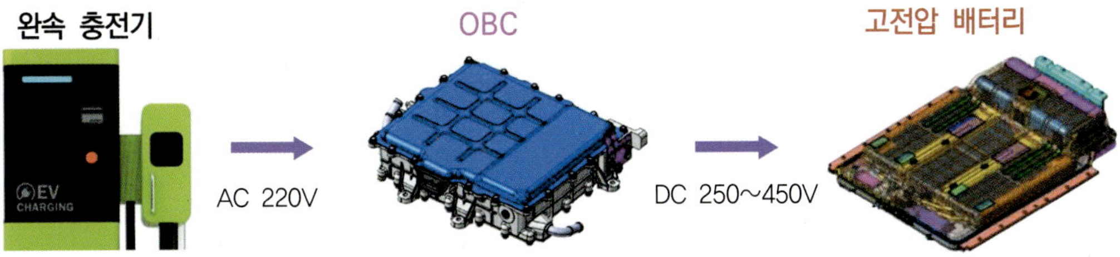

그림 6 | 전력 변환

04 EPCU & LDC

① 제어 보드 : VCU, MCU, LDC 통합 제어 보드

② 커패시터 : 고전압 안정화 및 평활 역할

③ 파워 모듈 : 스위칭 작용으로 DC → AC 변환 역할

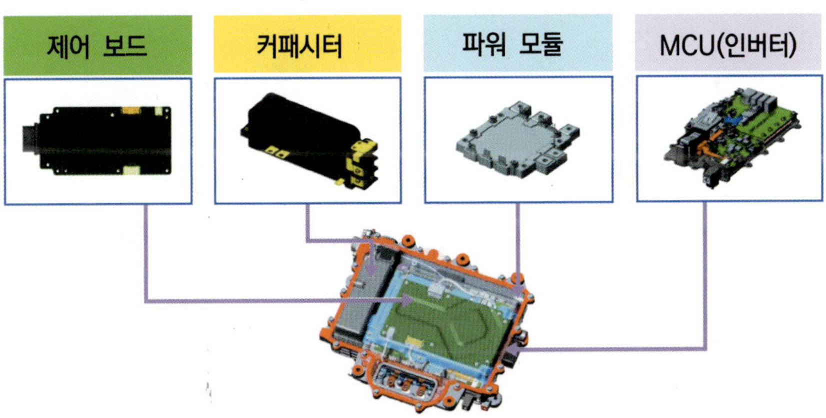

그림 7 | EPCU & LDC

05 PDU(EPCU) 구성부품

① 아이오닉 EV의 경우 PE 프레임을 기준으로 OBC와 EPCU 장착

② 코나 EV의 경우 PE 프레임을 삭제하고 모터와 감속기 끝단에 마운팅을 연결하여 차체에 바로 장착

③ 내부는 버스바 연결 구조로 변경되며 외부 고전압 케이블 수량 감소

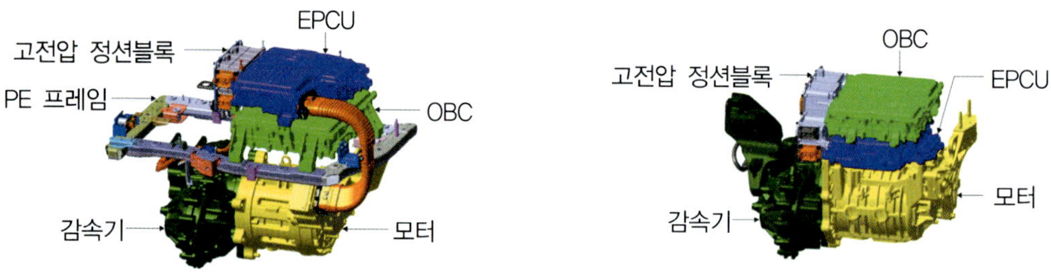

(a) 아이오닉 EV(~19MY) (b) 코나 EV

그림 8 | PDU(EPCU) 구성부품

06 PRA 개요 및 구성부품

① 기능 : 고전압 배터리 전원을 PE 부품으로 연결 또는 차단하는 메인 릴레이

② 구성 : 메인 릴레이 +, -, 프리차지 릴레이, 프리차지 저항, 승온히터 릴레이, 승온히터 퓨즈, 전류센서

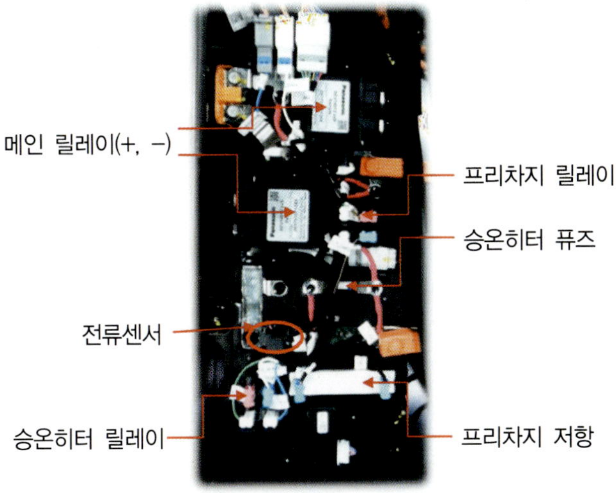

(a) PRA 상부 커버 탈거된 상태

(b) PRA 설치 위치

그림 9 | PRA 구성부품

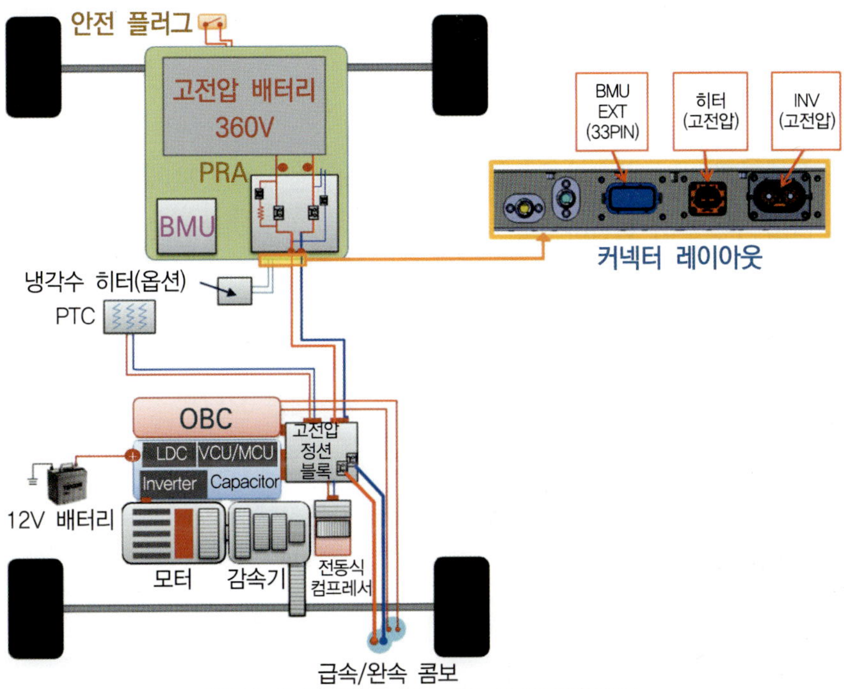

그림 10 | Power Distribution Circuit

2 전기자동차 구동 시스템

01 구동모터

전기자동차 배터리는 직류 배터리인데 왜 직류모터를 안 쓰고 인버터를 사용하면서까지 교류모터를 쓸까? 그 이유는 앞서 설명한 직류모터의 내구성 때문이다. 직류모터는 구조가 복잡하지 않으며 토크도 높다. 하지만 앞서 말한 것처럼 브러시가 마찰로 인해 1~2년 주기로 닳아버리기 때문에 자주 교체해야 하며, 소음도 적지 않아 안정성과 내구성을 중요시하는 전기자동차에는 사용하는데 어려움이 있다. 이에 비해 교류모터는 브러시가 없어서 주기적인 보수도 필요 없는데다 자동차의 수명보다 오래가는 내구성을 가지고 있다.

[1] 구동모터 원리

자동차의 엔진에 해당되는 부분으로 전기자동차를 움직이는 모터이다. 전류를 흘려주면 구동모터의 구동축이 회전하도록 만들어주는 부품에 전기강판이 사용되며, 전기강판의 전력 손실이 낮을수록 구동모터의 효율이 향상되고, 이를 통해 전기자동차의 효율(전비)이 향상될 수 있다.

인버터(Inverter)를 거쳐 들어온 전류를 이용해 회전하는 모터의 원리는 모터에서 연결된 배터리에서 전기에너지가 고정자로 공급되고, 고정자 내의 코일은 고정자 코어의 반대쪽으로 배열되며 자석으로 작동한다. 따라서 자동차에 탑재된 배터리로부터 전기에너지가 모터에 공급되면 코일이 회전자기장을 생성한다. 코일이 회전자 외부의 전도성 로드를 뒤로 당기면 스피닝 로터가 자동차의 기어를 돌리고 타이어를 회전시키는 데 필요한 기계적 에너지를 생성한다.

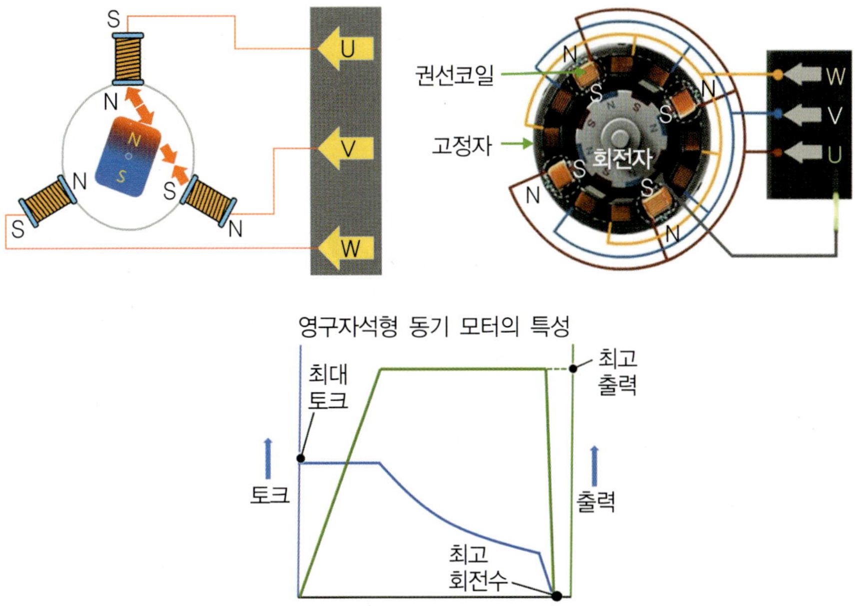

그림 11 | 구동모터 원리

[2] 전기차 구동모터

① EPCU 내의 인버터로 3상 AC를 공급받아 작동하며, 일체로 레졸버 및 온도센서가 장착되어 있다.

② 모터(또는 EPCU) 교체 후 레졸버 보정 및 냉각수 공기빼기 작업(EWP구동)을 해야 한다.

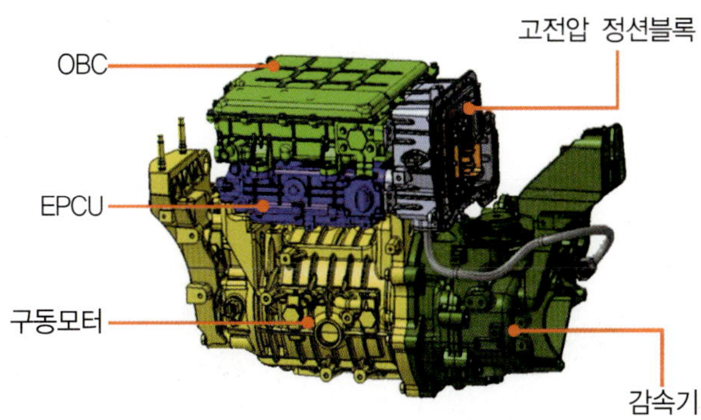

(a) PE 이미지

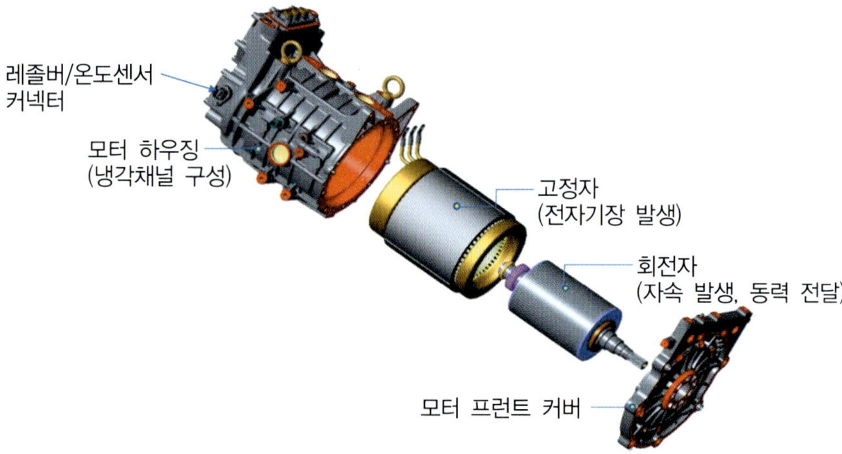

(b) 모터 분해도

그림 12 | 전기차 구동모터

[3] 전기차 구동모터 기능

① 주행 기능 : 출발 또는 가속 시 전기에너지를 이용하여 구동모터에서 구동력을 발생하여 바퀴에 전달하는 기능

② 회생제동(충전) 기능 : 주행 중 감속 시 또는 타력 주행 시 발생되는 타이어의 회전력을 이용하여 구동모터를 발전기의 기능으로 전환하여 배터리를 충전하는 기능

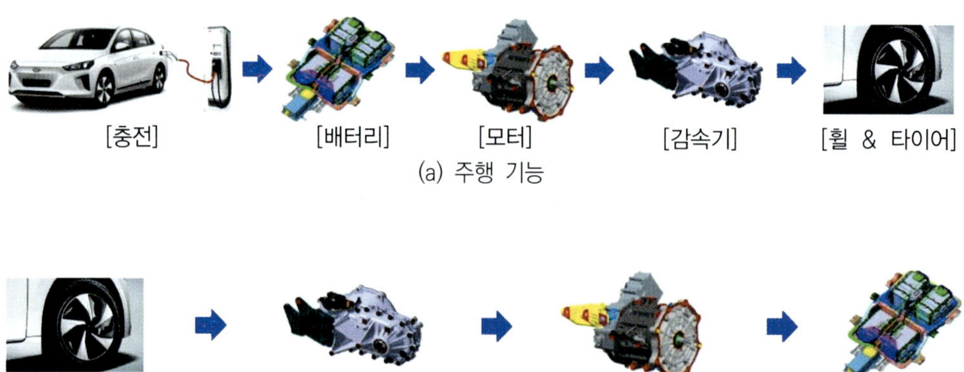

(a) 주행 기능

(b) 회생제동(충전) 기능

그림 13 | 전기차 구동모터 기능

02 레졸버와 온도센서

① 레졸버(모터 위치센서) : 회전자의 위치 확인

② 온도센서 : 모터 온도를 측정하여 모터 과열을 방지한다. 모터가 180℃ 이상 시 DTC 점등

③ 각 단자의 저항값으로 점검하고 모터와 별도 교체 불가능

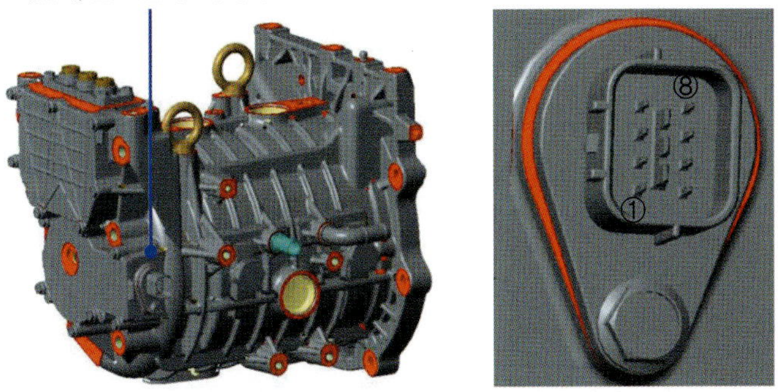

그림 14 | 레졸버와 온도센서 커넥터

구분	커넥터 핀 번호	판정기준	비고
레졸버	1-5	26.5Ω±10%	외기온 : 20±5℃
	2-6	87Ω±10%	
	3-7	76Ω±10%	
온도센서	4-8	13.44~7.56㏀	외기온 : 20~30℃

03 MCU(인버터)

전기차에 장착된 인버터는 구동모터를 구동시키기 위한 장치로서 매우 중요한 장치 중 하나이고, 이것은 고전압 배터리의 직류(DC) 전력을 모터 구동을 위한 교류(AC)로 변환시킴으로써 유도 전동기를 제어하는 역할을 한다. 즉, 고전압 배터리로 받은 직류(DC) 전원 (+, −)를 이용하여 3상 교류(AC) 전원(U, V, W)으로 변환시킨 후 제어보드에서 입력받은 신호로 3상 AC 전원을 제어함으로써 구동모터를 구동시킨다.

가속 시에는 고전압 배터리에서 구동모터로 에너지를 공급하고, 감속 시 또는 회생제동 시에는 구동 모터에서 발생한 에너지를 다시 고전압 배터리에 충전함(AC → DC로 변환)으로써(회생제동) 주행거리를 증대시킨다. 또한 인버터는 쿨링팬 및 전자식 워터펌프(EWP)를 제어한다.

인버터는 차량 제어 유닛(VCU : Vehicle Control Unit)의 모터 토크 지령 계산을 위하여 모터 가용 토크를 제공하고, VCU로부터 수신한 모터 토크 지령을 구현하기 위하여 인버터 펄스폭 변조(PWM : Pulse Width Modulation) 신호를 생성한다. 이것은 초퍼 제어의 한 종류이다.

[인버터의 주요 내용과 기능]

분류	항목	내용	주요항목
제어 기능	토크 제어	회전자 자속의 위치에 따라 고정자의 전류 크기와 방향을 독립적으로 제어하여 토크 발생	• 잔류 제어 • 회전자 위치 및 속도 검출
보호 기능	과온 제한	인버터 및 모터의 제한 온도 초과 시 출력 제한	인버터 및 모터 온도에 따라 최대 출력 제한
	고장 검출	• 외부 인터페이스 관련 문제점 검출 • 인버터 내부 고장 검출	• 인버터 외부 연결관리 고장 검출 • 성능 관련 고장 검출 • 인버터 하드웨어 고장 검출
협조 제어	차량운전 제어	차량에서 필요한 정보 타 제어기와 통신	• 요구 토크, 배터리 상태 EWP 등 정보 수신 • 인버터 상태 정보 송신

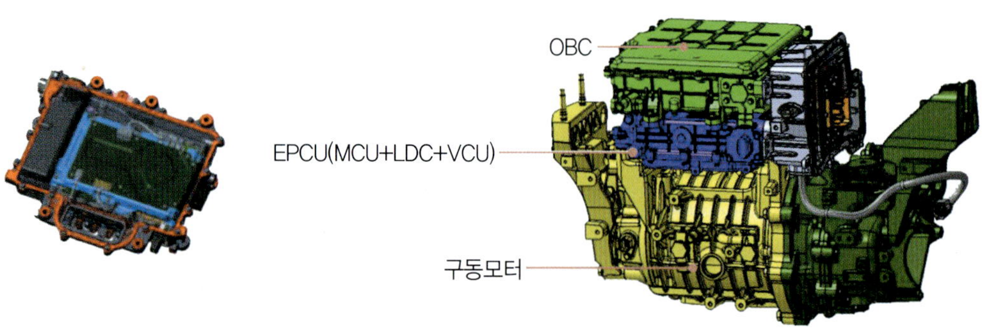

그림 15 | MCU 설치 위치

04 EWP(전기식 워터펌프)

[1] EWP 개요

BLDC Motor와 이를 구동하는 Driver로 구성되어 있는 EWP(Electric Water Pump)로서, 주로 모터 시스템 전력 제어 장치(EPCU), 모터, 완속 충전기(OBC)에서 냉각 회로에 냉각수를 순환시키는 역할을 하여 냉각수로 냉각하기 위한 장치이다.

모터 시스템의 냉각수 온도가 전력 제어 장치(EPCU)에 설정된 한계점 이상으로 오르면 MCU는 전자식 워터펌프(EWP)를 작동하기 위해 CAN 통신을 통해 전자식 워터펌프(EWP)로 명령을 보내 제어한다. 작동 전압은 13.5~14.5V, 작동 온도는 냉각수 온도 75℃ 이하이며, 관련 부품 교환 후 진단장비를 사용한 EWP 강제 구동을 실시한다.

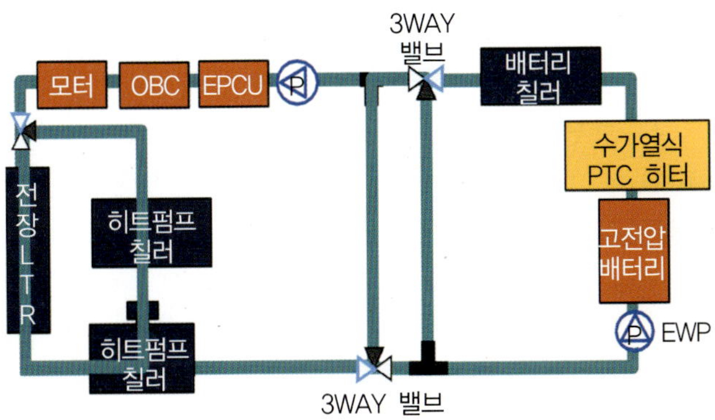

(a) 냉각회로

(b) EWP

그림 16 | 전기식 워터펌프

[2] 모터 교체 시 조치사항

① 모터 교체 후 레졸버 보정, EWP 강제 구동(공기빼기), EPCU 자가진단 실시

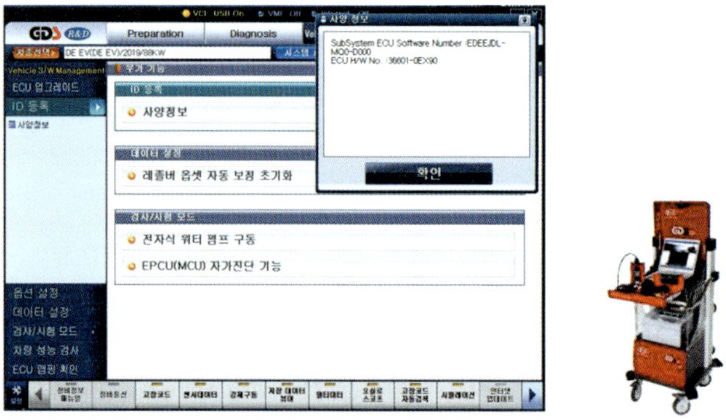

그림 17 | 레졸버 보정, EWP 강제 구동(공기빼기), EPCU 자가진단 실시

② 고장코드 점등 상황의 데이터 확인

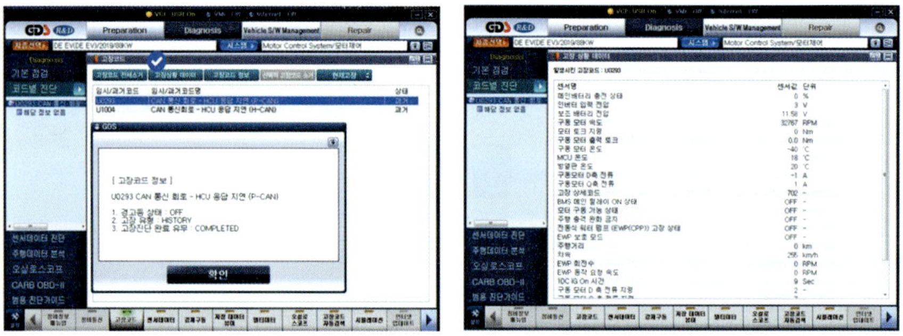

그림 18 | 고장코드 점등 상황의 데이터 확인

05 감속기(Decelerator)

감속기는 모터의 특성에 맞춰 동력을 바퀴에 더 효율적으로 전달하기 위해 고안된 일종의 변속기다. 하지만 변속기가 아닌 감속기라고 부르는 데에는 이유가 있다. 모터는 분당 회전수(RPM)가 내연기관 엔진보다 훨씬 높다. 회전수를 상황에 맞게 바꾸는 변속이 아닌, 회전수를 하향 조정(감속)해야 하는 이유이다. 감속기는 모터의 회전수를 필요한 수준으로 낮춰 전기차가 더 높은 회전력(토크)을 얻을 수 있도록 한다.

전기차에서 사용하는 전기모터는 회전을 시작하는 동시에 최대 토크로 출력할 수 있고, 고회전 영역에 일정한 토크를 발휘한다. 덕분에 가속페달을 밟으면 인버터를 통해 전압과 주파수를 조절할 수 있고, 번거로운 변속 작업이 필요 없이 부드러운 가속이 가능하다.

이런 과정에서 모터의 토크를 더 끌어올려 효율적인 운행이 가능하도록 도와주는 것이 감속기다.

① 감속기 : 구동모터로 동력을 전달받아 감속하고, 구동력은 증대

② 감속 · 차동 · 파킹 기능 수행

③ 오일 : TGO-9(약 1리터 · 쏘울 EV와 동일), 무교환이며 가혹 시 12만km마다 교환

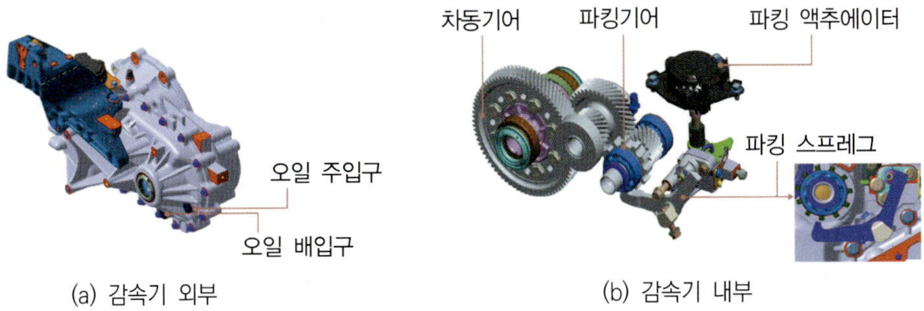

그림 19 | 감속기

06 전자식 변속 레버(SBW : Shift By Wire)

[1] 특징

① SBW 주요 장점 : 디자인 자유도 향상, 자동 주차, 조작력 저감 등

② 기본적인 작동 방법은 기존의 레버 타입 SBW와 동일

③ USM 설정으로 무드 램프 6가지 색상 변경 가능

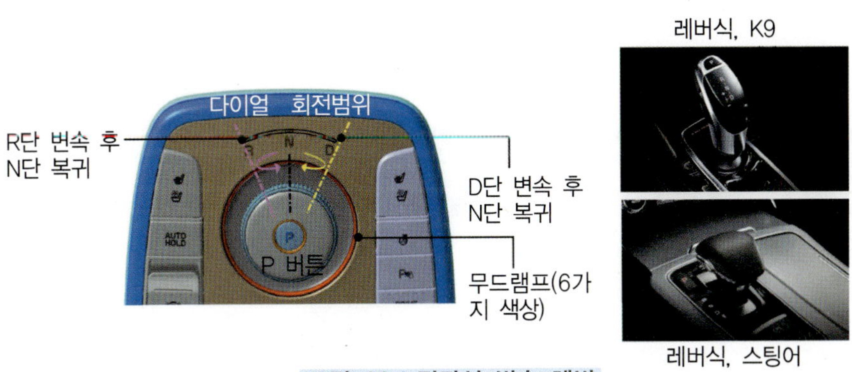

그림 20 | 전자식 변속 레버

[2] 변속 작동 흐름

① 운전자 변속레버 작동

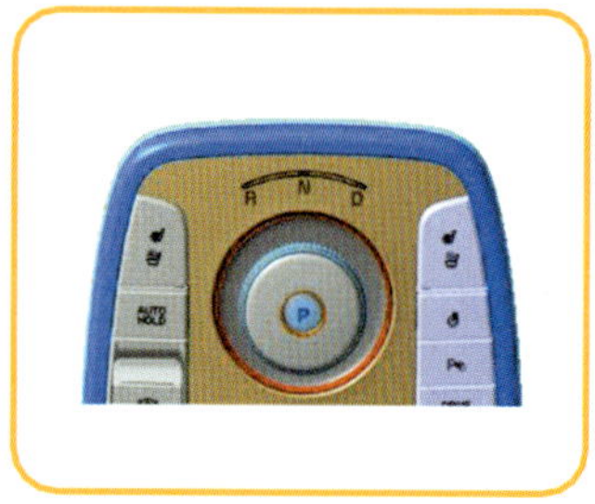

그림 21 | 운전자 요구

② VCU : 레버 신호를 입력받아 변속단 결정

그림 22 | 변속단 결정

③ SCU(SBW ECU) : 변속단 신호를 입력받아 액추에이터를 제어(진단 및 학습 포함)하여 변속 실시

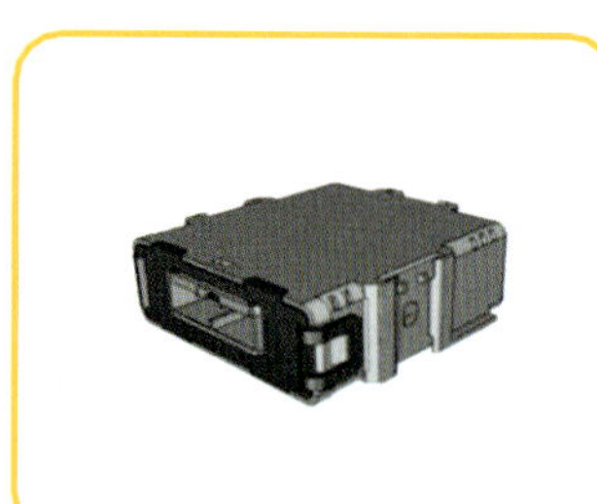

그림 23 | 액추에이터 위치 명령

④ 파킹 액추에이터 : 감속기 상단에 장착되며 내부의 모터 구동으로 파킹 체결 및 해제

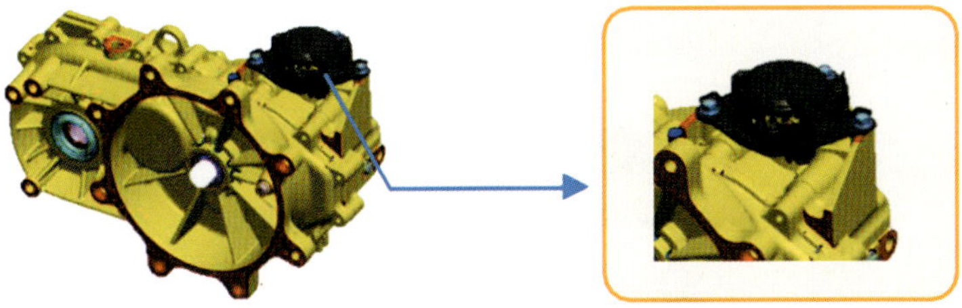

그림 24 | 파킹 체결 및 해제

[3] SBW 글러스터 변속 조건에 따른 이미지

이미지	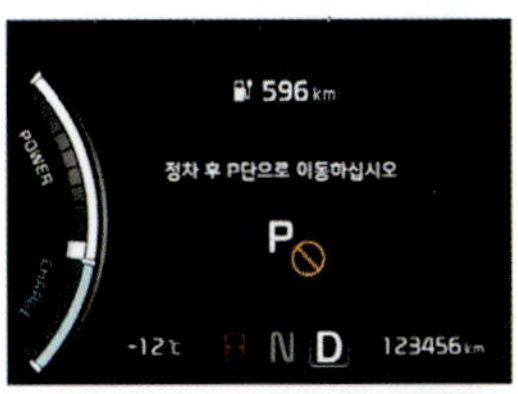	
설명	주행 중 P단 변속 시	브레이크를 밟지 않고 변속 시
이미지		
설명	브레이크를 밟지 않고 P-REL. (중립 주차) 버튼을 누를 때	
이미지		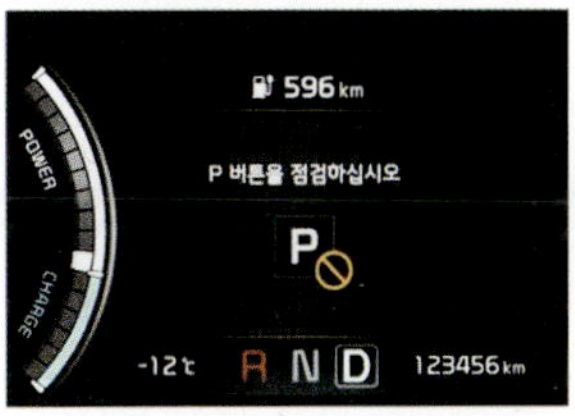
설명	R/N단 버튼 고장	P 버튼 고장

그림 25 | 변속조건에 따른 이미지

[4] 파킹 액추에이터(P와 Not P를 결정)

① SCU에 의해 구동(3상 모터 제어)

② 내부 홀 타입의 위치센서를 사용하여 P와 Not P 위치 확인

그림 26 | 파킹 액추에이터

[5] 진단장비로 ID 등록

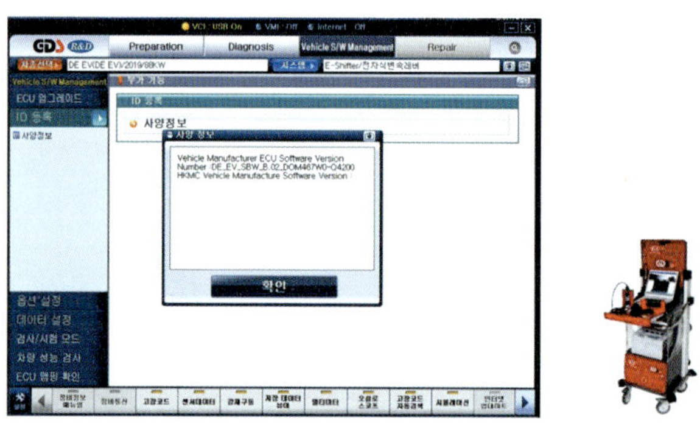

그림 27 | 진단장비로 ID 등록

07 IEB(통합형 브레이크 시스템, Integrated Electronic Brake)

[1] 개요

① AHB Gen3의 iBAU와 PSU를 하나로 통합하며 중량 저감(약 2.5kg) 및 제동 성능 개선

② 모터에서 발생된 제동 유압이 휠로 직접 제어(기존 : PSU → iBAU → 휠)

③ 제동 시 필요한 만큼의 유압 생성(기존 : 상시 180bar의 유압유지)

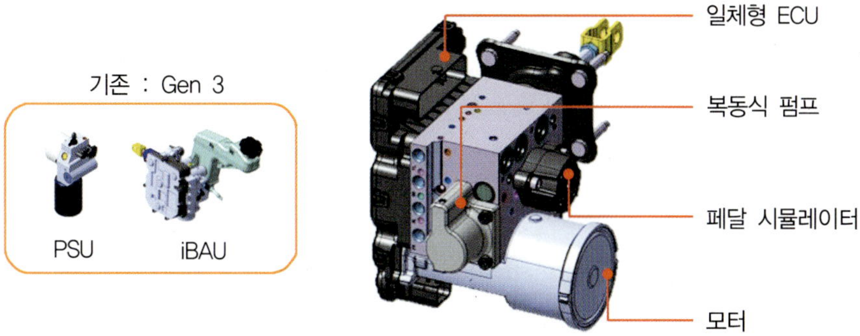

그림 28 | IEB

[2] IEB 작동원리

① 모터 작동 → 웜 기어 → 피니언 기어(회전 운동) → 랙(직선 운동) → 피스톤 작동 → 유압 형성

② 조향 기어와 같은 원리(회전 운동 → 직선 운동)로 유압 형성

③ 랙 기어를 좌·우로 작동하여 유압 가변 - 회생제동 협조 제어

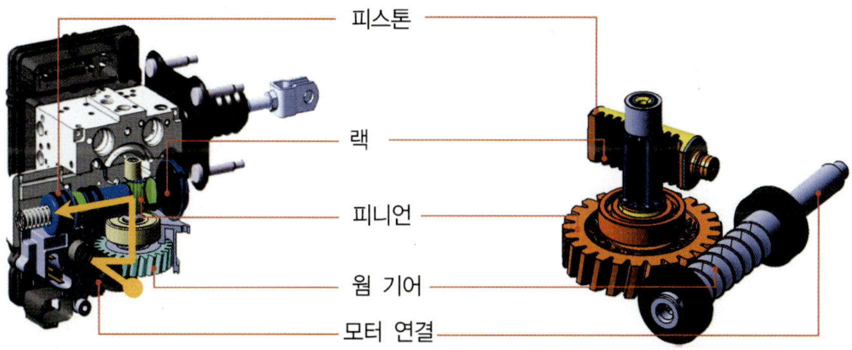

그림 29 | IEB 작동원리

[3] IEB 작동 유압회로

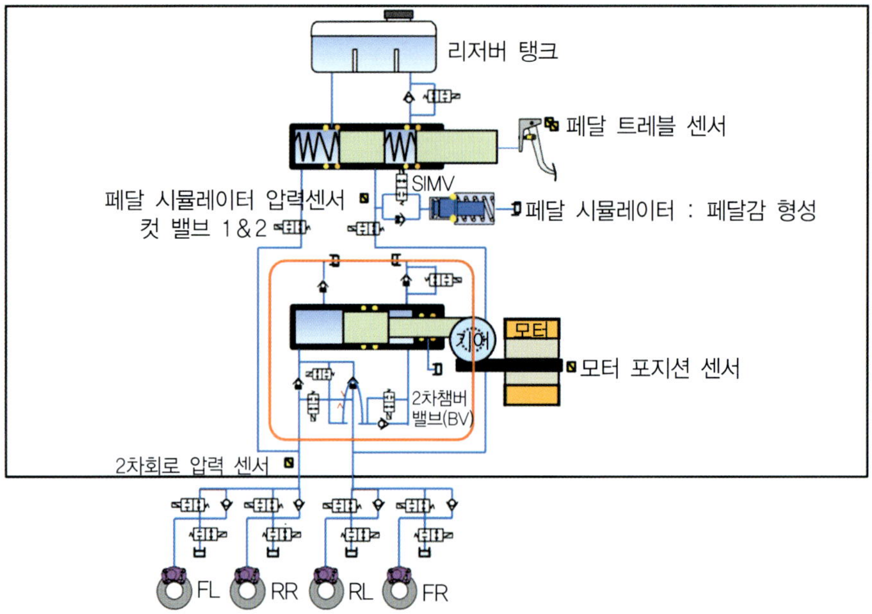

그림 30 | 유압회로

(1) IEB 작동(제동 시)

① 제동 시 유압 흐름 : 다음 항목은 동시 작동

㉮ 운전자 제동(페달 트레블센서를 감지하여 모터 구동)

㉯ CUT 밸브 닫힘 작동(마스터 실린더에서 휠로 가는 유압 차단)/ABS 작동 시 킥-백 차단 역할도 가능

㉰ SIM 밸브 열림(페달감 형성)

㉱ 모터 구동하여 피스톤 작동(유압 형성/회생제동 협조 제어로 좌우 가변 작동)

㉲ 제동

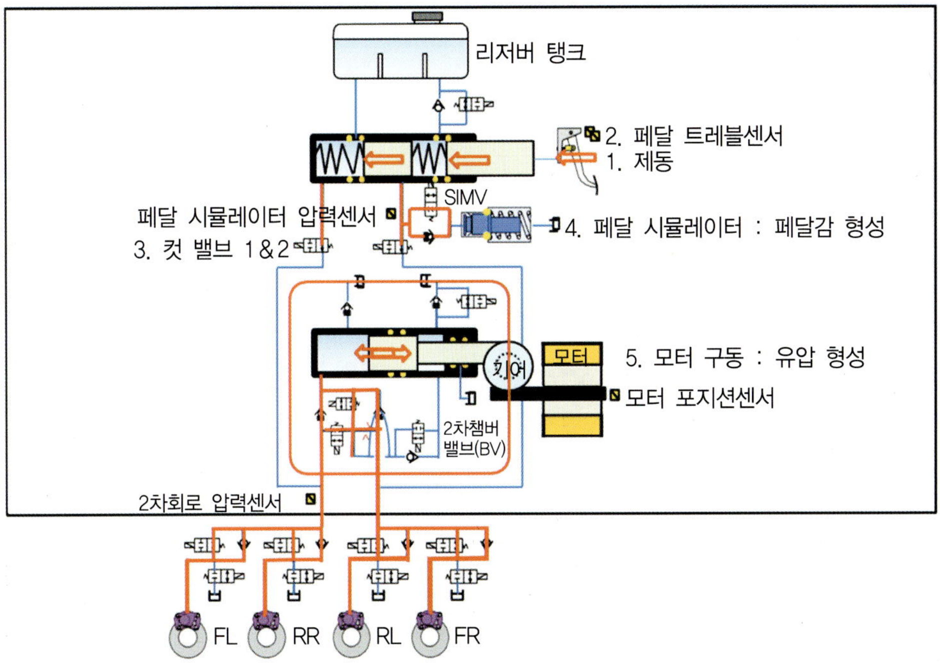

그림 31 | IEB 제동 시

② 복동식 피스톤 : 길이 최소화에 따른 충돌 성능 확보 및 시스템 부하 감소

㉮ 120bar 이하의 일반 제동 시 : 1차 챔버측만 작동

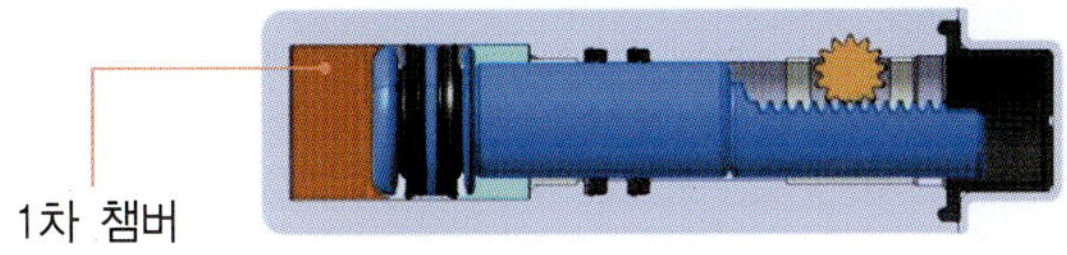

그림 32 | 1차 챔버

㉯ 120bar 이상의 긴급 제동 시 : 1차 및 2차 챔버 작동

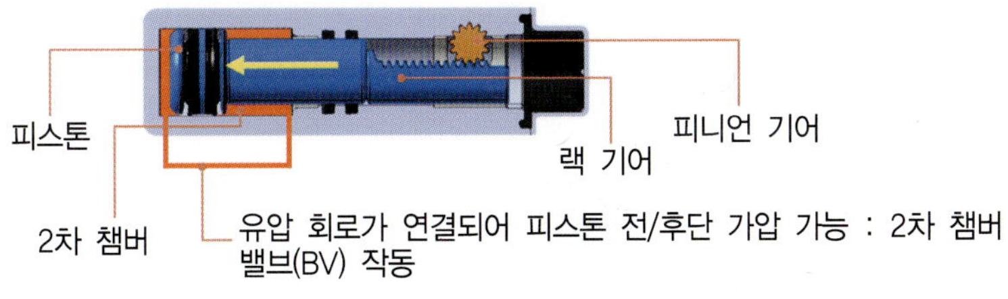

그림 33 | 120bar 이상의 긴급 제동 시

(2) IEB 작동(고장 시)

① 고장 시 유압 흐름 : 모든 솔레노이드 및 모터 작동 불가 상태 - 운전자가 페달을 밟은 힘만으로 제동

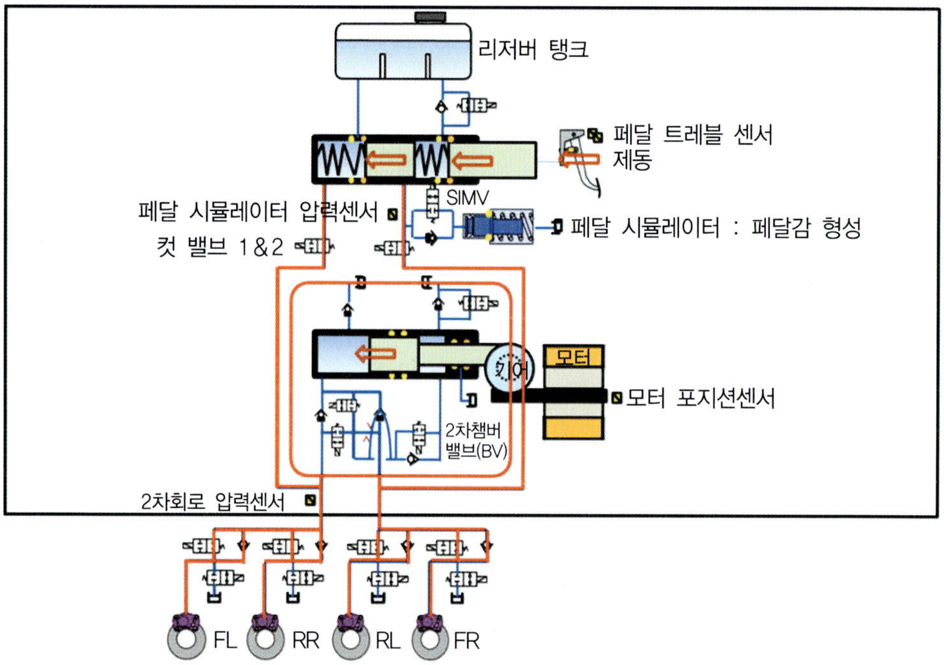

그림 34 | IEB 고장 시

② 고장 시 경고등 및 제어

구분	고장 상황 1	고장 상황 2	고장 상황 3	고장 상황 4
고장 내용	CAN, 페달 트레블센서, 압력센서, WSS 고장	모터 위치센서, 저&고전압 고장	ESC 밸브 고장, 유압회로 고장	솔레노이드 밸브, 모터, ECU 고장
현상	회생 제동 : 불가능, 주제동 : degrade 1, 유압 추종성, 응답성 부족, 최대 압력 제한	회생 제동 : 불가능, 주제동 : degrade 2, 유압 응답성 부족, 최대 압력 제한	회생 제동 : 불가능, 주제동 : degrade 3/4, 유압 응답성 부족, 최대 압력 제한	회생 제동 : 불가능, 주제동 : 운전자가 밟은 제동력으로만 제동
경고등	(!) (!)(P) BRAKE	ABS (!) (!)(P) BRAKE	(!) (!)(P) BRAKE	ABS (!) (!)(P) BRAKE

구분	고장 상황 1	고장 상황 2	고장 상황 3	고장 상황 4
경고 문구	브레이크를 점검하십시오	브레이크를 점검하십시오	브레이크를 점검하십시오	차량을 안전한 곳에 정차 후 브레이크 시스템을 점검하세요
경고음	×	×	×	○

[4] IEB 공기빼기 작업

(1) IEB 공기빼기 작업 1

① 주행 문제(소음, 성능저하 등), IEB 교체(내부 부품 별도 교체 불가능), 브레이크 오일을 교체한 경우 다음과 같이 공기빼기를 해야 한다.

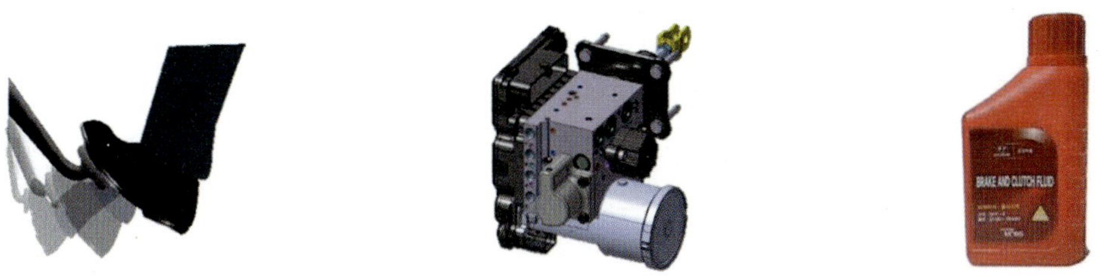

(a) 주행문제　　(b) IEB 교체　　(c) 오일 교체

그림 35 | 공기빼기를 해야 할 경우

② IEB 커넥터 또는 배터리 (−)케이블 탈거 : 전원 차단

③ 리저버에 가압 장치를 연결하여 3~5bar 가압 : 기존 장비 사용

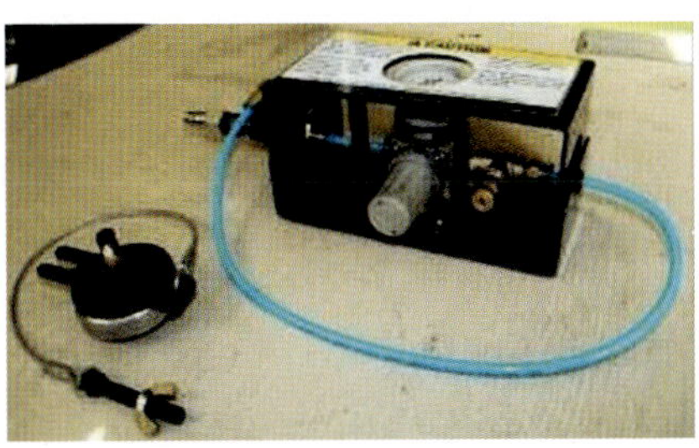

그림 36 | 가압 장치

④ 1곳의 캘리퍼의 공기빼기 나사를 돌려 약 10초간 브레이크 오일 배출 후 브레이크 페달 약 10~20회 밟고 나사를 잠근다(회로 내의 큰 공기빼기 작업).

⑤ 위 작업을 각 캘리퍼마다 실시한다.

⑥ 가압 장치 분리

⑦ 탈거된 IEB 커넥터 또는 배터리 (-) 커넥터 연결 : 전원 공급

⑧ 진단장비 부가기능에서 "강제 순환 모드" 실행(약 20분 소요) : 차량 Ready 상태(방전 방지)

⑨ 진단기 분리 후 ②~⑤까지 재실시(미세 공기빼기)

⑩ 가압 장비 및 커넥터 또는 배터리 (-) 케이블 연결 : 정상 작동 여부 확인

※ 작업 중간 중간 브레이크 오일량을 확인해야 한다.

(2) IEB 공기빼기 작업 2

캘리퍼 또는 파이프 교체 시 다음과 같이 공기빼기를 한다.

IEB 전원 차단 → 캘리퍼 & 파이프 교체 → 캘리퍼 공기빼기 → IEB 전원 공급

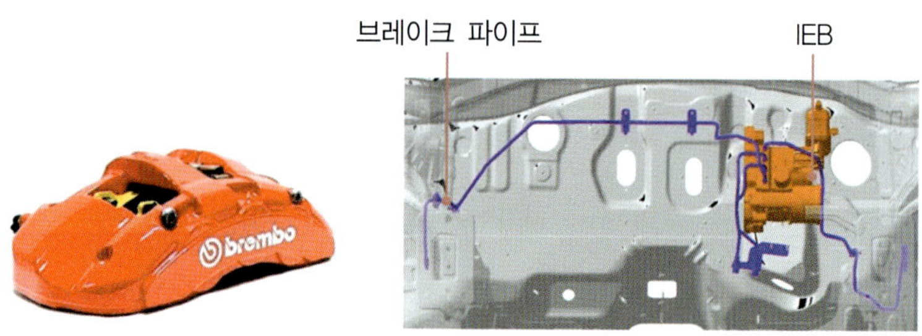

그림 37 | 캘리퍼 또는 파이프 교체

(3) IEB 공기빼기 작업 3

구분	페달 트레블센서 교체 후	IEB 교체 후
페달 트레블센서 보정	○	○
압력센서 보정	○	○
종 G센서 보정	×	○
강제 순환 모드	×	○
사양 설정(배리언트 코딩)	×	○

① 위의 상황일 경우 이렇게 공기빼기를 한다.

② 사양 설정은 IEB 교체 후 진단장비를 사용하여 "4자리" 숫자 입력(기본형 : 3001, 도심형 : 3004 입력)

(4) IEB를 교환했을 경우

IEB 교체 후 배리언트 코딩, 종 G센서·압력센서·PTS 영점설정, 공기빼기(강제 순환) 실시

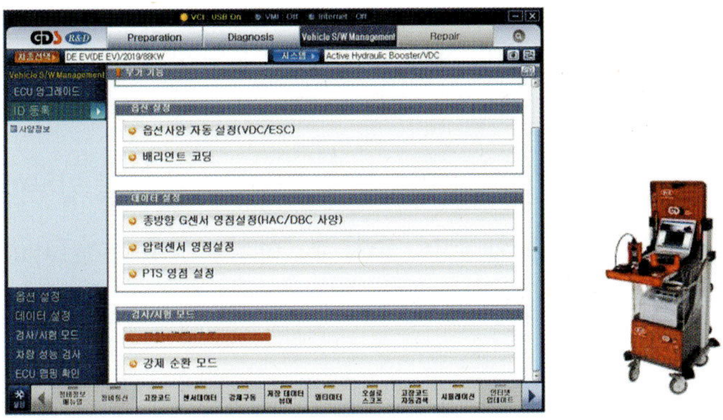

그림 38 | 진단장비 사용

08 ADAS(Advanced Driving Assist System)

구분		명칭	설명
전방 레이더	FCA	전방 충돌 방지 보조	전방 차량, 보행자, 자전거 탄 사람과 충돌 위험 시 긴급 제동
	SCC w/S & G	스마트 크루즈 컨트롤(정지 & 출발)	전방 차량과 차간 거리 및 속도 제어·전방 차량 출발 알림 기능 포함
전방 카메라	LFA /HDA	차로 유지 보조/고속도로 주행 보조	고속도로 및 모든 도로에서 중앙 차로 유지 및 차간 거리 & 차속 제어
	LDW/ LKA	차로 이탈 경고/차로 이탈 방지 보조	차로 이탈 경고 및 조향(MDPS) 제어
	HBA/	하이빔	상향등 자동 제어 및 운전자 부주의 경고

구분		명칭	설명
	DAW	어시스트/운전자 주의 경고	
후측방 레이더	BCW	후측방 충돌 경고	차로 변경 시 사각지대 차량과 충돌 경고
	RCCW	후방 교차 충돌 경고	후진 출차 시 교차 차량과 충돌 경고

09 조향 및 현가 시스템

① 조향 : 기존 대비 고 기어비 적용으로 조향 응답성 확보(ex. 니로 HEV 58 → 니로 EV 60mm/rev)

② 현가 : 차량 무게 변경에 따른 쇽업쇼버의 스트로크 변경 및 알루미늄 로어암 · 너클 · 캐리어 적용으로 경량화 → 승차감 향상 · 동흡진기(Dynamic Vibration Absorber) 적용으로 부밍음 개선

(a) 조향 시스템　　(b) 현가 시스템

그림 39 | 조향 시스템 및 현가 시스템

MEMO

7

전기자동차 안전

7 전기자동차 안전

1 고전압 감전

감전에 의한 인체의 반응 및 사망의 한계는 그 속성상 인체실험이 어렵고, 어떠한 실험결과가 나와도 그것은 검증이 어렵다는 점과 인간의 다양성, 재해 당시의 상황변수 등의 이유로 획일적으로 정하기는 어렵지만, 인체의 감전 시 그 위험도는 통전전류의 크기, 통전시간, 통전경로, 전원의 종류에 따라 달라진다.

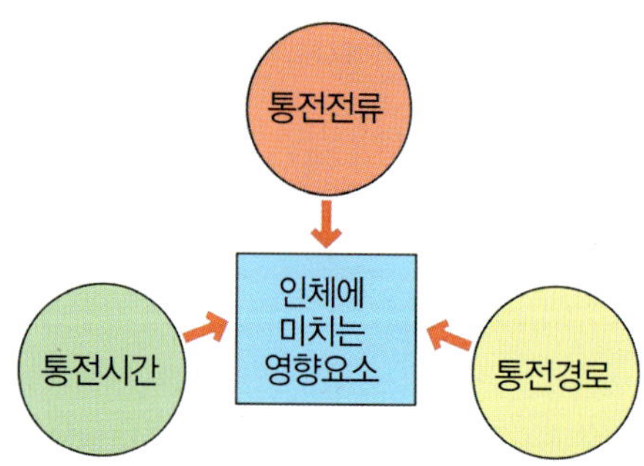

그림 1 | 감전으로 인체에 미치는 영향 요소

01 인체의 전기적 특성

[1] 고전압 감전 시 인체에 미치는 영향

친환경자동차의 전압계통은 시간이 지남에 따라 NEV - Plug in - Full Charging 방식으로 진화를 거듭하면서 계통 전압이 상승하고 있다.

고전압(법규)은 작업하는 부위의 활전부 간 전압이 25V AC 혹은 60V DC 이상이고, 3mA AC 혹은 12mA DC의 전압은 감전의 위험이 있으므로 접촉하지 말아야 한다. 전압이 높아지면 전류가 흐르는 부위를 만지지 않아도 감전의 위험이 있으므로 주의가 필요하다. 마치 벼락처럼 거리가 있는 곳에도 전기가 흐를 가능성이 있기 때문이다.

보통 인체의 전기저항은 약 5,000Ω으로 보고 있지만, 이것은 피부가 젖은 정도, 대지와의 접촉상태, 인가전압 등에 의해 크게 변화하며, 인가전압이 커짐에 따라 약 500Ω 이하까지 감소하기도 한다. 일반적으로 피부저항은 피부에 땀이 나 있는 경우는 건조 시의 약 1/12～1/20, 물에 젖어 있을 경우는 1/25로 저하된다.

전기사고 후에는 의식상실, 발작, 실어증, 시각장애, 두통, 이명, 마비, 기억력 장애를 비롯한 외상 후 스트레스 장애를 겪는 경우가 많다. 심한 경우에는 심실세동이 발생한다. 감전 생존자는 겉으로 보이는 화상은 없어도 장기간의 근육통과 불편함, 피로감, 두통, 말초신경전도 및 감각 장애, 균형감 상실 등의 장애를 겪을 수 있다.

① 열적 영향 : 피부와 조직이 가열되어 피부의 표면뿐만 아니라 내부의 장기에 화상을 입을 수도 있다. 또한 단백질이 응고되고, 혈구가 파열된다. 전기 아크에 의해 방출되는 자외선에 노출되면 눈의 염증과 함께 심하면 시력을 상실할 수도 있다.

② 화학적 영향 : 체액이 분해 및 변질되어 신경, 근육, 심장에 자극을 준다. 신경신호는 미약한 전류이기 때문에 신경의 전달이 저해되어 부정맥이나 심장마비, 의식소실, 호흡정지, 근육수축 등의 신체기능 장해가 발생하여 심한 경우 사망할 수도 있다.

③ 외부 영향 : 고온의 열에 노출되어 발생된 금속성 증기가 인체에 흡입될 수 있다.

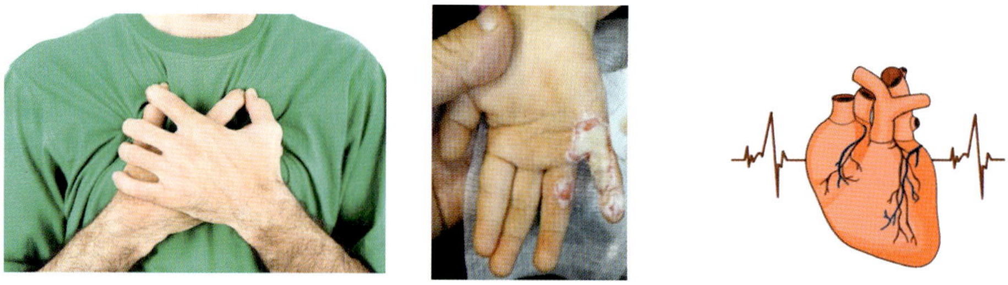

(a) 호흡곤란　　(b) 전기화상　　(c) 심실세동

그림 2 | 고전압 감전 시 인체에 미치는 영향

[2] 인체 안전성 기준(DC)

전기적 안전성과 관련하여 필수 수행 시험 항목

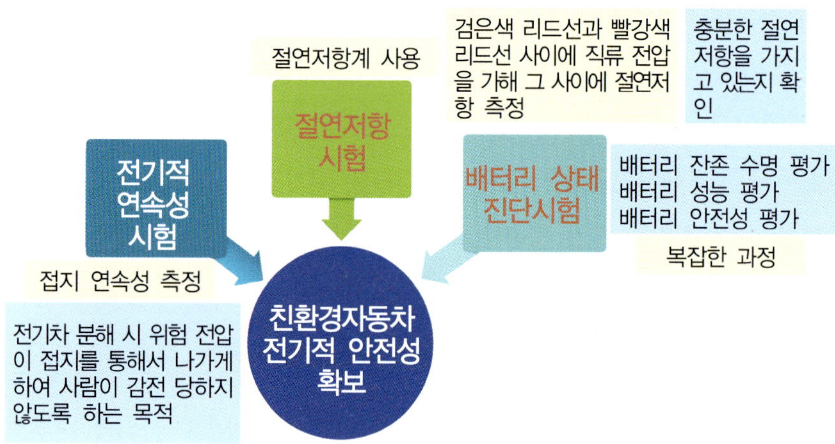

그림 3 | 필수 수행 시험 항목

[3] 감전사고 시 전류의 강도에 의한 신체에 영향

① 1mA : 찌릿함을 느낀다.

② 5mA : 상당한 통증을 느낀다.

③ 10mA : 견딜 수 없는 통증을 느낀다.

④ 20mA : 근육이 심하게 수축하여 감전을 일으키는 것으로부터 벗어날 수 없다.

⑤ 50mA : 단시간이라도 죽음으로 이어질 수 있다.

⑥ 100mA : 치명적인 결과로 이어진다.

통전 전류의 크기	1~2mA (0.001A)	5~10mA	10~15mA	15~30mA	50~100mA
증상	약간 느낄 정도	약간 따갑고 거북하며 약간의 경련 유발	경련이 발생하고 견디기 어렵다.	강렬한 경련과 고통을 수반한다.	사망에 이른다.

그림 4 | 감전사고가 일어나면 신체에 미치는 영향

[4] 절연저항 파괴 감전 경로

(1) 고전압 (+), (-)단자 중 하나가 차체에 접촉한 상태에서 인체가 차체에 접촉할 경우

① 인체가 차체에만 접촉 시 : 전류는 흐르지 않음

그림 5 | 인체가 차체에만 접촉 시

② 인체가 차체와 단자 동시 접촉 시 : 차체와 인체로 통전(500mA), 인체에 500mA 통전 시 심장마비, 호흡정지 및 화상 또는 세포 손상과 같은 병리 생리학적인 영향이 발생한다.

그림 6 | 인체가 차체와 단자 동시 접촉 시

(2) 고전압 양 단자가 동시에 차체 접촉 시

차체 간 통전(2,000~3,000A)이 되는 경우 자동차 구조상 퓨즈가 끊어지게 된다(Fuse Cut).

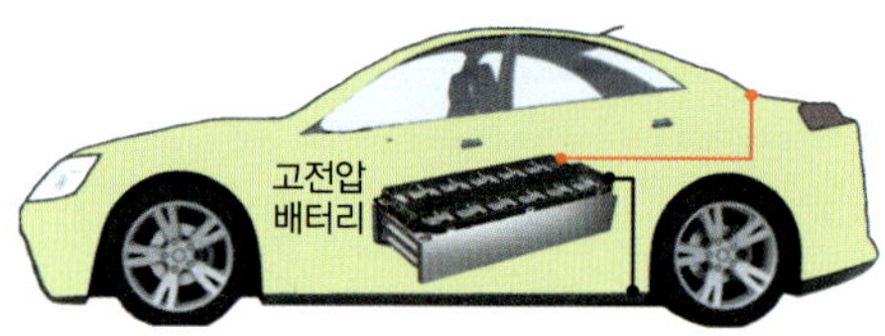

그림 7 | 고전압 양 단자가 동시에 차체 접촉 시

[5] 통전전류에 의한 영향

전기자동차의 배터리 전압은 보통 400~500V 가까이 되며, 배터리 용량은 60kWh를 넘는다. 즉, 높은 출력을 낼 수 있는데 전기자동차에 적용되는 리튬이온 배터리는 고전압, 고용량의 배터리가 적용되기 때문에 전기자동차를 점검 또는 수리 시에는 감전에 주의를 해야 한다.

[승용 · 버스 최대 배터리 사양]

차종	정격 전압(V)	정격 전류(A)	용량(kW)
승용 연료전지	440V	400Amax	80kW급
버스 연료전지(버스)	880V	800Amax	320kW급

인체에 전류가 노출된 시간이 길어질수록 인체에 더 많은 전류가 흐르게 되므로 위험하다. 통전전류가 작은 경우에는 노출 시간이 길어도 인체에 무리가 없지만, 통전전류가

큰 경우에는 노출시간이 길어지면 통전전류의 크기에 따라 인체에 미치는 영향도 커지므로 누전 차단기를 작동하여 전류를 차단해야 한다. 고전압 차량에서는 절연저항이 300㏀ 이하일 경우 BMS(Battery Management System)가 PRA(Power Relay Assembly)의 메인 릴레이를 차단한다.

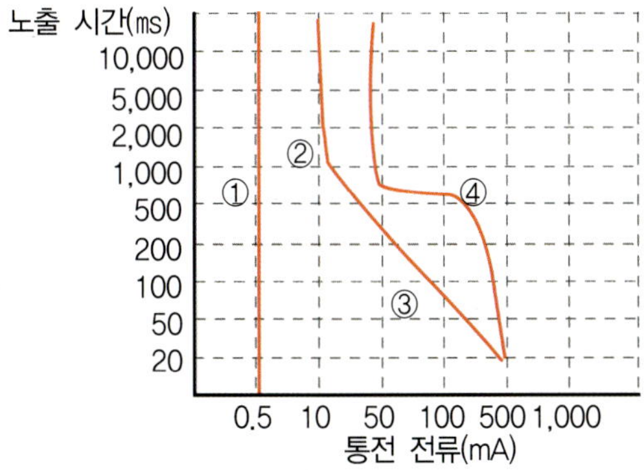

그림 8 | 통전전류의 크기와 생리적 영향

① 최소 감지전류 : 통전전류의 크기가 어느 한계값 이하의 경우에는 인체가 느끼지 못하고 이 값 이상이 되면 전격을 느끼게 되는데 이 전류값을 최소 감지전류라 한다. 직류에서는 2~5mA, 상용주파수 60Hz 교류에서는 0.5~1.0mA 정도가 된다. 이 정도의 전류로서는 위험이 없다.

② 고통전류(이탈전류) : 통전전류가 감지전류의 한계를 넘게 되면 점차로 고통을 느끼게 되고, 이 고통을 참을 수 있으면서 생명에는 위험이 없는 한계의 전류로 교류 상용주파수 60Hz에서 성인남자의 경우 약 7~8mA이다.

③ 이탈 불능전류(마비 한계전류) : 통전전류가 이탈전류의 한계를 넘게 되면 전류가 흐르는 부위의 인체는 근육이 경련 현상을 일으키거나 신경이 마비되어 운동을 자유로이 할 수 없게 되므로, 자력으로는 위험지역을 벗어날 수 없게 되는 전류로 직류에서는 약 60~90mA, 교류 상용주파수 60Hz에서는 10~15mA 정도이다.

④ 심실세동 전류(치사전류) : 심장의 맥동에 영향을 주어 혈액 순환이 곤란하게 되고 끝내는 심장 기능을 잃게 되는 현상을 일반적으로 심실세동이라 하며, 이 값은 대개 15mA 이상이다. 심실세동을 일으킬 때 그대로 방치하면 수분 이내에 사망하게 되므로 즉시 인공호흡을 실시하여야 한다.

[6] 감전경로의 영향

인체 감전 시의 영향은 전류의 경로에 따라 그 위험성이 달라지며, 전류가 심장 또는 그 주위를 통하게 되면 심장에 영향을 주어 더욱 위험하게 된다. 특히 "왼손과 가슴"으로 흐른다면 전류가 심장을 통과하게 되므로 가장 위험하다. 즉, 인체에 전류가 통과하게 되면, 심실세동이 일어날 수 있는 것은 물론이고 감전경로에 따라서는 그보다 낮은 전류에서도 심실세동의 위험성이 있으며, 이에 대한 것을 심장전류 계수를 예를 들어, 220V의 전압에 10㏀ 저항의 인체가 닿아서 전류가 흐른다면 전류는 22mA의 전류가 인체로 흘러 감전된다. 심장전류 계수는 다음과 같다.

통전경로	Kh
왼손 → 가슴	1.5
오른손 → 가슴	1.3
왼손 → 한발 또는 양발	1.0
양손 → 양발	1.0
오른손 → 한발 또는 양발	0.8
왼손 → 등	0.7
한손 → 또는 양손 → 앉아있는 자리	0.7
왼손 → 오른손	0.4
오른손 → 등	0.3

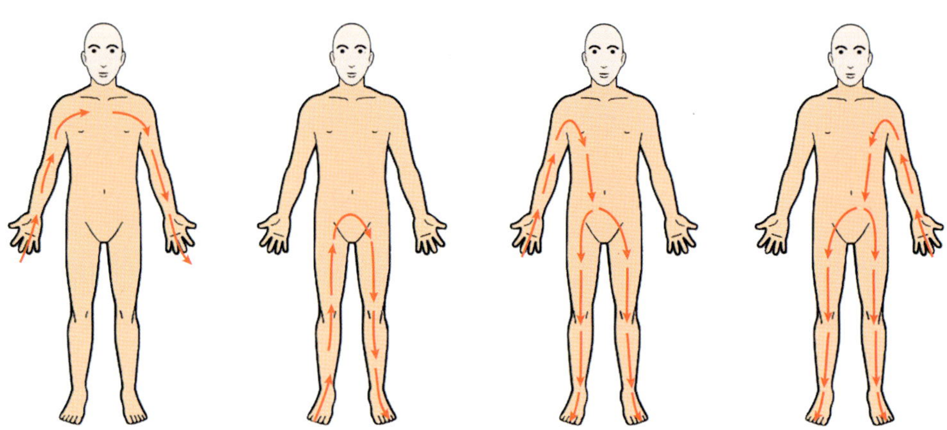

그림 9 | 인체감전 경로

[7] 접촉전압의 허용한계

인체를 통과하는 전류와 인체 저항의 곱이 인체에 가해지는 전압이며, 이것을 접촉전압이라 한다. 전격의 위험성은 이 접촉전압의 크기와 전격 시간과의 곱에 비례한다. 위험한 장소에서의 안전전압의 한계로 접촉상태에 따라 다음과 같이 제시하고 있다.

종별	접촉 상태	허용접촉 전압
제 1종	인체의 대부분이 수중에 있는 상태	2.5V 이하
제 2종	- 인체가 현저하게 젖어 있는 상태 - 금속성의 전기 기계기구나 구조물에 인체의 일부가 상시 접촉되어 있는 상태	25V 이하
제 3종	건조한 통상의 인체 상태로서, 접촉전압이 가해지더라도 위험성이 낮은 상태	50V 이하
제 4종	- 건조한 통상의 인체 상태로서, 접촉전압이 가해지더라도 위험성이 낮은 상태 - 접촉전압이 가해질 우려가 없는 경우	제한 없음

[8] 감전사

① 심실세동 및 호흡정지에 의한 사망 : 감전 시 외부에서 심장에 별도의 전압이 가해져 심장계의 펄스 전압에 중대한 영향을 미치게 되어, 심장 제어계가 교란 또는 파괴되어 불규칙적인 박동에 의해 심장이 멈추게 된다. 따라서 혈액의 순환이 정지하게 되므로 호흡도 멈추게 되어 곧 사망하게 된다.

② 인체의 훼손 : 머리가 감전되어 뇌를 치명적으로 파손시켜 뇌사하는 경우와 목 부분이 감전되어 동맥을 절단하여 출혈사 하는 경우가 있다.

③ 전기화상 : 아크나 스파크의 고열에 의해 피부가 열상을 받는 화상과 전류가 인체에 흐를 때 인체의 내부 저항으로 줄(Joule)열에 의한 화상이 있다.

02 감전사고 시의 응급조치

[1] 감전사고 시의 조치사항

(1) 감전자의 구출

감전사고 시에는 응급조치가 필요하므로 구조자가 추가 피해를 방지하기 위해서 피해자를 맨손으로 만지지 말고, 우선 피해자가 접촉된 충전부나 누전된 기기의 전원을 구조후크(절연체)를 이용하여 차단하고, 만약 구조후크가 없다면 절연체(나무, 절연장갑)를 이용하여 차단한 후 위험지역에서 안전한 장소로 신속히 대피시켜야 한다. 그렇지 않으면 구조자까지도 감전 재해를 당할 가능성이 크다. 감전사고가 발생하면 다음의 내용을 신속히 조치해야 한다.

① 최우선적으로 전원스위치부터 차단해야 한다.
② 차단이 불가능할 경우에는 전선 등 감전부위로부터 감전자를 떼어내어야 한다.

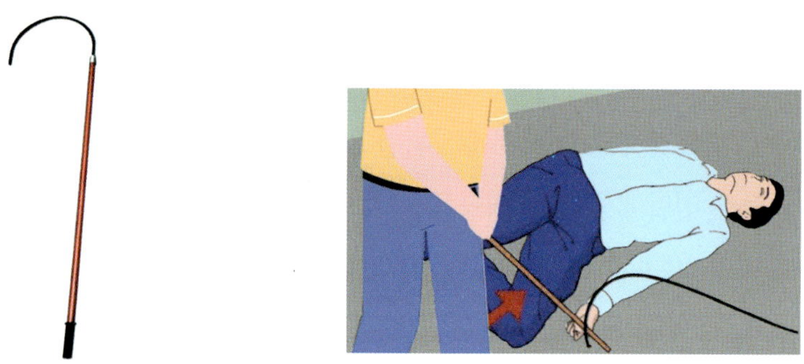

(a) 구조후크 (b) 절연체 사용

그림 10 | 피해자 구조 시 절연체 사용

(2) 감전자의 상태 확인

피해자의 재해 상태를 신속・정확하게 다음의 사항을 관찰한 다음, 구명시기를 놓치지 않기 위해서는 불필요한 시간을 허비해서는 안 된다.

① 의식 상태

② 호흡 상태

③ 맥박 상태를 신속하게 확인하고 높은 곳에서 추락한 경우에는

④ 출혈 상태

⑤ 골절의 유무를 확인한다.

(3) 119에 최대한 빨리 신고

① 신속하게 119에 신고하여 도움을 요청한다.

② 119에 최대한 사고 상황을 자세히 설명한다.

③ 사고발생 지역 및 유형(감전, 화재 등), 부상자 수, 부상의 종류(호흡곤란, 의식불명, 출혈 상태, 골절 상태 등)에 대해 상세히 설명하고, 환자 옆에 머무르면서 환자 상태에 변화가 있으면 119에 알린다.

그림 11 | 119 신고

(4) 배터리 전해질로 인한 부상 시

리튬이온 배터리의 전해질이 피부에 닿았으면 충분한 물로 씻어내야 한다. 눈에 들어간 경우에도 충분히 물로 씻어내고, 만약 가스를 흡입하였다면 밖에 나가 신선한 공기를 흡입하고 병원진료를 받아야 한다.

[2] 응급조치

(1) 응급조치 개요

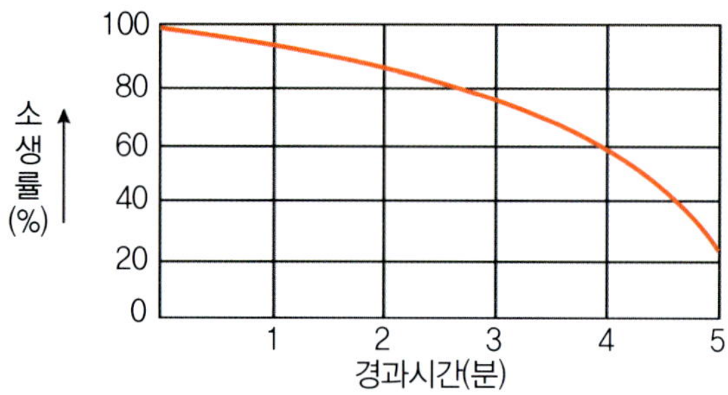

시간	소생률
1분	95%
3분	75%
5분	25%
6분	10%

그림 12 | 호흡이 멈춘 후 인공호흡이 시작되기까지의 시간

전격의 가장 위험한 결과는 정상박동을 하던 심장에 전기적 충격이 가해져 생기는 심실세동 현상으로 인한 심장마비와 호흡정지이다. 전격 등에 의해 호흡이 정지되었을 경우 혈액 중의 산소함유량이 감소되기 시작하여 약 1분 정도가 지나면 산소결핍으로 인한 여러 증세가 나타나게 되는데, 그중에서 특히 뇌의 경우는 산소결핍에 대한 저항력이 아주 약하기 때문에 호흡정지 상태가 3~5분간 계속되면 그 기능이 마비되게 되므로 응급조치가 아주 중요하다. 단시간 내에 인공호흡 및 심폐소생술 등 응급조치를 실시할 경우 감전 사망자의 약 95% 이상을 소생시킬 수 있다.

(2) 응급조치 요령

1) 인공호흡

① 구강대 구강법(Mouth to Mouth Method)

② 구강대 비강법(Mouth to Nose Method)

2) 심폐소생술(인공호흡과 동시에 실시)

심폐소생술 30회 정도와 인공호흡 2회를 교대로 연속적으로 실시한다. 또는 심폐소생술과 인공호흡을 2명이 분담하여 5 : 1 비율로 실시한다.

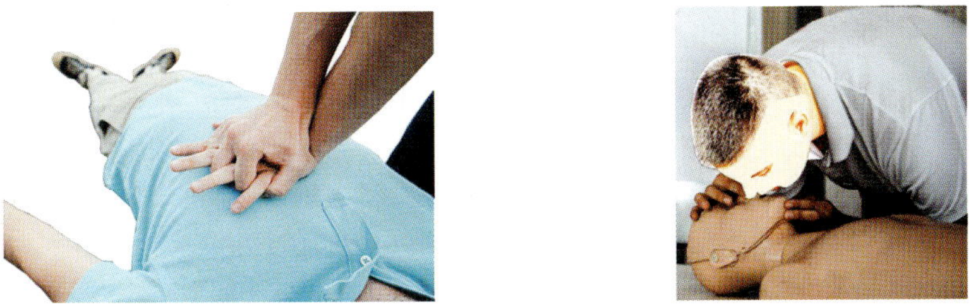

(a) 심폐소생술 (b) 인공호흡

그림 13 | 심폐소생술 및 인공호흡

2 고전압 차량의 감전 방지

01 전기차의 4개의 감전 예방 설계

① 우천 시 충전구 내부로 들어오는 액체류가 드레인 홀로 배출되는 구조를 통해 감전을 예방한다.

② 충전기가 체결된 이후에는 충전건과 충전구 사이 실링을 통해 액체류의 추가 유입을 예방한다.

③ 차량과 충전기의 완전한 연결이 확인된 후 일정 시간이 지나 전류가 흐르도록 설계해 감전을 예방한다.

④ 충전 중단을 위해 충전건의 버튼을 누를 경우 즉각 전류를 차단해 커넥터 접촉부의 손상을 방지한다.

02 전기차의 4단계 감전 예방 설계

리튬 계열 배터리를 사용하는 전기차는 고열이나 합선에 의한 배터리 화재·폭발을 예방하기 위해 다양한 방식의 안전설계를 복합적으로 적용한다.

① 차량 협조 제어 : 배터리는 전력 공급 장치로 전기차 모터를 비롯해 다양한 전장부품과도 연계되어 있어, 차체의 고전압 부품이 고장날 경우 배터리에 영향을 줄 수 있다. 이런 위험을 방지하기 위한 기능이 "페일 세이프(Fail-Safe)"로 전장부품의 고장이 배터리로 확산되지 않도록 설계하는 방식이다.

② 능동 보호(BMS 제어) : 배터리 관리 시스템(BMS : Battery Management System)은 평소 배터리의 충전 상태 제어, 셀 밸런싱 등을 통해 배터리가 잘못 사용되지 않도록 관리해 사고를 미연에 방지한다. 배터리에 이상이 감지될 경우 릴레이(특정 조건에서 작동해 다른 회로를 개폐하는 장치)를 통해 자동으로 배터리의 전원을 온오프(ON/OFF)한다.

③ 수동 보호 : 배터리의 내부 또는 외부에서 합선이 발생할 경우 전력을 차단하는 퓨즈가 작동되도록 설계되어 있다.

④ 배터리 셀 강건 설계 : 전기차의 배터리는 외부 충격으로부터 셀을 보호하기 위한 설계가 적용되어 있다. 강도 향상을 위해 세라믹으로 코팅된 분리막을 사용하고, 외부 열로부터 보호를 위해 방열 특성이 우수한 파우치 타입의 리튬 전지가 사용된다.

03 전자기장(전자파)의 인체 영향 평가

국제기구 권고치 및 정부의 인체 보호 기준(83.3μT) 대비 안전한 수준임

[코나 EV 기준, 단위 : μT(micro tesla)]

<table>
<tr><th rowspan="3">구분</th><th colspan="4">1열</th><th colspan="4">2열</th></tr>
<tr><th colspan="2">운전석</th><th colspan="2">동승석</th><th colspan="2">LH</th><th colspan="2">RH</th></tr>
<tr><th>측정치</th><th>권고치</th><th>측정치</th><th>권고치</th><th>측정치</th><th>권고치</th><th>측정치</th><th>권고치</th></tr>
<tr><td>머리</td><td rowspan="3">① 주행 2 이하
② 정차 1 이하
③ 완속 충전 2 이하
④ 급속 충전 1 이하</td><td rowspan="3">27~4000</td><td rowspan="3">① 주행 2 이하
② 정차 1 이하
③ 완속 충전 2 이하
④ 급속 충전 1 이하</td><td rowspan="3">27~4000</td><td rowspan="3">① 주행 1 이하
② 정차 2 이하
③ 완속 충전 2 이하
④ 급속 충전 2 이하</td><td rowspan="3">27~4000</td><td rowspan="3">① 주행 2 이하
② 정차 2 이하
③ 완속 충전 3 이하
④ 급속 충전 2 이하</td><td rowspan="3">27~4000</td></tr>
<tr><td>가슴</td></tr>
<tr><td>엉덩이</td></tr>
</table>

참고

① μ T(마이크로 테슬라) : 전자파의 세기를 측정하는 단위로, 100만분의 1테슬라를 뜻함
② JASO : Japanese Automotive Standards Organization(일본자동차표준협회)
③ ICNIRP : International Commission on Non-Ionizing Radiation Protection(국제이온화방사보호위원회)

04 전기차의 배터리 안전성 검증 시험

전기차 배터리는 안전설계뿐만 아니라 충돌 시험, 수밀 시험, 침수 시험, 연소 시험 등 다양한 상황에서 안전성 검증 시험을 거친 후에 전기차에 적용된다.

① 충돌 시험 : 후방 충돌 테스트를 통해 배터리의 발화 및 폭발 여부 확인
② 수밀 시험 : 수분 유입 방지를 위한 밀봉 확인
③ 침수 시험 : 소금물에 배터리를 침수시켜 발화나 폭발 여부 확인
④ 연소 시험 : 화염에 배터리를 직접 노출시켜 폭발 여부 확인

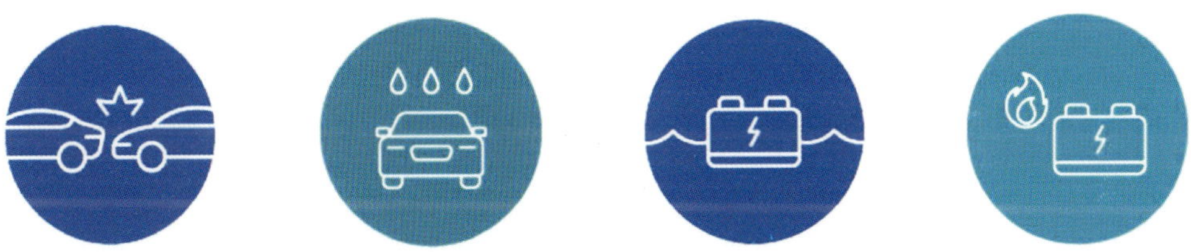

(a) 충돌 시험 (b) 수밀 시험 (c) 침수 시험 (d) 연소 시험

그림 14 | 배터리 안전성 검증 시험

05 고전압 장치 안전수칙 및 보호 장치

고전압 부품의 종류에는 고전압 배터리, 모터, 파워 케이블, 인버터(MCU), 메인 릴레이, 프리차지 릴레이 등이 있어 시스템이나 차량을 잘못 건드릴 경우 심각한 누전이나

감전 등의 사고로 이어질 수 있으므로 정비지침서를 참조해야 한다. 정비지침서의 안전사항 표시에는 중요도에 따라 위험, 경고, 주의, 유의, 참고로 분류되어 있다.

① 위험 표시 : 정비 시 부주의로 인해 필연적으로 발생하는 사망 또는 심각한 신체 상해를 미연에 방지하기 위해 제공되는 정보

② 경고 표시 : 정비 시 부주의로 인해 발생 가능한 사망 또는 심각한 신체 상해를 미연에 방지하기 위해 제공되는 정보

③ 주의 표시 : 정비 시 부주의로 인하여 발생 가능한 경미한 신체 상해를 미연에 방지하기 위하여 제공되는 정보

④ 유의 표시 : 정비 시 부주의로 인하여 발생 가능한 자동차 손상을 미연에 방지하기 위하여 제공되는 정보

⑤ 참고 표시 : 특정 정비절차를 원활히 수행할 수 있도록 제공되는 부가적인 정보

3 고전압 안전 법규

01 국내 · 외 친환경자동차 고전압 시스템의 전기안전성 관련 표준 및 기준

① 국내 자동차안전기준에 관한 규칙 및 시행세칙의 전기안전성 관련 기준

② UNECE WP29, FMVSS305, IEC, ISO, SAE 등 국외 전기안전성 관련 기준

표준 및 기준	시험 방법	시험 사양
자동차안전기준에 관한 규칙	구조 및 성능 기준 분석	시험장비
UNECE GTR 전기안전부분	성능 기준에 대한 시험방법 분석	절연 시험전압, 최대시험 단락전류
FMVSS 571.305	충돌 시 전기안전에 관한 기준	전기적 연속성 시험전압, 시험전류
IEC 60479-1	인체 통전전류에 따른 감전위험성 분석	측정 해상도 및 정확도
IEC 60364	전기적 연속성(등전위본딩)	시험 프로세스
IEC 61010	측정, 제어 등 전기기기 안전 요구사항	

02 자동차 및 자동차부품의 성능과 기준에 관한 규칙 [별표 5] 〈개정 2020. 12. 24.〉

[1] 고전원전기장치 절연 안전성 등에 관한 기준(제18조의2 및 제18조의 4제3호 관련)

① 고전원전기장치 활선도체부는 다음 각 호의 기준에 적합하여야 한다.

㉮ 활선도체부의 보호기구는 공구를 사용하지 아니하면 개방·분해·제거되지 않는 구조이어야 한다.

㉯ 승객거주 또는 수화물 공간의 활선도체부는 IPXXD 접근 시 직접 접촉되지 말아야 한다.

㉰ ㉯목을 제외한 활선도체부는 IPXXB 접근 시 직접 접촉되지 말아야 한다.

㉱ 승객거주 공간이 없는 이륜자동차의 경우에는 ㉰목에도 불구하고 활선도체부는 IPXXD 접근 시 직접 접촉되지 말아야 한다.

② 고전원전기장치의 커넥터(전기자동차 충전 접속구를 포함한다)는 제 ①호 각 호의 기준에 모두 적합하여야 한다. 다만, 다음 각 목의 어느 하나의 경우에 해당하는 커넥터는 제 ①호 ㉮목의 기준을 적용하지 아니한다.

㉮ 커넥터가 분리된 상태에서 제 ①호 ㉯목 또는 ㉰목에 적합한 경우

㉯ 커넥터가 차체 외부 바닥면에 위치하고 잠금장치가 있는 구조인 경우

㉰ 커넥터에 잠금장치가 있고 커넥터를 분리하기 위해서는 별도의 보호기구가 공구로 제거될 수 있는 구조인 경우

㉱ 커넥터를 분리한 후 1초 이내에 전압이 직류 60볼트 또는 교류 30볼트 이하로 떨어지는 경우

③ 고전원전기장치의 점검수리를 위한 고전압회로 차단장치가 공구 없이 개방·분해·제거될 수 있는 구조인 경우에는 IPXXB 접근 시 직접 접촉되지 말아야 한다.

④ 고전원전기장치의 외부 또는 보호기구에는 다음 각 목의 기준에 적합하게 경고표시를 하여야 한다. 다만, 고전압 커넥터 및 차체 외부 바닥면에 위치하거나 쉽게 접근·개방·제거되지 않도록 보호기구가 있는 경우에는 그러하지 아니하다.

㉮ 경고 표시는 다음과 같다. 색상(바탕은 노란색), 그림·외곽선(검정색)

그림 15 | 고전압 감전 경고 표기 심벌

㉯ 경고 표시는 식별이 가능하도록 표시하고 쉽게 변색되거나 지워지지 않아야 한다.

㉰ 구동축전지의 경우는 상부 또는 주변에 경고 표시를 부착하여야 한다.

⑤ 고전원전기장치 간 전기배선(보호기구 내부에 위치하는 경우는 제외한다)의 피복은 주황색이어야 한다.

⑥ 고전원전기장치 보호기구의 노출 도전부는 전기적 섀시와 배선, 용접 또는 볼트 등의 방법으로 전기적으로 접속되어야 하고, 노출 도전부와 전기적 섀시 사이의 저항은 0.1Ω 미만이어야 한다.

⑦ 고전원전기장치 활선도체부와 전기적 섀시 사이의 절연저항은 다음 각 호의 기준에 적합하여야 한다.

㉮ 직류회로 및 교류회로가 독립적으로 구성된 경우 절연저항은 각각 100Ω/V(DC), 500Ω/V(AC) 이상이어야 한다.

㉯ 직류회로 및 교류회로가 전기적으로 조합되어 있는 경우 절연저항은 500Ω/V 이상이어야 한다. 다만, 교류회로가 다음 각 호의 어느 하나를 만족할 경우에는 100Ω/V 이상으로 할 수 있다.

㉠ 고전원전기장치의 보호기구 내부에 이중 이상의 절연체로 절연되어 있고 제 ⑥호를 만족하는 경우

㉡ 구동전동기 하우징, 전력 변환장치 외함 및 커넥터 등이 기계적으로 견고하게 장착된 구조일 경우

㉰ 연료전지자동차의 고전압 직류회로는 절연저항이 100Ω/V 이하로 떨어질 경우 운전자에게 경고를 줄 수 있도록 절연저항 감시시스템을 갖추어야 한다.

㉱ 전기자동차 충전 접속구의 활선도체부와 전기적 섀시 사이의 절연저항은 최소 1MΩ 이상이어야 한다.

㉲ 고전원전기장치의 활선도체부가 전기적 섀시와 연결된 자동차는 활선도체부와 전기적 섀시 사이의 전압이 교류 30볼트 또는 직류 60볼트 이하의 경우에는 절연저항기준은 적용하지 아니한다.

⑧ 전기자동차의 구동축전지를 충전하기 위하여 외부 전원(충전 전압 및 전류)이 들어오기 전에 자동차 및 외부 충전장치의 접지가 우선 연결되어야 하고, 외부 전원이 분리될 때까지 유지되어야 하며, 구동축전지를 충전하는 동안에는 자동차가 구동되지 않아야 한다.

참고

① IPXXB : 국제보호등급(International Protection) 코드(IEC 60529)에서 규정한 손가락 접근 안전성을 확인하기 위한 손가락 모형
② IPXXD : 국제보호등급(International Protection) 코드(IEC 60529)에서 규정한 철사 접근 안전성을 확인하기 위한 철사 모형
③ 전기적 섀시 : 자동차 차체 중 전기가 통하는 도전부를 말한다.

4 고전압 장치 안전수칙

01 고전압 차단 절차

[1] 고전압 차단 확인

안전 플러그를 탈거해도 인버터 내 커패시터에 일정 전류가 저장되어 있으므로 방전 확인이 필요하다.

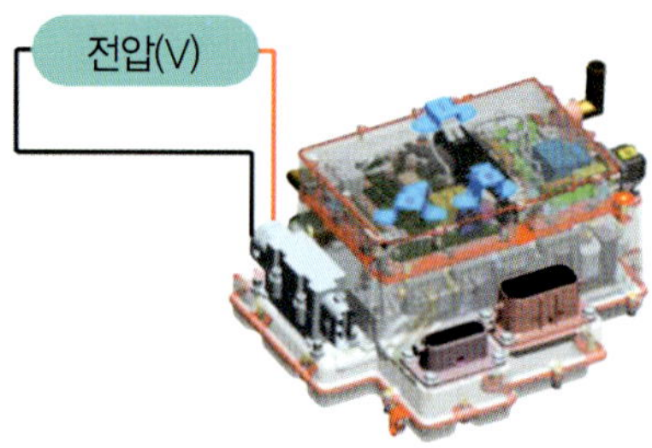

그림 16 | 점검방법

[2] 고전압 차단 절차

① 엔진 시동 OFF

② 12V 보조 배터리 (–) 케이블 분리

③ 안전 플러그 탈거

그림 17 | "안전 플러그" 분리

④ 인버터 커패시터 방전 확인

[3] 커패시터 방전 확인

① 에어 클리너 및 덕트 탈거

② 인버터 파워 케이블 분리

③ 인버터 (+)단자와 (−)단자 전압 측정

[4] 방전 상태 판정

① 30V 이하 : 고전압 회로 정상 차단

② 30V 이상 : 고전압 회로 이상(연관 시스템 고장코드 확인)

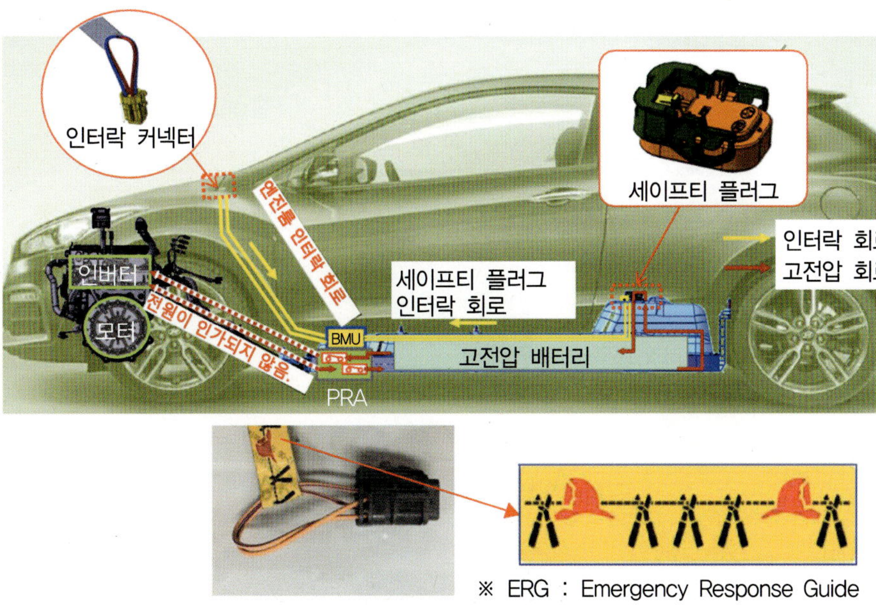

그림 18 | 인터락 커넥터를 이용한 간단하게 고전압 차단 방법

02 고전압 시스템 취급 전 안전수칙

고전압 시스템 작업 전에는 반드시 다음 사항을 준수하여야 한다.

① 위험 표지판을 설치한다.

② 항시 절연장갑을 착용하고, 절연공구를 사용하고 찢어짐, 파손 여부 확인 및 물기를 완전히 제거한 후 착용한다.

③ 금속성 물질(시계, 반지, 기타 금속성 제품 등)은 고전압 단락을 유발하여 인명과 차량을 손상시킬 수 있으므로 작업 전 몸에서 제거한다.

④ 고전압 시스템을 점검하거나 정비하기 전에 반드시 "안전 플러그"를 분리하여 고전압을 차단하도록 한다.

⑤ 분리한 "안전 플러그"는 타인에 의해 실수로 장착되는 것을 방지하기 위해 반드시 작업 담당자가 보관하도록 한다.

⑥ 탈거한 고전압 부품에 의한 감전사고 예방을 위해 절연 매트 위에 정리하여 보관하고, 보호 장비 미착용자의 안전사고 예방을 위해 고전압 부품을 절연 덮개로 차단한다.

⑦ 고전압 단자 간 전압이 30V 이하임을 확인한다.

그림 19 | 고전압 작업 전 주의사항

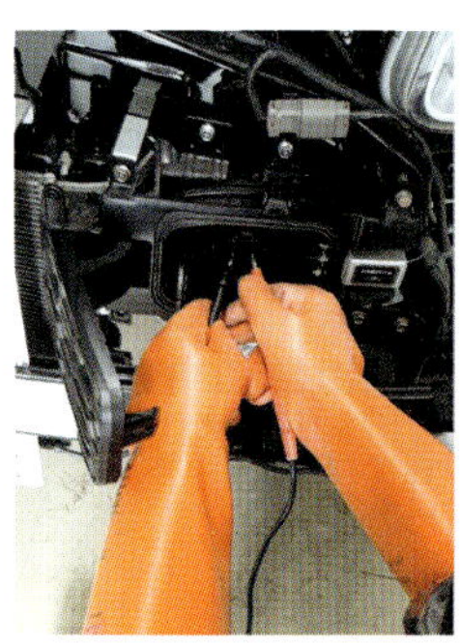

그림 20 | 전압 측정

03 고전압 배터리 취급 전 안전수칙

고전압이 잔류하고 있는지 유무를 회로에 표시하여 측정 및 확인한다.

① 전압 테스터를 활용하여 측정 부위인 플러스 단자와 마이너스 단자에서 측정한다.
② 측정값이 30V 이하이면 정상, 30V 이상이면 캐패시터 방전까지 조금 더 기다려 측정한다.
③ 전압이 떨어지지 않는다면 원인을 찾아 수리한다.
④ 플러스 단자와 마이너스 단자에서 절연 상태를 확인한다.
⑤ 수리유무 판단 후 정비

04 인버터 취급 전 안전수칙

① 전압 테스터를 활용하여 측정 부위인 플러스 단자와 마이너스 단자에서 측정한다.
② 측정값이 30V 이하면 정상, 30V 이상이면 잠시 뒤 측정한다.
③ 전압이 떨어지지 않는다면 원인을 찾아 수리한다.
④ 플러스 단자와 마이너스 단자에서 절연 상태를 확인한다.
⑤ 수리유무 판단 후 정비

05 메인 릴레이 취급 전 안전수칙

고전압이 잔류하고 있는지 유무를 회로에 표시하여 측정 및 확인한다.

① 전압 테스터를 활용하여 측정 부위인 플러스 단자와 마이너스 단자에서 측정한다.
② 측정값이 30V 이하면 정상, 30V 이상이면 잠시 뒤 측정한다.
③ 전압이 떨어지지 않는다면 원인을 찾아 수리한다.
④ 플러스 단자와 마이너스 단자에서 절연 상태를 확인한다.
⑤ 수리유무 판단 후 정비

06 고전압 전기 배선

전기자동차는 고전압 케이블을 동력 전달의 캐리어로 사용하며, 충전 포트와 배터리, 배터리 내부, 배터리와 모터, 배터리 에너지 저장장치를 연결하는 데 사용된다.

① 전원 전기장치 간 연결배선의 피복(연결배선에 보호 기구를 설치한 경우) 색상은 주황색 또는 오렌지색으로 하여야 한다. 고전압 링크는 주황색 톤으로 정기적으로 인식되며 높은 인지도와 웰빙 제안으로 인해 비즈니스의 표준으로 자리 잡았다. 오렌지색은 전문가와 고객이 고전압 부품의 존재를 인식하고 보안 길이를 맞출 수 있도록 하는 매우 눈에 띄는 품종이다. 또한 주황색 고전압 링크는 저조도 환경에서 더 쉽게 감지할 수 있어 의도하지 않은 접촉의 위험이 줄어든다.

그림 21 | 고전압 전기 배선

② 노출된 충전부가 없어야 한다.

③ 극성이 바뀔 수 있는 구조일 경우 각각 다른 색상의 단자・커넥터를 적용한다.

④ 중간에 접속점이 없어야 한다.

⑤ 전기적 접속부가 진동 또는 충격으로 인해 이완되거나 손상되지 않아야 한다.

⑥ 이상전압 유기 시 절연 파괴나 플래시 오버가 없어야 한다.

⑦ 노출 도전부와 전기 연속성은 0.1Ω 이하이어야 한다.

07 고전압 감전 경고 표기

① 고전압장치 외부, 고전압장치 보호커버, 고전압 전기배선 보호관에 식별이 쉽고, 쉽게 떨어지지 않는 구조로 부착하여야 한다.

② 변색되거나 지워지지 않아야 한다.

③ 심벌(Symbol)의 바탕은 노란색으로 하고 외곽선은 검은색으로 한다.

그림 22 | 경고 표시 안내문

08 고전압 연결 배선

도구를 사용하지 않고 쉽게 열리거나 분해되지 않아야 한다. 고전압 커넥터가 제대로 체결이 되어있는지 확인해 주는 인터락(Interlock) 장치가 있다. 인터락의 역할은 다음과 같다.

① 차량 정비를 하기 위해 고전압 커넥터를 탈거할 때, 실수로 고전압 계통을 차단하지 않은 경우 위험할 수 있다. 따라서 고전압 커넥터를 탈거할 때 무조건 고전압 계통을 차단시켜 안전하게 정비할 수 있게 한다.

② 충돌·추돌 사고로 인해 고전압 계통이 단락 및 단선이 되면 감전 및 화재로 이어질 수 있다. 사고로 인해 인터락 회로에 먼저 이상이 발생하면 고전압 계통을 차단시켜 사고 후 발생할 수 있는 감전 및 화재를 방지할 수 있다.

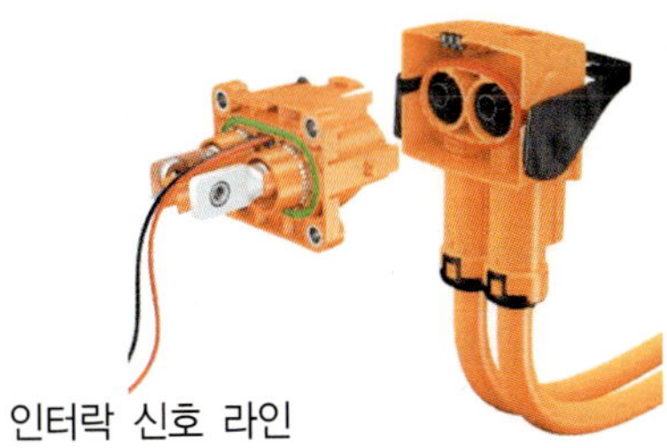

그림 23 | 인터락

5 고전압 시스템 취급 시 주의사항

01 파워 케이블 작업 시 주의사항

① 고전압 시스템의 모든 와이어링과 커넥터는 주황색으로 구분되어 있다.

② 고전압 단자를 다시 체결할 경우 체결 직후 절연 조치 및 절연 테이프를 사용한다.

③ 고전압 단자 체결용 스크류는 규정 토크로 체결한다.

㉮ 고전압 정션 박스 장착 너트 : 0.8~1.2kgf · m

㉯ 고전압 정션 박스 고압 케이블 (+), (−)장착 볼트 : 0.8~1.2kgf · m

㉰ 고전압 정션 박스 장착 케이블 고정 볼트(외측) : 0.8~1.2kgf · m

㉱ 3상 고전압 파워 케이블 장착 볼트(모터 내/외측) : 0.8~1.2kgf · m

④ 파워 케이블 및 부스바 체결 또는 분해 작업 시 (+), (−)단자 간 접촉이 발생하지 않도록 주의한다.

02 고전압 배터리 시스템 취급 시 주의사항

① 고전압으로 작동되는 장치이므로 시동키 2단(ON) 또는 엔진 시동 상태에서는 관련 부품을 만지거나 탈 · 부착하지 않는다.

② 고전압 배터리에 연결된 DC 파워케이블 (+, −)은 감전의 우려가 있으므로 안전조치를 취하지 않은 상태에서 손으로 만지거나 임의로 탈/부착하지 않는다.

③ 고전압 배터리 관련 정비 · 점검 작업을 할 경우 반드시 세이프티 플러그를 탈거하여 고전압을 사전에 차단시킨다.

④ 고전압 배터리는 트렁크 룸 내부에 장착되므로 과다한 화물 적재 또는 충격이 가해지지 않도록 유의한다(부품 손상, 배터리 냉각 및 환기 불량 초래).

⑤ 고전압 배터리 시스템 관련 부품의 정비/점검 및 수리작업은 직영 서비스센터로 의뢰한다.

03 고전압 배터리 시스템의 화재 발생 시

[1] 주의사항

① 차량의 시동키를 "OFF"하여 전기 동력 시스템 작동을 차단시킨다(고전압 배터리 전기에너지 입·출력이 금지됨).

② 스타트 버튼을 "OFF"한 후 의도치 않은 시동을 방지하기 위해 스마트키를 차량으로부터 2m 이상 떨어진 위치에 보관하도록 한다.

③ 고전압 배터리 부위의 집적적인 화재가 아니거나 화재 초기 상태라면 트렁크를 열고 신속히 세이프티 플러그를 탈거한다(화재 진행 중이라면 접근 금지).

④ 실내 또는 밀폐된 공간에서 화재가 발생되었을 경우 수소 가스의 원활한 방출을 위해 신속히 환기시킨 후 대피한다.

⑤ 화재 진압을 위해서는 액체 물질을 사용하지 말고 분말소화기 또는 모래를 이용한다.

⑥ 와이어 하네스나 다른 부품에서 발생한 화재에 대해서는 ABC소화기 사용이 가능하다.

⑦ 이산화탄소는 전기에 대해 절연성이 우수하기 때문에 전기(C급) 화재에도 적합하다.

⑧ 불을 끌 수 없다면 안전한 곳으로 대피한다. 그리고 소방서에 전기자동차 화재를 알리고 불이 꺼지기 전까지 차량에 접근하지 않도록 한다.

⑨ 차량의 침수/충돌사고 발생 후 정지 시 최대한 빨리 차량키(시동키)를 OFF 및 외부로 대피한다.

[2] 화재 시 조치방법

(1) 배터리 화재 대응을 위한 질식 소화포

1) 사용방법

① 전기차 화재 발생

② KEV-cover 캐리어를 사고 장소로 가지고 이동하여 캐리어를 오픈한다.

③ 위치를 잡고 질식 소화포를 가로방향(6m) 방향으로 먼저 펼친다.

④ 펼쳐진 KEV-cover 양쪽에서 진압 대원이 KEV-cover를 잡고 세로방향(9m)으로 전개하여 사고 차량을 덮는다.

⑤ 차량을 완전히 덮고, 뜬 부분을 발로 밟아 질식 효과를 최대화한다.

그림 24 | 질식 소화포 사용방법

2) 사용소재

① 원단 : 부드럽고 유연해 화재 대상물을 감싸듯 덮을 수 있다. 사용 환경에 따라 실리카섬유, 유리섬유를 적용할 수 있다.

② 코팅 : 보관, 사용 시 원단의 내구성을 올려주며 화재 노출 시 실리콘이 경화될 수 있지만 불연성을 유지하여 질식 성능을 극대화한다.

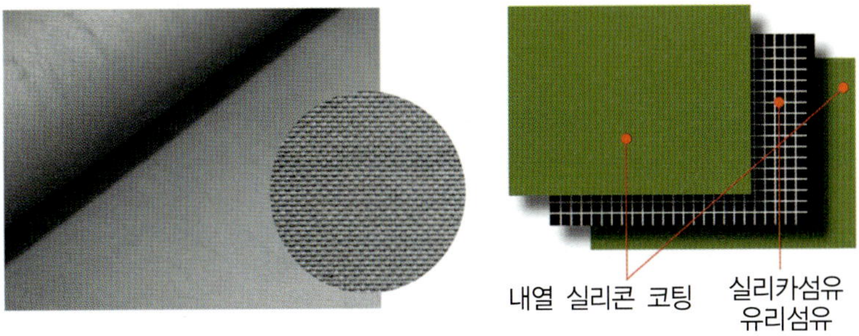

그림 25 | 질식 소화포

(2) 이동형 소화수조(KEV-WT-01)

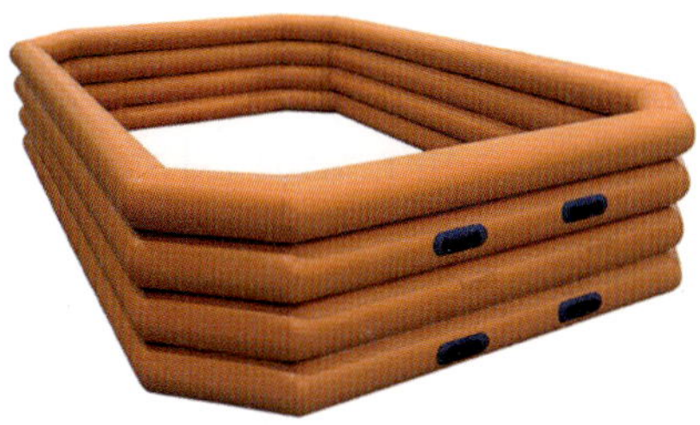

그림 26 | KEV-WT-01 벽체

1) 설치방법

(a) 바닥 설치

(b) 벽체 설치

(c) 급수

그림 27 | 이동형 소화수조

04 고전압 배터리 가스 및 전해질 유출 시 주의사항

① 가스 및 전해질 유출 시 초기진화 방법은 유해물질(액체, 증기, 가스)이 피부나 눈에 접촉되었을 경우 빠른 조치가 중요하다.

② 점화 스위치를 "OFF"한 후 차량으로부터 탈출한다.

③ 가스는 수소 및 알칼리성 증기이므로, 실내일 경우 즉시 환기 후 안전한 장소로 대피한다.

④ 누출된 액체가 피부에 접촉 시 즉각 붕소액으로 중화 후 흐르는 물 또는 소금물로 환부를 세척하고, 누출된 증기나 액체가 눈에 접촉 시, 즉시 흐르는 물에 세척 후 의사의 진료를 받아야 한다. 고온에 의한 가스 누출일 경우 고전압 배터리가 상온으로 완전히 냉각될 때까지 사용을 금지한다.

05 고전압 배터리 또는 차량 장기방치 시

① 차량의 시동키를 "OFF"하여 전기 동력 시스템 작동을 차단시킨다(고전압 배터리 전기에너지 입/출력이 금지됨).

② 스타트 버튼을 "OFF"한 후 의도치 않은 시동을 방지하기 위해 스마트키를 차량으로부터 2m 이상 떨어진 위치에 보관하도록 한다(암 전류 등으로 인한 고전압 배터리 심방전 방지).

③ 고전압 배터리의 SOC(충전 상태)가 30% 이하일 경우(계기판의 SOC 게이지가

적색 구간 이하) 2개월 이상 차량 장기 방치 시 고전압 배터리의 재사용이 불가할 수 있으므로 주의한다.

④ 고전압 배터리의 SOC(충전 상태)가 정상(약 60%)일 경우라도 6개월 이상 장기 방치 시 고전압 배터리의 재사용이 불가할 수 있으므로, SOC 상태가 0으로 되는 것을 방지하기 위해 3개월에 한 번 완속 충전으로 풀충전하여 보관한다.

⑤ 보조 배터리 방전 여부 점검 및 교체 시 고전압 배터리의 SOC 초기화에 따른 문제점을 점검한다.

06 고전압 배터리의 관리 및 저장

[1] 고전압 배터리의 방전 조치

① 고전압 배터리 잔량 경고등 : 내연기관 차량의 주유경고등과 동일한 기능으로 점등되면 즉시 충전을 실시해야 한다.

그림 28 | 고전압 배터리 잔량 경고등

② 파워다운 경고등 : 배터리 잔량 부족 등의 이유로 출력이 제한될 경우 점등된다.

그림 29 | 파워다운 경고등

③ 분리된 고전압 배터리를 재활용하고자 하는 경우 운반·보관 전에 방전설비를 통하여 전기적 방전을 실시한다. 그러나 ESS등 재사용의 경우에는 SOR등 배터리 성능의 저하를 가져올 수 있으므로 예외로 할 수 있다.

[2] 고전압 배터리의 운반

① 배터리의 운반에 필요한 적정한 포장 방식의 채택 및 방화·방수·방폭·절연·단열·부식 방지 등의 안전방호 대책을 수립한다.

② 배터리의 개별 포장 후 운반에 적합한 강도의 단단한 외부 포장재 포장 및 단락 방지를 한다.

③ 액체류나 폭발 위험성이 있는 다른 위험물과 같이 포장하거나 동일한 운송수단으로 같이 운반하지 않도록 주의하고, 배터리 스펙(중량)에 맞는 테이블 리프트를 사용한다.

④ 테이블 리프트는 절연처리되어 있는 것을 사용한다.

그림 30 | 테이블 리프트

⑤ 진동 및 충격 영향으로 더 심한 손상으로 이어질 수 있는 배터리의 이동방지 등 운반 중 위험한 상태를 최소화하기 위한 적절한 조치를 마련한다.

[3] 고전압 배터리의 보관

① 장기 보관 시 배터리가 건조하게 유지될 수 있도록 환기가 잘되는 저온 저습한 곳에 보관한다.

② 고온 · 화기 · 직사광선이나 수분 등에 노출되지 않도록 주의한다.

③ 과도한 열이나 힘이 가해지지 않도록 하고, 떨어뜨리거나, 기계적 부하 또는 구멍을 뚫는 행위 등으로 인한 손상이 발생되지 않도록 주의한다.

④ 배터리를 바닥에 둘 경우 아래에 고압 고무절연 매트를 깔고 정상 설치된 방향으로 보관하며, 뒤집어서 보관하지 않도록 주의한다.

⑤ 배터리는 합선에 대해 충분한 절연처리를 하여야 하며, 필요시 고압 고무절연 매트로 배터리를 덮어서 보관한다.

⑥ 배터리를 보관하는 보관소에는 경고표시를 하도록 하며, 외부인에 의한 파손이나 사고를 예방할 수 있도록 보안장치를 설치한다.

07 우천 시 주의사항

① 집중호우로 인한 전기자동차 침수 피해 및 사고 예방을 위해 우천 시 전기자동차 사용법을 숙지하고, 주의를 기울여 안전사고에 대비해야 한다.

② 전기자동차를 충전할 때 젖은 손으로 충전기 사용은 지양하고, 우천 시 충전 장치에 수분 유입을 주의해야 한다. 또 폭풍, 천둥, 번개가 심하게 칠 때는 충전기 사용을 지양하고, 충전기 커넥터를 하늘 방향으로 향하지 않게 하는 것이 좋다.

③ 차량이 침수된 경우 고전압 배터리는 차체로부터 절연되어 있기 때문에 차량과 접촉해도 감전되지 않지만, 안전을 위해 가급적 빠르게 시동을 끄고 신속히 차량에서 대피해야 한다.

④ 침수된 전기자동차의 배수 후 안전을 위해 전기자동차의 고전압 케이블(주황색)과 커넥터, 고전원 배터리를 직접 접촉하지 않도록 주의해야 한다. 이때 소방서 등 응급기관 및 해당 제작사의 서비스센터에 연락해 조치를 받는 것이 바람직하다.

08 사고 차량 취급 시 주의사항

① 절연장갑(또는 고무장갑), 보호 안경, 절연복 및 절연화를 착용한다.

② 절연 피복이 벗겨진 파워케이블은 절대 접촉하지 않는다.
③ 차량이 절반 이상 침수 상태인 경우 안전 플러그 등 고전압 관련 부품에 절대 접근하지 않는다. 불가피한 경우라도 차량을 안전한 곳으로 완전히 이동시킨 후 조치한다.
④ 가스는 수소 및 알칼리성 증기이므로 실내일 경우 즉시 환기 후 안전한 장소로 대피한다.
⑤ 누출된 액체가 피부에 접촉 시 즉각 붕소액으로 중화 후 흐르는 물 또는 소금물로 환부를 세척한다.
⑥ 고전압 차단이 필요한 경우에는 "고전압 차단 절차"를 참조하여 작업한다.

09 전기자동차의 에어컨 냉매 회수 · 충전 시 주의사항

① 고전압을 이용하는 EV의 전동식 컴프레셔는 냉매(R-134a)와 절연 성능이 높은 "POE 오일"을 사용한다.
② 냉매회수/충전 시 일반 차량의 PAG 오일이 혼입되지 않도록 전기자동차 정비를 위한 별도 전용장비(에어컨 냉매회수/충전기)를 사용한다. 일반 차량의 냉동유(PAG)가 혼입될 경우 전동식 컴프레셔 손상 및 안전사고가 발생할 수 있다.

6 고전압 시스템 취급 시 개인보호 장비

자동차관리법 시행규칙의 하이브리드차 및 전기차 등의 고전원 전기장치 검사기준 및 검사방법에 따르면, 전기차 등 고전원 전기장치를 검사하기 위해서는 절연저항시험기, 고전원용 절연장갑, 절연화, 절연매트, 보안경, 앞치마 등 시설 및 장비를 갖춰야 하며, 교통안전공단이 시행하는 "고전원전기자동차 등 취급자 안전교육"을 21시간 이상 이수한 정비인력에게 검사자격이 부여하고 있다.

절연공구는 반드시 국제규격인 IEC60900 또는 ASTM F1505, VDE를 만족하는 제품으로 교류 1,000V, 직류 1,500V에서 절연성능이 보장되어야 한다. 또한 이들 절연공구는 반드시 VDE 또는 이에 상응하는 인증기관으로부터 부여받은 인증마크가 있어야 한다. 예를 들어, VDE의 경우 10,000V에서 테스트를 통과해야만 교류 1,000V/직류 1,500V에서도 절연이 가능해 안전한 사용이 가능함을 인증하고 있다.

일반 공구로 고전압이 흐르고 있는 배선을 절단할 경우 감전위험은 물론 스파크가 발생하거나 공구가 녹아 튄 파편으로 부상을 입을 수 있기 때문이다.

① 절연화 : 절연화는 고전압 부품 점검 및 관련 작업 시 바닥을 통한 감전을 방지하기 위해 착용한다. 절연성능은 AC1,000V/300A 이상되어야 한다.

② 절연장갑 : 절연장갑은 고전압 부품 점검 및 관련 작업 시 착용하는 가장 필수적인 개인 보호 장비이다. 절연성능은 AC1,000V/300A 이상되어야 하고 절연장갑의 찢어짐 및 파손을 막기 위해 절연장갑 위에 가죽장갑을 착용하기도 한다.

③ 절연헬멧 : 고전압 부품 점검 및 관련 작업 시 머리를 보호하기 위해 착용한다. KS 기준 7,000V 이하 사용범위, 배터리 부딪힘, 낙하, 감전 시 부상 방지용으로 착용한다.

④ 보호안경, 안면 보호대 : 스파크가 발생할 수 있는 고전압 작업 시 착용한다.

⑤ 절연피복 : 고전압 부품 점검 및 관련 작업 시 신체를 보호하기 위해 착용한다. 절연 성능은 AC1,000V/300A 이상되어야 한다.

⑥ 절연매트 : 탈거한 고전압 부품에 의한 감전사고 예방을 위해 부품을 절연매트 위에 정리하여 보관하며, 절연 성능은 AC1,000V/300A 이상되어야 한다.

⑦ 절연덮개 : 절연 덮개는 보호 장비 미착용자의 안전사고 예방을 위해 고전압 부품을 절연덮개로 차단한다. 절연성능은 AC1,000V/300A 이상되어야 한다.

⑧ 경고 펜스 : 작업 중 허가받지 않은 일반인들의 접근을 차단하고 임의의 사고 발생을 방지하기 위해 차량 주변에 설치한다.

⑨ 구조 후크 : 고전압 안전사고 발생 시 추가적인 감전 피해를 막고 사상자를 고전압 위험 요소로부터 물리적으로 분리하기 위해 사용한다.

⑩ 절연공구 : 기본적으로 작업자와 접촉을 통해 전류가 흐르지 않게 특수하게 설계된 공구들로, 고전압 차량에서 작업 시 작업자의 안전을 확보할 수 있다. 일반 공구와

상이하게 절연 특성(성능 : AC 1,000V 이상)을 갖도록 설계되어 고전압 부품 작업에 사용한다.

⑪ 방염복 : 높은 열 차단성, 방호성, 내약품성의 아라미드 섬유를 사용하여 작업 중 화재 발생 시 탄화온도 500도 이상에서도 신체를 방호한다.

⑫ 화학복 : 고전압 배터리 전해질 누출 시 신체를 보호한다.

⑬ 검전기 : 전류 누출 여부를 탐지(테스터기 : AC/DC 60~1000V)한다. 전기가 흐르고 있으면 불이 들어오고 소리가 난다.

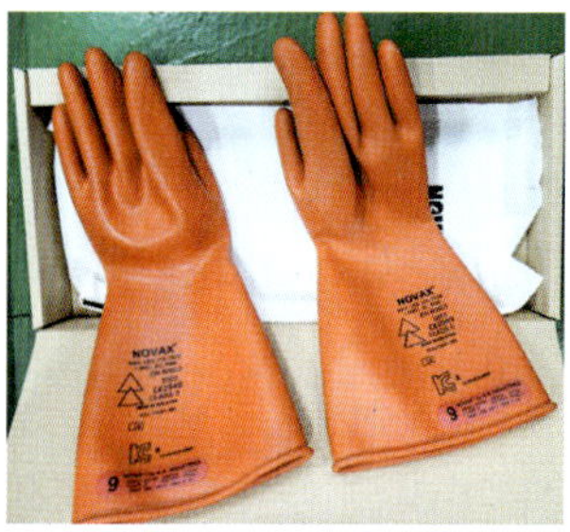

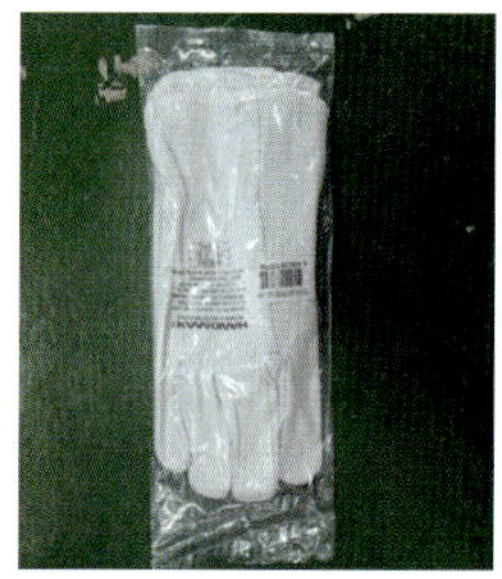

그림 31 | 절연장갑

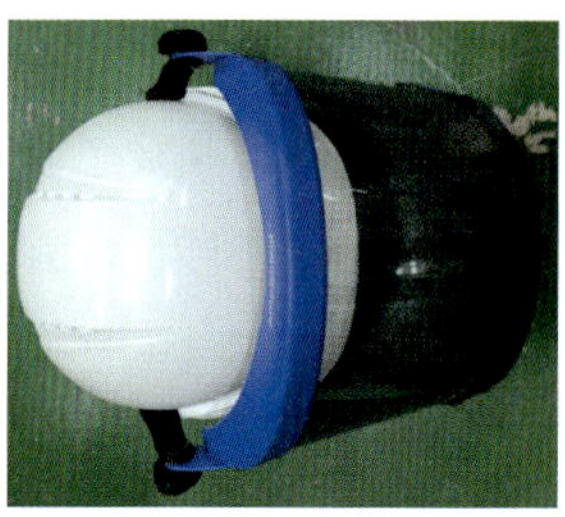

그림 32 | 앞면 보호대

그림 33 | 절연 작업화

그림 34 | 절연고글

그림 35 | 절연복

그림 36 | 절연백

그림 37 | 절연 앞치마

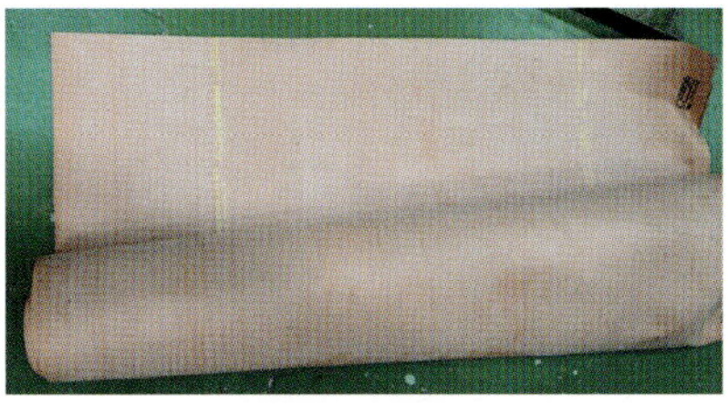

그림 38 | 절연 고무매트

그림 39 | 절연매트

그림 40 | 절연 막대

그림 41 | 경고 펜스

그림 42 | 플라스틱 체인

그림 43 | D급 소화기

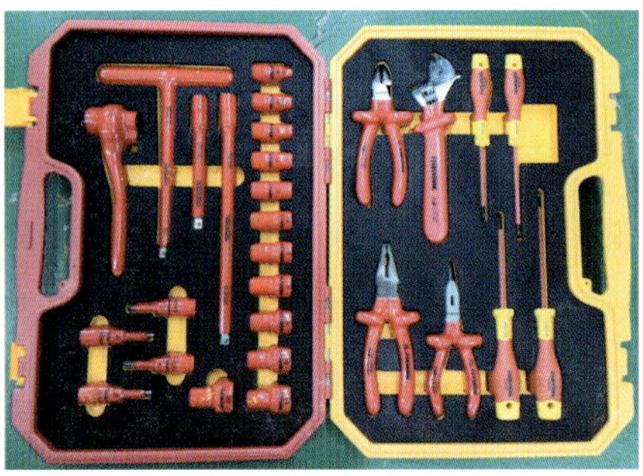

그림 44 | 절연공구

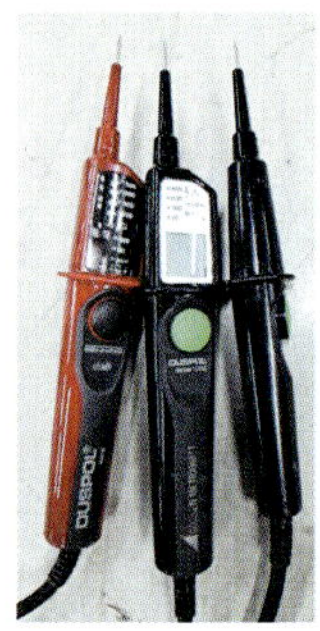

그림 45 | 검전기